汾河流域水生态环境问题诊断及对策研究

党晋华　王林芳　韩文辉　赵 颖　等 著

中国环境出版集团・北京

图书在版编目（CIP）数据

汾河流域水生态环境问题诊断及对策研究/党晋华等著. —北京：中国环境出版集团，2023.5
ISBN 978-7-5111-5502-3

Ⅰ. ①汾…　Ⅱ. ①党…　Ⅲ. ①汾河—流域—水环境—生态环境—研究　Ⅳ. ①X143

中国国家版本馆 CIP 数据核字（2023）第 077292 号

出 版 人　武德凯
责任编辑　宋慧敏
责任校对　张　蕾
封面设计　宋　瑞

出版发行　中国环境出版集团
（100062　北京市东城区广渠门内大街 16 号）
网　　址：http://www.cesp.com.cn
电子邮箱：bjgl@cesp.com.cn
联系电话：010-67112765（编辑管理部）
发行热线：010-67125803，010-67113405（传真）

印　　刷　北京建宏印刷有限公司
经　　销　各地新华书店
版　　次　2023 年 5 月第 1 版
印　　次　2023 年 5 月第 1 次印刷
开　　本　787×1092　1/16
印　　张　14.5
字　　数　296 千字
定　　价　59.00 元

前 言

生态环境和流域生态系统健康是当今人类共同面对且需优先解决的重大问题，水生态环境问题诊断也已成为当前研究的热点，对流域生态系统健康，不仅应关注流域水体水质、水量，陆域生态系统结构也极为关键。经过十几年的发展，国内外学者已经建立了生态系统健康评价的综合性框架，定义了主要的因素、标准和方法，发展了用于生态系统健康评价的模型和相关方法，对各类生态系统健康的研究取得了一定的成果。随着我国科学技术的发展，对流域水体污染物的关注不仅仅局限于传统的污染物，尤其在2020年，党的十九届五中全会明确提出“重视新污染物治理”，要求加强新污染物的环境调查监测、环境风险评估以及排放控制与治理。因此，在关注流域水量、传统污染物的同时，加强对新污染物风险评估、陆域土地利用格局变化等因素的关注，可以更加全面地评估流域生态系统的健康状况。

本书以汾河流域为例，诊断其水生态环境问题，在此基础上提出相应的对策，探索流域生态系统健康管理的技术模式。汾河是山西省第一大河，流域面积占到全省总面积的1/4，汾河被称为山西省的母亲河。汾河是黄河的第二大支流，汾河流域的生态环境健康问题严重制约、影响着黄河流域的高质量发展。积极推进汾河流域保护与治理，是山西省在黄河流域生态保护和高质量发展这一国家战略中做出的应有贡献。本书是作者及其研究团队近十年来主要研究成果的总结，研究工作得到了山西省自然科学基金项目“山西省汾河流域雌激素等内分泌干扰物及其生态风险控制研究”（2013011040-7）、山西省科技攻关项目“汾河上中游流域生态健康状况研究”（20150313001-2）、山西省自然科学基金项目“汾河水库上游氮迁移特征及氮源解析研究”、山西省重点研发项目“汾河流域水环境问题诊断及水质目标保障技术研究”（201803D31211-1）及山西省新兴产业领军人才项目“汾河流域磷污染来源解析及处理技术研究”的资助。

本书由山西省生态环境监测和应急保障中心（山西省生态环境科学研究院）党晋华正高级工程师、山西农业大学王林芳高级工程师以及山西省生态环境监测和应急保障中心（山西省生态环境科学研究院）韩文辉、赵颖等共同完成，全书由党晋华负责统稿、定稿。其中第1章由刘林刚、党晋华执笔，第2章、第3章主要由党晋华、王林芳执笔，第4章由南方科技大学史江红教授指导，刘晓薇、王林芳执笔，第5章由王林芳、赵颖执笔，第6章主要由王林芳执笔，第7章主要由研究生肖艳艳、戎艳青执笔，第8章到第10章主要由王林芳执笔，第11章、第12章由韩文辉、党晋华执笔。感谢北京师范大学刘瑞民副教授在建模过程中的悉心指导，感谢中国环境出版集团编辑在本书出版过程中付出的辛勤工作。

由于研究团队掌握知识有限，时间仓促，书中可能存在部分不妥之处，敬请广大读者批评指正。如发现不当之处，盼函告太原市兴华街11号山西省生态环境监测和应急保障中心（山西省生态环境科学研究院）（邮编 030027）或发电子邮件至984736173@qq.com，以便作者及时更正。

作者

2022年5月于太原

目　录

上 篇　汾河流域水生态环境状况

扫码查看
本书彩图

上　篇

汾河流域水生态环境状况

第 1 章　汾河流域概述

1.1　河流概述

汾河属黄河流域，发源于山西省忻州市宁武县管涔山，是山西第一大河、黄河第二大支流。汾河流域地处山西省中部和西南部，位于东经 110°30′—113°32′、北纬 35°20′—39°00′，东隔云中山、太行山与海河水系为界，西连芦芽山、吕梁山与黄河北干流为界，东南有太岳山与沁河为界，南以孤山、稷王山与涑水河为界，呈带状分布。干流穿越忻州、太原、吕梁、晋中、临汾、运城 6 个市的 29 县（市、区），在万荣县荣河镇庙前村汇入黄河，干流全长 716 km，流域面积为 39 721 km^2，占全省土地面积的 25.3%[1,2]。

从流域分布看，汾河流域包括忻州、太原、晋中、吕梁、临汾、运城、长治、晋城、阳泉 9 市 51 县（市、区），其中阳泉、长治、晋城涉及很小区域且人口稀少，面积约占总面积的 1.5%。汾河流域范围见图 1-1。

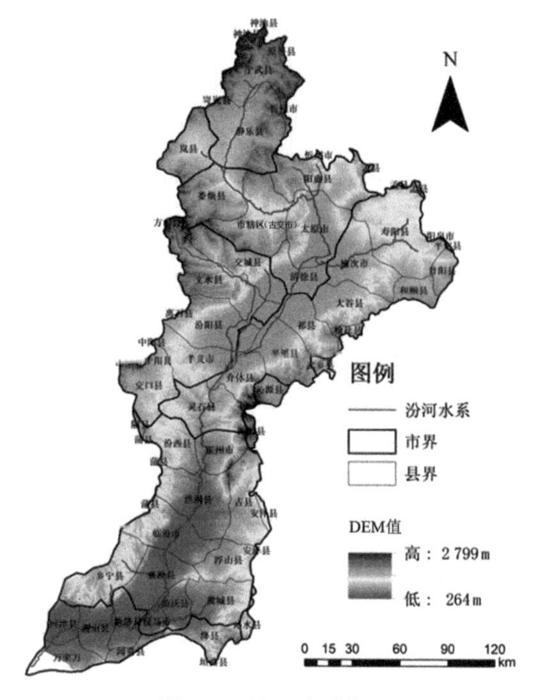

图 1-1　汾河流域范围

从支流组成看，汾河源远流长、支流众多。流域面积大于 1 000 km^2 的支流有岚河、杨兴河、潇河、昌源河、段纯河、文峪河、磁窑河、洪安涧河、浍河，其中最长的支流为文峪河，干流长 160 km，流域面积为 4 034 km^2。汾河支流流域面积大于 1 000 km^2 的河流见表 1-1。

表 1-1　汾河支流流域面积大于 1 000 km^2 的河流

序号	河名	主要流经地区	干流河长/km	流域面积/km^2
1	文峪河	吕梁（交城、文水、汾阳、孝义）	160	4 034
2	潇河	晋中（昔阳、寿阳、榆次）、太原（清徐）	142	4 064
3	浍河	临汾（翼城、曲沃、侯马）	111	2 052
4	岚河	吕梁（岚县）	66	1 181
5	磁窑河	吕梁（交城、文水）、晋中（平遥、介休）	85	1 054
6	杨兴河	太原（阳曲）	63	1 409
7	昌源河	晋中（平遥、祁县）	85	1 011
8	段纯河	吕梁（孝义、交口）、晋中（灵石）	72	1 112
9	洪安涧河	临汾（洪洞、古县）	84	1 123

从河流特征看，汾河可分为上游区、中游太原盆地区、灵霍山峡区、临汾盆地区以及下游谷地区五段。

上游区自河源至兰村烈石口，河道长 224 km。本段河流属山区性河流，干流绕行于峡谷之中，山峡深 100～200 m，其间汇入的主要支流有洪河、鸣水河、岚河等。山西省最大的水库——汾河水库位于上游区中部娄烦县下石家庄。

中游太原盆地区自太原兰村至介休义棠段，河道长 152 km。干流穿行于太原盆地，基本上属于盆地平原型河流，河道宽 150～500 m。其间汇入的较大支流有潇河、昌源河、文峪河等。

灵霍山峡区自晋中介休义棠至临汾霍州市界段，河道长 79 km，干流穿行于灵霍山峡，基本上属于峡谷型河流。河道宽 150～250 m。其间汇入的较大支流有段纯河、静升河等。

临汾盆地区自霍州市界至侯马界段，河道长 118 km，干流穿行于临汾盆地，基本上属于平原型河流。河道宽 200～350 m，河道纵坡较缓。其间汇入的较大支流有涝河、洪安涧河。

下游谷地区自侯马界至万荣入河口段，河道长 143 km。河道弯曲，水流不稳定，河床左右摆动，该河段为汾河干流中最为平缓的一段。其间汇入的较大支流有浍河等。

汾河流域水系见图 1-2。

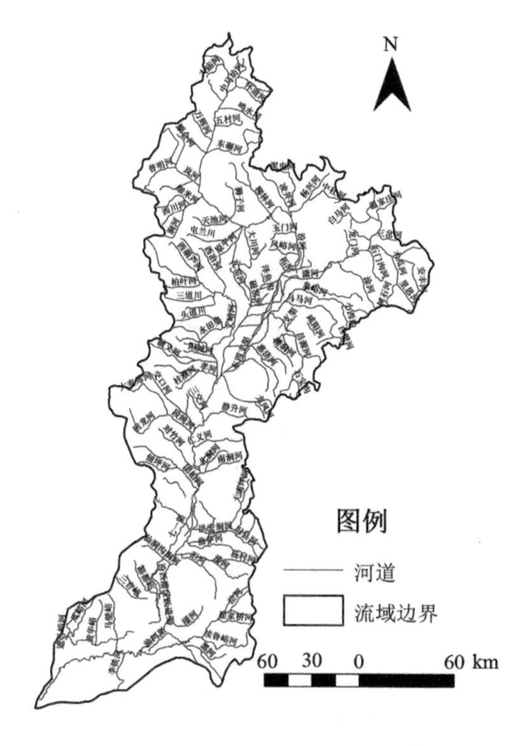

图 1-2　汾河流域水系

山西省委、省政府实施了“万家寨引黄入晋工程”这一大型跨流域调水项目。一期工程于 1997 年 9 月 1 日开工建设，2003 年 10 月 26 日投入试运行，向太原供水。引黄河水流经 286 km 的隧洞、管道及天然河道，被输送至太原供水区，为供水区城市生活和经济社会发展提供了可靠的水资源保障。目前，汾河流域形成了引黄水源、本地地表水水源、地下水水源、污水处理尾水等多种水源并存的水源结构。引黄河水流经汾河天然河道到达汾河水库，再通过管道被输送到太原供水区，跨越忻州、吕梁、太原等 3 个市的行政区域，并在汾河中上游与汾河水汇合，改变了汾河流域水资源结构[3]。

1.2　自然环境

1.2.1　地形地貌

汾河流域西靠吕梁山、东临太行山，地势北高南低，干流由北而南纵贯省境中南部，支流水系发源于两大山系之间，地形地貌总体上表现为南北长、东西狭，呈不规则宽带状分布在省境中南部地区。流域东西两侧分水岭地带为地势高峻的石质山区；广阔的中间河谷盆地地带被厚度不均的大面积黄土覆盖，丘陵起伏，地势较为平缓；河谷盆地与高山之间的过渡地带为黄土塬面，受降水径流侵蚀、冲刷与切割，形成连绵不绝的沟壑地貌。流域石山区面积占总面积的 16%，土石山区面积占总面积的 32%，丘陵区面积占总面积的 26%，平川区面积占总面积的 26%。

1.2.2 气候条件

流域地处中纬度大陆性季风带，属我国东部季风气候区与蒙新高原气候区的过渡带。受极地大陆气团和副热带海洋气团影响，四季分明。春季回暖迅速，雨水稀少，蒸发量大，干旱多风沙；夏季气温高，天气炎热，雨量集中，暴雨、冰雹等灾害性天气伴随出现；秋季早凉，降温迅速，雨量相对减少；冬季严寒干燥，雨雪稀少，多偏北风。干旱是流域内的主要灾害性天气，出现频次高，受灾范围大，持续时间长，且多连季干旱和连年干旱。

多年平均气温为 7～13.7℃，最大冻土深 60～95 cm。无霜期为 155～230 d，具有从南向北逐渐缩短、谷地多于山区的分布特点，一般在秋季末期开始有霜冻。日照时数随纬度和季节的不同而变化，年日照时数在 2 200～3 000 h 之间，基本上是盆地少于山区、南部少于北部。流域地势起伏不平，地面气流受到很大影响，风速自北向南呈减小趋势，年均风速为 2～4 m/s；年均风速最大月多出现在 4 月，最小月基本出现在 8 月、9 月。

1.2.3 水资源情况

（1）降水量

流域多年平均降水量为 500 mm 左右，降水空间分布南多北少，由下游向上游逐渐减少。降水有连续两年、三年较少或丰沛的特点，年内分配不均匀，全年 70%的降水量集中在 7—9 月；山区多局部暴雨，形成了特定的富水区。2020 年，汾河流域年降水量为 582.9 mm，较上年增加 30.5%，为偏丰年。

（2）地表水资源量

2020 年，汾河流域地表水资源总量为 21.85 亿 m^3，较上年增加 37.8%。

（3）地下水资源量

2020 年，汾河流域山丘区地下水资源量为 17.71 亿 m^3，平原区地下水资源量为 15.18 亿 m^3，重复计算量为 6.26 亿 m^3，地下水资源量合计 26.62 亿 m^3（与地表水重复计算量为 11.89 亿 m^3）。

（4）水资源总量

2020 年，汾河流域水资源总量合计约 36.58 亿 m^3。

（5）供用水量结构

2020 年，汾河流域总供水量为 29.348 亿 m^3，占全省总量的 40.3%。按用水类型看，工业用水量为 5.245 亿 m^3，占 17.8%，占全省工业用水量的 42.3%；农业用水量为 15.463 亿 m^3，占 52.7%，占全省农业用水量的 37.7%；生活用水量为 6.362 亿 m^3，占 21.7%，占全省生活用水量的 43.6%；生态环境用水量为 2.278 亿 m^3，占 7.8%，占全省生态环境用水量的 47.5%。

1.2.4 土地利用情况

一些相关研究表明，1984—2010 年，耕地、林地和草地是汾河流域主要的土地利用类型。其中，耕地（减少）和建设用地（增加）为主要的变化类型，且各土地类型之间转化关系复杂。陆志翔等的研究[4]指出，汾河上游的城镇建设用地的增加主要来自对耕地的占用。汾河流域的土地利用变化是在多种因素共同作用下发生的。李京京等[5]通过探讨汾河上游土地利用格局变化与地形的关系，揭示了各土地类型之间转化的合理性。

1.2.5 矿产资源

流域内矿产资源丰富，种类繁多，分布广泛，已探明储量的有煤炭、铝土、铁、耐火黏土、锰、水泥灰岩、石膏、铜、白云岩、溶剂灰岩以及水晶等，贵重金属矿产有金和银。其中，煤炭储量丰富，煤种齐全，煤质优良，西山煤田、霍西煤田大部分是质量很好的炼焦煤；铝土矿资源丰富，具有储量大、质量好、分布广、易开采的特点，主要分布在吕梁市和临汾市；铁矿是流域重要的矿产资源之一，在吕梁市的岚县和交城县、太原市的娄烦县和古交市以及临汾市的襄汾县、曲沃县、浮山县、翼城县等地均有分布；石膏探明储量在 5 亿 t 以上，集中分布在汾河中下游地区，矿石质地良好；金矿分布在尧都区域，银矿分布在襄汾县和洪洞县等地，均为伴生矿。

1.3 社会经济

2020 年年底，汾河流域主要市县的常住人口为 1 598.2 万人，占全省总人口的 45.8%，其中城镇人口 1 046.8 万人，占全省城镇人口的 48%，农村人口 551.4 万人，占全省农村人口的 42.1%；2020 年地区生产总值为 8 471.11 亿元，占全省的 48%，其中第一产业产值为 373.02 亿元、第二产业产值为 3 484.53 亿元、第三产业产值为 4 613.56 亿元，第三产业产值占比最大，为 54.5%；流域粮食产量为 546.8 万 t，占全省的 38.4%。由于阳泉市、长治市、晋城市只有少部分面积在汾河流域内，其社会经济情况未予统计。汾河流域 2020 年社会经济情况统计见表 1-2。

表 1-2 汾河流域 2020 年社会经济情况统计

人口/万人			地区生产总值/亿元				粮食产量/万 t
城镇人口	农村人口	总人口	第一产业	第二产业	第三产业	合计	
1 046.8	551.4	1 598.2	373.02	3 484.53	4 613.56	8 471.11	546.8

流域内共有 1 944.7 万亩[①]耕地，占山西省总耕地面积的 30%。有效水浇地面积共计 714 万亩，占山西省有效水浇地总面积的 43%。汾河流域内矿产资源丰富，重要煤矿以及发电厂分布于流域范围内。

汾河流域农业种植主要分布在边山丘陵及盆地平原，中下游地区是全省粮棉经济作物主产区；垦殖指数从北往南递增，农业人口人均占有耕地从南往北递增，粮食作物以小麦、玉米为主；种植油料、蔬菜、林果、杂粮等经济作物，养殖业以集中养殖猪、禽、羊、牛等为主。第二产业方面，相当一部分大中型工矿企业集中分布于汾河干流两侧的大中城市里，以传统企业技改提效、培育战略性新兴产业为主，引进新技术、新能源、新材料等一批战略性新兴产业，做大做强新兴产业园区。第三产业实施现代服务业发展工程，大力发展楼宇经济和总部经济，以及物流、金融、专业市场等生产性服务业，实施文化旅游业兴区工程，加快把文化旅游业培育成战略性支柱产业。

山西省省会太原位于流域中上游，全市基本处于汾河流域，具有 2 500 多年的建城史，市内人文古迹遍布，重点文物保护单位众多；近年市内快速路、绕城高速路及部分线路打通、道路拓宽等的发展迅速，居住条件及文化体育等基础设施水平不断提升，自来水及管道天然气普及率达 90%以上；汾河干流治理美化三期工程已完成，形成长 32 km 的蓄水区域及滨河休闲公园带，西部的天龙山国家森林公园、东部的凌井沟自然保护区等风光旖旎。太原古韵与现代气息并存，自然风光与人文古迹交相辉映，是旅游名城、宜居之所。

汾河中下游地区作为大运经济带的组成部分，处在山西经济带的重要地理位置。汾河中下游地区是山西省粮棉经济作物的主产区，且山西省省会太原市位于汾河上中游，在长期发展建设中已经形成了较为齐全的工业体系，使得经济实现了快速发展。流域内还有著名的平遥古城、祁县等旅游胜地。汾河流域在自然生态方面非常优越，其在山西省内的经济发展中有着非常重要的位置。

汾河流域地理位置优越、交通便利，铁路和客运专线、各级公路、航线俱全。其中，纵贯南北的同浦线与石太、太焦、太古岚铁路连通，是华北西部地区的交通枢纽；客运专线东西贯通，向南通达，北上连通；以太原为中心的公路交通网向内连达各乡村，向外辐射至周边地区；太原机场开通客运航线 128 条、货运航线 1 条，通航城市 69 个，其

① 1 亩≈666.7 m^2。

中国内客运航线 120 条、通航城市 61 个，国际客运航线 8 条、通航城市 8 个。四通八达的铁路、公路、航空和城市交通网，对山西社会经济的发展有着积极的促进作用。

1.4　水环境治理基础设施情况

“十三五”期间，山西省将“一断面一方案”作为汾河流域生态治理的重要支撑，科学谋划水污染治理重点工程，累计实施汾河流域省级水污染治理重点工程 257 项、市县级水污染治理工程 984 项，投资总额约 180 亿元，极大地补齐了水环境基础设施短板，入河污染总量明显下降。

通过脱氮除磷工艺改造、保（提）温提效等措施，汾河流域 52 座城镇污水处理厂出水化学需氧量、氨氮、总磷三项主要污染物达到地表水Ⅴ类标准。汾河流域主要城镇生活污水处理厂具体分布情况见表 1-3。

表 1-3　汾河流域主要城镇生活污水处理厂情况

序号	市	县（市、区）	城镇生活污水处理厂名称	处理规模/（万 m^3/d）	现状处理工艺
1	太原	市建成区	杨家堡污水处理厂	16	A^2O
2			北郊污水处理厂	4	奥贝尔氧化沟
3			城南污水处理厂	25	MBBR
4			经济区污水处理厂	8	A^2O
5			尖草坪生活污水处理厂	5	MSBR
6			晋阳污水处理厂一期	32	MBBR 和 MBR 双工艺
7			汾东污水处理厂一期	37	一步 A^2O；二步 MBR
8		清徐县	清徐县污水处理厂	3	一期 A^2O；二期 MBR
9		阳曲县	阳曲县青龙污水处理厂	2	MSBR
10		娄烦县	娄烦县污水处理厂	0.8	卡鲁塞尔氧化沟
11		古交市	古交给排水污水处理厂	4	A^2O
12			古交市第二污水处理厂	2	MBR
13	晋中	市城区	晋中市市城区污水处理厂	15	A^2O
14		太谷区	太谷区第一污水处理厂	1.8	A^2O
15			太谷区第二污水处理厂	2	A^2O
16		介休市	介休市帅达污水处理有限公司	3	A^2O+曝气生物处理
17			介休市立丰水业有限公司	1.5	预处理+A^2O/AO+二沉池+高效沉淀池+D 型滤池
18		灵石县	灵石县第一污水处理厂	1	A^2O
19			灵石县第二污水处理厂	1	A^2O
20		祁县	祁县鸿宇市政污水处理有限公司	2	A^2O+斜管沉淀+V 型砂滤池
21		平遥县	平遥县污水处理厂	3	A^2O+MBR
22		寿阳县	寿阳县污水处理厂	1.2	A^2O

序号	市	县（市、区）	城镇生活污水处理厂名称	处理规模/（万 m^3/d）	现状处理工艺
23	吕梁	交城县	交城县污水处理厂	2	A^2O+AO 膜处理
24		文水县	文水县县城污水处理厂	3	氧化沟
25		汾阳市	汾阳市污水处理厂	3	多级 AO+斜管沉淀+深床滤池
26		孝义市	孝义市污水处理厂	3	A^2O 生物处理
27			孝义市第二污水处理厂	3.4	A^2O+混凝沉淀过滤
28		交口县	交口县污水处理厂	0.6	预处理+改造 A^2O+反硝化深床滤池+混凝沉淀过滤
29		岚县	岚县污水处理厂	2	A^2O
30	忻州	静乐县	静乐县污水净化中心	0.8	A^2O+混凝沉淀+多介质过滤
31	临汾	尧都区	临汾北控水质净化有限公司	8	改良 A^2O+MBBR+深度处理
32			临汾市第二污水处理有限公司	3	强化脱氮改良 A^2O+深度处理
33			临汾市第三污水处理厂	2	改良 A^2O+MBBR+深度处理
34			临汾市城北新城（第四）污水处理厂	1	改良 A^2O+深度处理
35		侯马市	侯马市污水处理厂	4	JSBC+A^2O+深度处理
36		曲沃县	曲沃县污水处理厂	1.6	改良 A^2O 型氧化沟+深度处理
37		汾西县	汾西县污水处理有限公司	1	A^2O^2+斜管沉淀池
38		浮山县	浮山县和盛污水处理有限责任公司	1	预处理+改良 A^2O+深度处理
39		古县	古县污水处理厂	1	改良 A^2O+深度处理
40		洪洞县	洪洞县晟源污水处理有限公司	3	A^2O+微絮凝过滤
41			洪洞为民水务有限公司	3	A^2O+AO+高密絮凝沉淀池+纤维转盘滤池
42		襄汾县	襄汾县恒洁水务有限公司	2	预处理+A^2O+反硝化滤池+转盘滤池
43		翼城县	翼城润灏水务有限公司	2	A^2O+AO+移动床生物膜反应池+深度处理
44			翼城县第二污水处理厂	2	初步处理+A^2O+二沉池+高效沉淀池+滤布滤池+消毒
45		霍州市	霍州市朝阳污水净化有限责任公司	3	一期 AO+混凝沉淀过滤；二期 A^2O+混凝沉淀过滤
46	运城	河津市	河津市清水源生活污水处理有限公司	4	百乐克
47		稷山县	稷山联合水务有限公司	3	A^2O
48		绛县	绛县中驰水务有限责任公司	1.5	A^2O+AO
49		新绛县	新绛县城区污水处理厂	1.35	A^2O
50			新绛县城东污水处理厂	0.6	A^2O
51		万荣县	万荣县荣碧污水处理有限公司	2	A^2O
52			万荣城西污水处理站	0.25	预处理+A^2O+混凝沉淀过滤

第 2 章　汾河流域土地利用格局变化特征

为了解汾河流域土地利用结构变化情况，收集 2010 年、2015 年和 2019 年 3 期 Landsat 卫星数据，基于 ArcGIS 软件统计，结合现场核查与生态调查，解译出 3 期遥感影像分类结果并进行分析。通过计算变化率来反映一定时段内某用地类型的数量变化情况，并对解译出的 3 期土地利用类型图进行空间叠置运算，求出各时段各土地利用类型的面积转移矩阵，进而揭示土地利用变化的过程。

2.1　土地利用分布特征

2.1.1　土地利用构成

2010 年、2015 年和 2019 年遥感影像解译分类结果见图 2-1，以此为基础对汾河流域土地利用构成及其变化进行分析（见图 2-2）。由图 2-2 可知，汾河流域土地利用类型主要包括耕地、林地和草地，其中耕地占比最高，2010 年、2015 年和 2019 年耕地面积分别占总面积的 40.32%、39.96%和 39.96%；其次为林地和草地，占比相当，林地面积分别占总面积的 27.95%、27.80%和 27.76%，草地面积分别占总面积的 23.99%、23.95%和 23.44%。

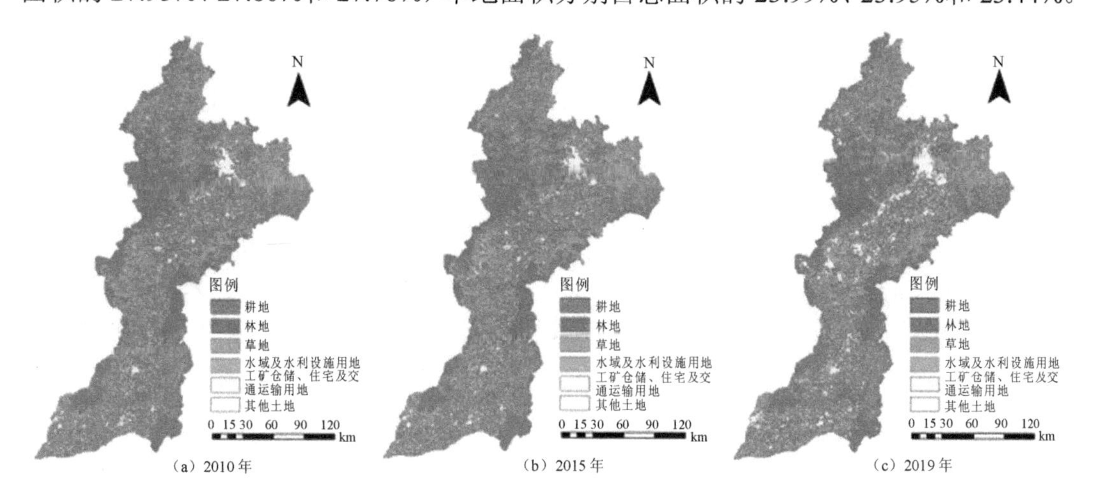

（a）2010 年　（b）2015 年　（c）2019 年

图 2-1　2010 年、2015 年、2019 年汾河流域土地利用分布图

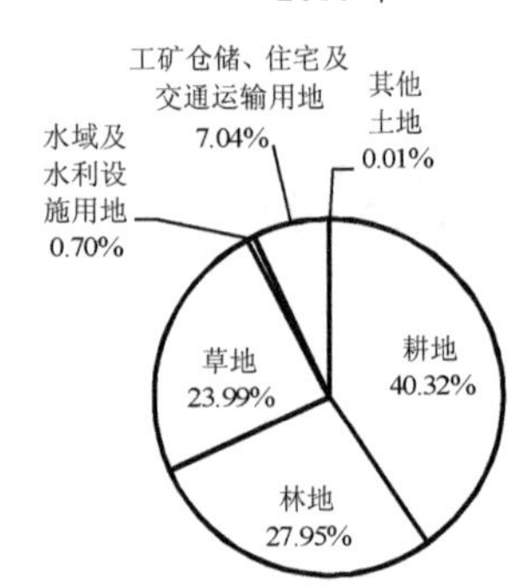

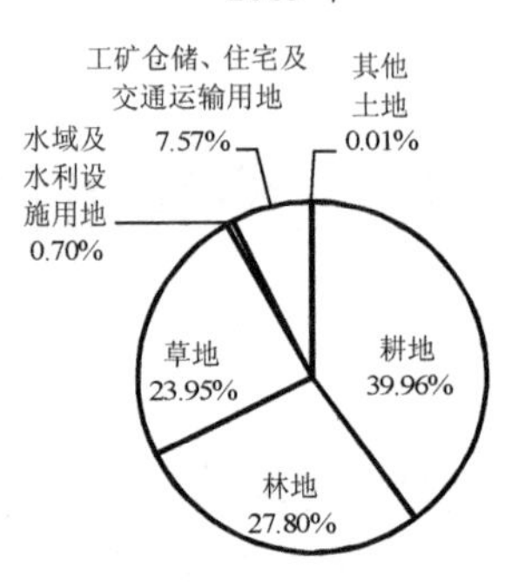

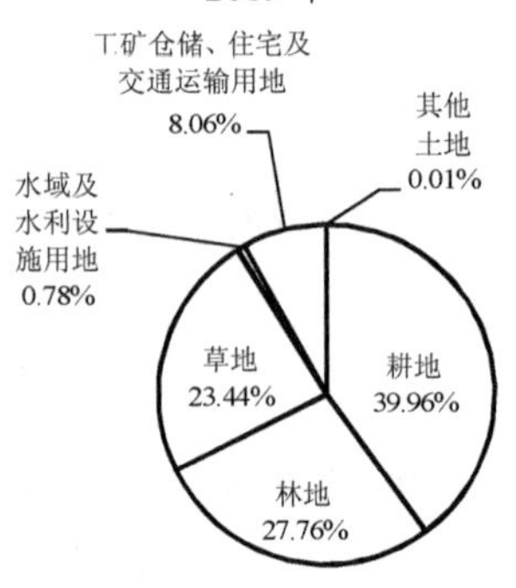

（a）汾河流域

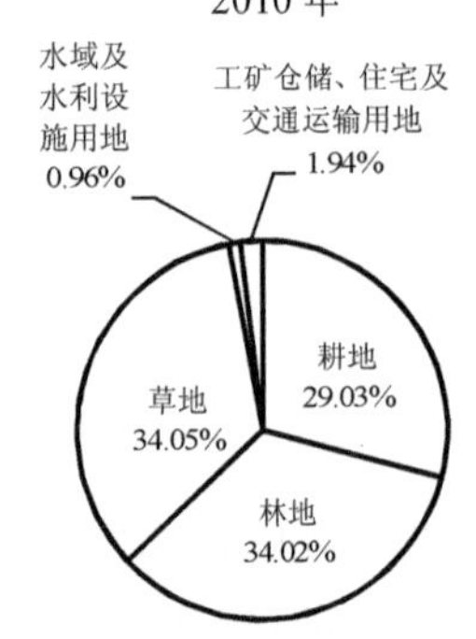

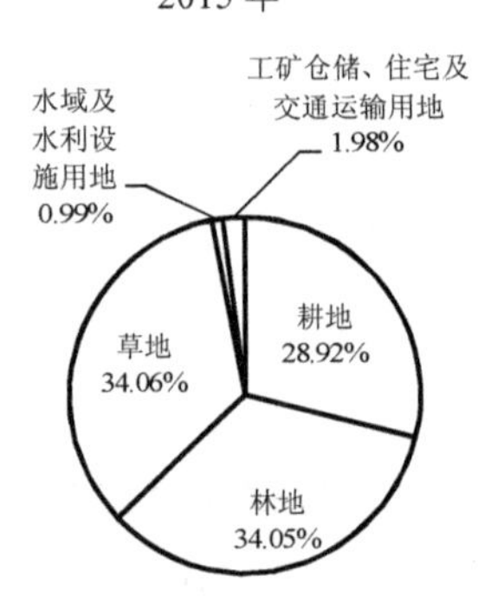

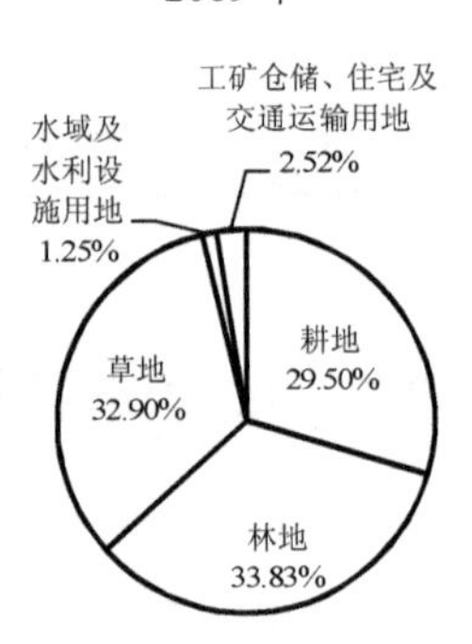

（b）上游

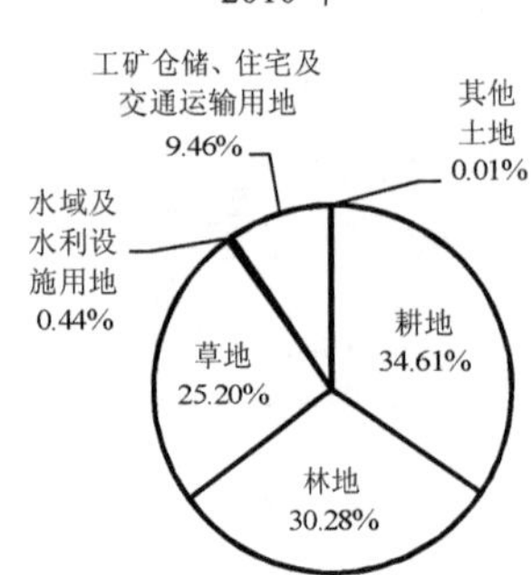

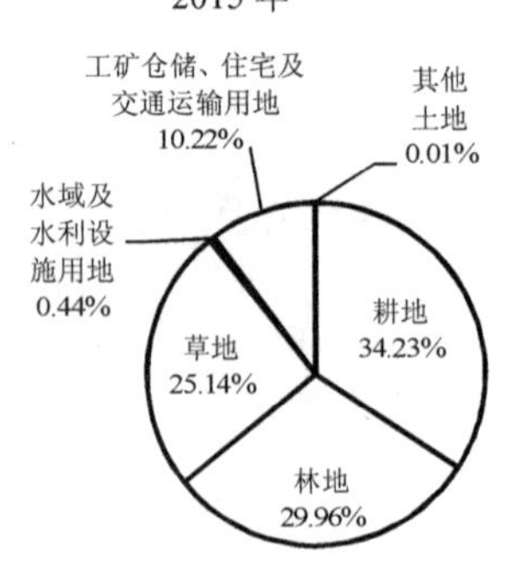

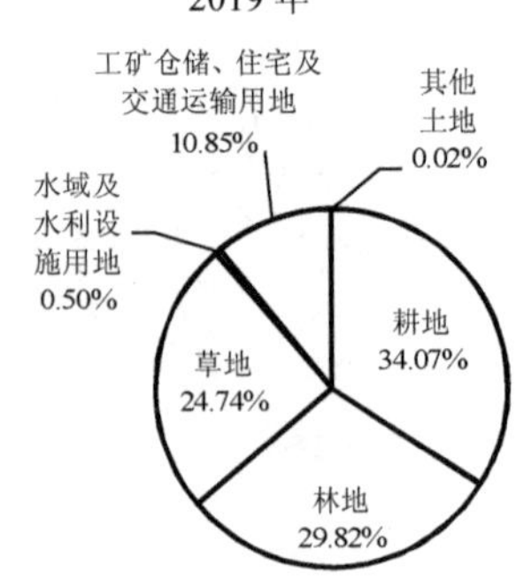

（c）中游

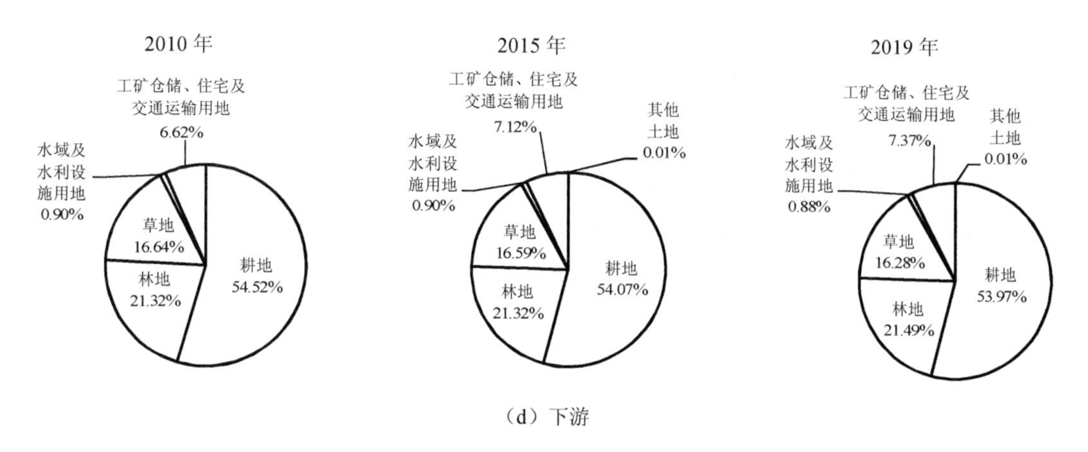

（d）下游

图 2-2 汾河流域及其上游、中游、下游各用地类型占比

2.1.2 土地利用空间分布

汾河流域上游、中游、下游各部分的土地利用构成见图 2-2。由图可知，在汾河流域上游，林地为最主要的用地类型，其次为草地和耕地，而到了中游、下游，主要用地类型变为耕地，其次为林地和草地。十年间上游林地和草地略有减少的趋势，林地面积占比由 34.02%降至 33.83%，草地面积占比由 34.05%降至 32.90%，耕地面积占比略有上升，由 29.03%升至 29.50%。中游耕地、林地和草地面积占比均有所下降，耕地面积占比由 34.61%降至 34.07%，林地面积占比由 30.28%降至 29.82%，草地面积占比由 25.20%降至 24.74%。下游耕地面积占总面积的一半以上，占比在十年间呈下降趋势，由 54.52%降至 53.97%，林地面积占比则由 21.32%缓慢升为 21.49%，草地面积占比略有下降，由 16.64%降至 16.28%。

2.2 土地利用构成变化特征

为进一步研究土地利用构成变化，使用变化率模型量化一定时段内某用地类型的数量变化情况。在 ArcGIS 软件的支持下，对由 Landsat 卫星数据解译的 2010 年、2015 年和 2019 年土地利用类型图进行空间叠置运算，求出 2010—2019 年各土地利用类型的面积转移矩阵，进而揭示引起土地利用变化的过程。

变化率计算公式为：

$$K = \frac{U_b - U_a}{U_a} \times 100\% \tag{2-1}$$

式中：K——研究时段内某用地类型的总变化率；

U_a和 U_b——研究期始、期末某用地类型的数量，个。

由表 2-1 可知，2010—2019 年，汾河流域耕地、林地和草地面积呈减少趋势，水域及水利设施用地，工矿仓储、住宅及交通运输用地和其他土地面积呈增加趋势。土地利用变化主要集中于耕地、林地、草地和工矿仓储、住宅及交通运输用地。其中，耕地面积减少，主要转化为草地和工矿仓储、住宅及交通运输用地；林地面积减少，主要转化为耕地和草地；草地面积减少，主要转化为耕地和林地；工矿仓储、住宅及交通运输用地面积增加，主要由耕地转入。随着城镇化扩张和社会经济的发展，工矿仓储、住宅及交通运输用地面积增加，且主要来自对耕地的占用。

表 2-1　土地利用构成变化　单位：万 hm^2

年份	控制单元	耕地		林地		草地		水域及水利设施用地		工矿仓储、住宅及交通运输用地		其他土地	
		面积	变化率/%	面积	变化率/%	面积	变化率/%	面积	变化率/%	面积	变化率/%	面积	变化率/%
2010—2015 年	汾河流域	−141	−0.88	−58	−0.52	−16	−0.17	2	0.72	212	7.56	1	50.00
	上游	−8	−0.36	2	0.08	1	0.04	2	2.70	3	2.01	0	0.00
	中游	−71	−1.11	−59	−1.05	−11	−0.24	0	0.00	141	8.03	0	0.00
	下游	−62	−0.84	−1	−0.03	−6	−0.27	0	0.00	68	7.57	1	100.00
2015—2019 年	汾河流域	−37	−0.23	30	0.27	−212	−2.21	31	11.07	182	6.03	2	40.00
	上游	39	1.76	−23	−0.88	−95	−3.63	20	26.32	41	26.97	0	0.00
	中游	−51	−0.80	−45	−0.81	−90	−1.93	11	13.41	110	5.80	2	100.00
	下游	−49	−0.67	9	0.31	−53	−2.35	−3	−2.46	29	3.00	0	0.00
2010—2019 年	汾河流域	−178	−1.11	−28	−0.25	−228	−2.38	33	11.87	394	14.04	3	150.00
	上游	31	1.39	−21	−0.80	−94	−3.59	22	29.73	44	29.53	0	0.00
	中游	−122	−1.90	−104	−1.85	−101	−2.16	11	13.41	251	14.29	2	100.00
	下游	−111	−1.50	8	0.28	−59	−2.61	−3	−2.46	97	10.80	1	100.00

上游林地和草地面积呈减少趋势，耕地、水域及水利设施用地和工矿仓储、住宅及交通运输用地面积则呈增加趋势。土地利用变化主要集中于耕地、林地、草地和工矿仓储、住宅及交通运输用地。其中，林地面积减少，主要转化为耕地和草地；草地面积减少，主要转化为耕地和林地；耕地面积增加，主要由林地和草地转入。上游耕地和工矿仓储、住宅及交通运输用地面积增加，林地面积减少，对流域水环境均起到负效应，上游土地利用变化向不利于流域水环境改善的趋势发展。

中游耕地、林地、草地面积均呈减少趋势，而工矿仓储、住宅及交通运输用地和水域及水利设施用地面积则呈上升趋势。土地利用变化主要集中于耕地、林地、草地和工矿仓储、住宅及交通运输用地。其中，耕地面积减少，主要转化为草地和工矿仓储、住宅及交通运输用地；林地面积减少，主要转化为耕地和草地；草地面积减少，主要转化为耕地和林地；工矿仓储、住宅及交通运输用地呈增加趋势，主要是耕地的转入。随着城镇化和社会经济的发展，工矿仓储、住宅及交通运输用地面积增加，且主要来自对耕地的占用。

下游耕地、草地和水域及水利设施用地面积呈减少趋势，林地，工矿仓储、住宅及交通运输用地和其他土地面积呈增加趋势。土地利用变化主要集中于耕地、林地、草地和工矿仓储、住宅及交通运输用地。其中，耕地面积减少，主要转化为林地、草地和工矿仓储、住宅及交通运输用地；林地面积增加，主要是耕地和草地的转入，这是加大生态保护力度和实施退耕还林政策的效应；草地面积减少，主要转化为耕地和林地；工矿仓储、住宅及交通运输用地面积增加，主要来自耕地的转入。城镇化和社会经济的发展使工矿仓储、住宅及交通运输用地面积增加，且主要来自对耕地的占用。

2.3 土地利用格局及变化特征

运用景观生态学中的景观指数法分析汾河流域土地利用景观格局的变化，选取斑块数（Number of Patches，NP）、边界密度（Edge Density，ED）、平均斑块面积（Mean Patches Size，MPS）、类斑块平均面积（Mean Patches Size of Types，MPST）和聚集度指数（CONTAG）5 个景观指数，利用 ArcGIS 和 Fragstats 进行分析，所用数据仍为 Landsat 卫星数据。

①斑块数（NP）用来衡量目标景观的复杂程度，斑块数越大，说明景观构成越复杂。

$$\mathrm{NP} = N \tag{2-2}$$

式中：N——整个景观或单一景观类型的斑块数，个。

②平均斑块面积（MPS）用于衡量景观总体完整性和破碎化程度，平均斑块面积越大，说明景观越完整、破碎化程度越低。

$$\mathrm{MPS} = \frac{A}{N} \tag{2-3}$$

式中：A——景观总面积，km^2。

③聚集度指数（CONTAG）描述景观斑块的连通性，分析景观的聚集和散布情况。

$$\mathrm{CONTAG} = \left(1 + \sum_{i=1}^{m}\sum_{j=1}^{n}\frac{P_{ij}\ln P_{ij}}{2\ln m}\right)\times 100\% \tag{2-4}$$

式中：m——景观斑块类型数；

n——景观中所有斑块个数，个；

P_{ij}——景观类型 i 中斑块 j 的周长，m。

④边界密度（ED）也称为边缘密度，是单位面积内景观边界的长度，边界密度越高，说明斑块破碎化程度越高。

$$\mathrm{ED}=\frac{E}{A} \tag{2-5}$$

式中：ED——边界密度，km^{-1}；

E——边界总长度，km。

⑤类斑块平均面积（MPST）为景观中某类景观要素面积的算术平均值，反映该类景观要素斑块规模的平均水平，平均面积最大的类可以说明景观的主要特征，每一类的平均面积则说明该类在景观中的完整程度。

$$\overline{A}_i=\frac{1}{N_i}\sum_{j=1}^{N_i}A_{ij} \tag{2-6}$$

式中：$\overline{A}_i$——景观中第 i 类景观要素面积的算术平均值，km^2；

N_i——第 i 类景观要素的斑块总数，个；

A_{ij}——第 i 类景观要素第 j 个斑块的面积，km^2。

汾河流域土地利用格局特征见表 2-2 和表 2-3。斑块数先减后增，变化不大，平均斑块面积先增后减，边界密度持续增加，聚集度指数先增后减。耕地的类斑块平均面积先减后增，林地的类斑块平均面积先增后减，草地的类斑块平均面积持续减少，水域及水利设施用地的类斑块平均面积持续增加，工矿仓储、住宅及交通运输用地的类斑块平均面积持续增加。

其中，在上游土地利用格局特征中，斑块数持续增加，平均斑块面积持续减小，边界密度先增后减，聚集度指数持续减小。耕地的类斑块平均面积先略减后增加，林地的类斑块平均面积持续减少，草地的类斑块平均面积先增后减，水域及水利设施用地的类斑块平均面积持续增加，工矿仓储、住宅及交通运输用地的类斑块平均面积先略减后增加。

中游土地利用格局特征中，斑块数先略减后增加，平均斑块面积先略增后减少，边界密度和聚集度指数在持续减小。耕地的类斑块平均面积先略减后略增，林地的类斑块平均面积先略增后略减，草地的类斑块平均面积持续减少，水域及水利设施用地的类斑块平均面积先几乎无变化后减少，工矿仓储、住宅及交通运输用地的类斑块平均面积持续增加，其他土地的类斑块平均面积无变化。

下游土地利用格局特征中，斑块数持续增加，平均斑块面积持续减小，边界密度持续增加，聚集度指数先增后减。耕地的类斑块平均面积持续减少，林地的类斑块平均面积变化不大，草地的类斑块平均面积持续减少，水域及水利设施用地的类斑块平均面积先无变化后增加，工矿仓储、住宅及交通运输用地的类斑块平均面积持续增加，其他土地的类斑块平均面积在 2015 年新增，2019 年无变化。

表 2-2 汾河流域及其上游、中游和下游土地利用景观格局特征及其变化

区域	年份	斑块数（NP）/个	平均斑块面积（MPS）/hm^2	边界密度（ED）/（m/hm^2）	聚集度指数（CONTAG）/%
汾河流域	2010	3 363	1 188.94	8.06	34.49
	2015	3 290	1 215.44	8.13	35.16
	2019	3 314	1 206.64	8.15	34.75
上游	2010	725	1 059.72	9.78	28.04
	2015	727	1 056.81	9.79	27.92
	2019	728	1 052.88	9.67	26.84
中游	2010	1 582	1 173.51	8.04	34.09
	2015	1 577	1 177.24	8.02	33.73
	2019	1 609	1 149.91	7.89	33.59
下游	2010	1 035	1 311.30	7.22	34.56
	2015	1 062	1 277.97	7.30	40.63
	2019	1 067	1 265.70	7.32	40.33

表 2-3 汾河流域及其上游、中游和下游土地利用的类斑块平均面积 单位：hm^2

区域	年份	耕地	林地	草地	水域及水利设施用地	工矿仓储、住宅及交通运输用地	其他土地
汾河流域	2010	1 923.80	2 033.88	1 328.53	163.53	278.37	100.00
	2015	1 900.12	2 045.60	1 320.83	165.68	292.44	100.00
	2019	1 980.70	1 951.05	1 194.39	176.70	313.42	100.00
上游	2010	940.93	1 546.75	1 421.74	164.44	165.56	0.00
	2015	937.55	1 538.82	1 422.28	172.73	165.22	0.00
	2019	1 159.49	1 316.24	1 306.74	184.62	212.09	0.00
中游	2010	1 322.02	2 303.69	1 543.89	157.69	354.95	100.00
	2015	1 307.41	2 346.84	1 530.16	157.69	383.43	100.00
	2019	1 315.87	2 318.07	1 399.69	136.76	407.30	100.00
下游	2010	5 736.43	1 820.13	892.49	167.12	213.30	0.00
	2015	5 559.09	1 819.50	886.61	167.12	218.06	100.00
	2019	5 521.97	1 825.16	774.30	212.50	228.74	100.00

2.4 小结

2010—2019 年，汾河流域上游最主要的用地类型为林地，中游、下游则为耕地。十年间上游林地和草地略有减少的趋势，林地主要转化为耕地和草地，草地主要转化为耕地和林地，耕地面积增加，主要由林地和草地转入。中游耕地、林地和草地面积均有所下降，耕地主要转化为草地和工矿仓储、住宅及交通运输用地，林地主要转化为耕地和草地，草地主要转化为耕地和林地。下游耕地面积占比较高，十年间呈下降趋势，主要转化为林地、草地和工矿仓储、住宅及交通运输用地，林地面积增加，主要是耕地和草地的转入，草地面积减少，主要转化为耕地和林地。土地利用格局特征中，上游和下游斑块数持续增加，中游先略减后增加。平均斑块面积、边界密度、聚集度指数在上游、中游、下游变化特征不一致，在全流域基本呈减小的趋势。

第 3 章 汾河流域水质水量变化及典型污染物迁移特征

收集汾河流域 2010—2019 年上游、中游、下游各断面的逐月水质和水量数据，对氨氮、总氮、总磷和化学需氧量 4 个水质指标和水量的年际变化及逐月变化进行分析，其中上游选取汾河水库出口断面，中游选取义棠断面，下游选取新绛断面。

3.1 水质水量变化特征

3.1.1 年际变化

（1）水质

2010—2019 年，汾河流域整体总氮长期处于严重超标状态，氨氮、总磷和化学需氧量在上游可达到考核目标，由于中下游工厂、城市污水等的排放，水质指标超标严重。而下游临近入黄口，水质整体要好于中游。总的来说，水质整体上上游较中下游好。

上游断面 2010—2019 年 4 个水质指标年均质量浓度变化见图 3-1。按照水质考核目标，上游断面执行地表Ⅱ类水标准，据此对水质进行分析评价。2010—2019 年，氨氮仅在 2011 年枯水期的 2 个月超标，在其他时间均满足Ⅱ类水标准，平均质量浓度在 2011 年为十年来的最大值（0.23 mg/L），在 2012—2015 年明显下降，并在 2015 年降至最小值（0.12 mg/L），在 2016 年后整体波动变化，但均满足考核目标。总氮整体超标严重，最大质量浓度在 2012 年 6 月（达到 5.85 mg/L），年均质量浓度在 2010—2012 年急速上升，之后略有回落，直至 2016 年后基本稳定，但总体仍处于严重超标状态。总磷仅在 2012 年 5 月出现超标情况，质量浓度为 0.132 mg/L，在其他时间均满足考核目标，年均质量浓度在 2012 年达十年最大值（0.03 mg/L），之后持续降低，在 2014 年降到最小值（0.01 mg/L），2014 年之后有所上升，但均保持在低位。化学需氧量仅在 2012 年 11 月和 2019 年 7 月出现超标，分别为 15.4 mg/L 和 18 mg/L，在其他时间均达到Ⅱ类水标准，年际均值在 2012 年达到最高（10.35 mg/L），2015 年为最低（6.81 mg/L），总体较为平稳，波动不大。

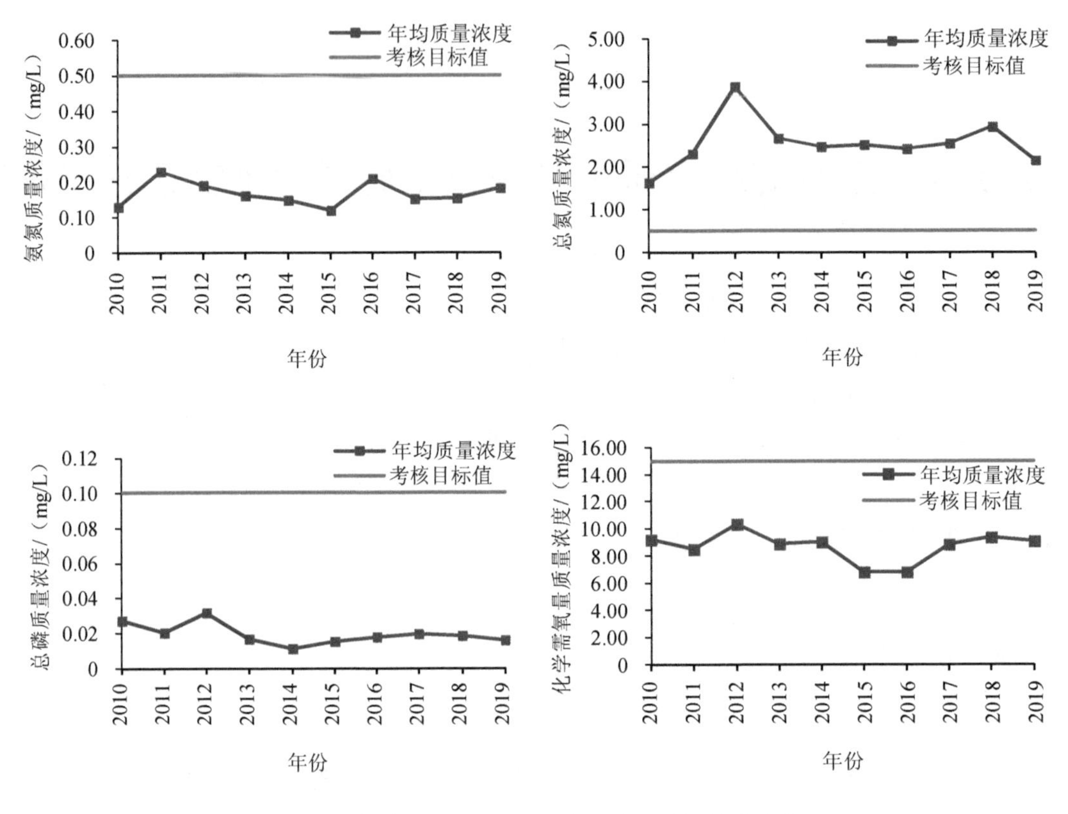

图 3-1 上游 2010—2019 年水质指标质量浓度变化

中游 2010—2019 年各水质指标质量浓度变化见图 3-2。按照水质考核目标，义棠断面执行地表Ⅴ类水标准，氨氮质量浓度为 6 mg/L，据此对水质情况进行分析评价。氨氮长期处于劣Ⅴ类，2010—2016 年仅有 3 个月达到考核标准，进入 2017 年后逐步有所好转，2017 年和 2018 年均有 3 个月达标，到 2019 年仅 2 月和 10 月不达标，其他月份均达标，年均值在 2010 年为最高（57.03 mg/L），在 2019 年为最低（3.64 mg/L），十年间基本呈下降趋势。总氮十年间全部为劣Ⅴ类，超出考核目标，年均质量浓度在 2010 年为最大值（73.05 mg/L），2012 年降至 20.63 mg/L，之后较为稳定，2016 年后有缓慢下降的趋势。总磷在十年间 77%的月份为劣Ⅴ类水质，超出考核目标，在 2010—2012 年处于下降趋势，之后逐步上升，在 2016 年增至最大（0.944 mg/L）之后开始回落，在 2019 年达到十年最低值（0.38 mg/L）。化学需氧量在 2010—2013 年基本处于劣Ⅴ类的情况，四年间仅有 9 个月达标，之后在丰水期基本可满足考核要求，枯水期超标月数较多，年均质量浓度最大值出现在 2010 年（96.13 mg/L），之后持续降低，到 2015 年降至 38.44 mg/L，2016—2018 年缓慢上升，在 2019 年回落，为十年最低值（36.42 mg/L）。

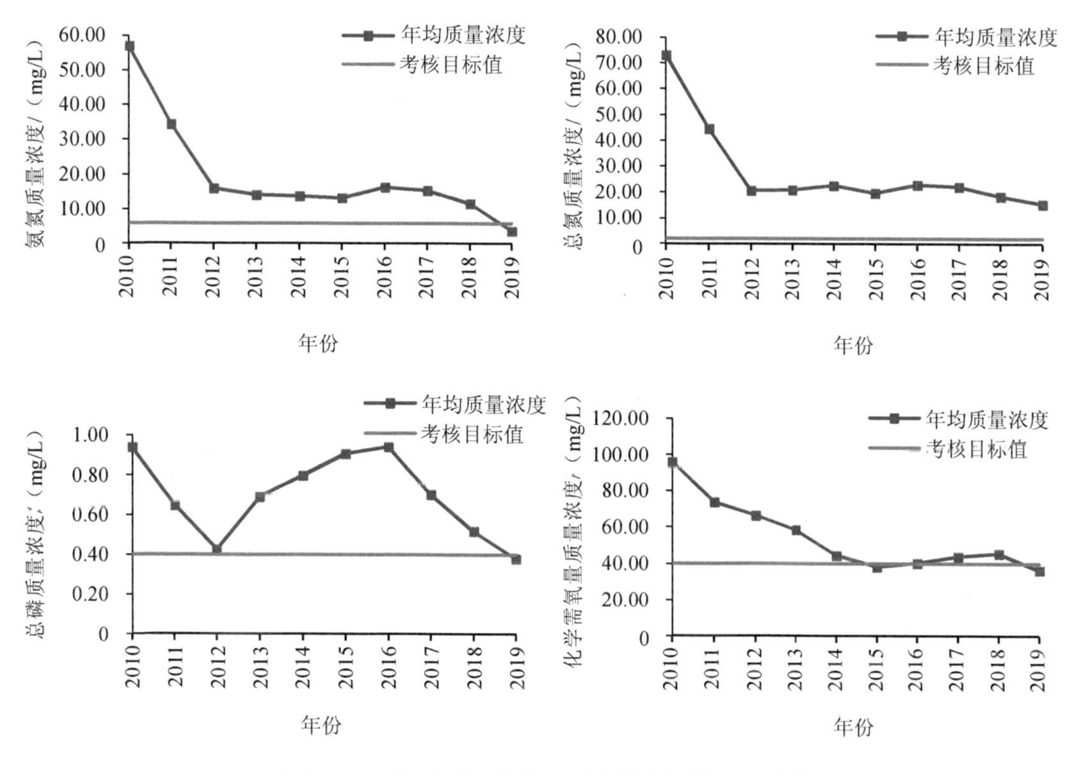

图 3-2 中游 2010—2019 年水质指标质量浓度变化

下游 2010—2019 年 4 个水质指标质量浓度变化见图 3-3。按照水质考核目标，新绛断面执行地表Ⅴ类水标准，其中氨氮质量浓度为 3 mg/L，据此对水质情况进行分析评价。氨氮在 2010—2015 年基本处于劣Ⅴ类水质，六年间仅有 25%的月份满足考核目标，之后有所好转，2016—2018 年达标月份比例分别达到 25%、50%、58%，2019 年仅在枯水期出现 2 个月超标的情况，年均质量浓度在 2010—2011 年大幅下降，从 24.60 mg/L 降至 8.64 mg/L，之后基本呈波动下降趋势，在 2019 年降至十年最低（1.72 mg/L）。总氮同样超标严重，十年间仅在 2019 年 7 月和 9 月满足考核要求，在其他月份均超标，尤其是在 2016 年 3 月和 2018 年 4 月，超标倍数高达 40 多倍，年均值在 2010—2011 年下降较为明显，由 41.80 mg/L 降至 16.78 mg/L，之后处于相对较低水平，并在 2019 年降至最低（6.97 mg/L）。在 2010—2015 年，总磷仅在 2013 年、2014 年 5 月和 2014 年 4 月超出目标值，在其他月份均满足要求，2016—2019 年超标月份比例呈减少趋势，在 2016 年 4 月超标倍数高达 5 倍。年均值在 2010—2012 年从 0.29 mg/L 降至 0.12 mg/L，之后呈上升趋势，到 2016 年升至最高（0.59 mg/L），之后逐步下降，至 2019 年为 0.19 mg/L。化学需氧量在 2010 年、2011 年基本处于劣Ⅴ类，之后下降较多，2012—2015 年水质仅有 2 个月略高于水质标准，在 2016 年出现回升，仅在 1 月达标，其余月份均超出考核要求，2017 年之后逐步改善，到 2019 年仅 1 月超标，其余月份均达到考核要求，年均质量浓度值在 2010—2012 年从 111.38 mg/L 降至 21.88 mg/L，之后缓慢上升，2016 年浓度升高较多，之后持续下降，在 2019 年降至最低（20.00 mg/L）。

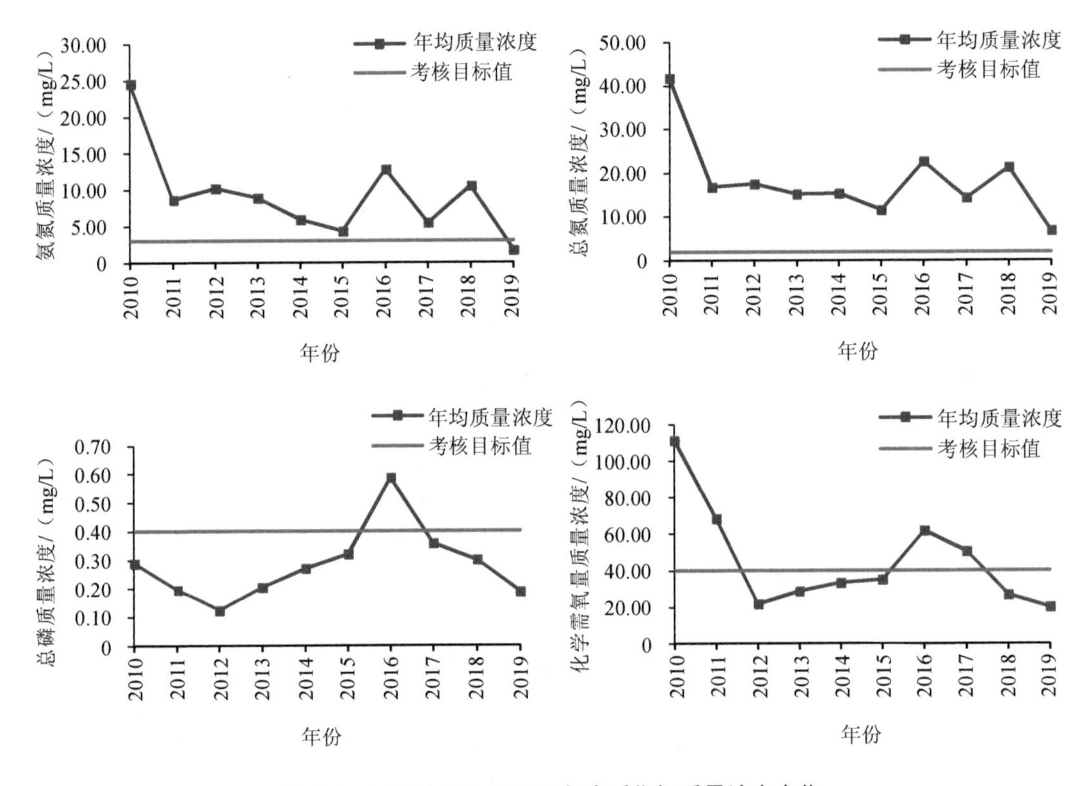

图 3-3 下游 2010—2019 年水质指标质量浓度变化

（2）水量

汾河流域上游流量较为稳定，分析可能是由于水利措施调控，在雨季减少放水，在非降雨季节增加放水，通过科学调控水量以减小枯水期对北方河流的较大影响。中下游流量相当，且较上游大很多，但近几年水量有减少趋势。

汾河流域 2010—2019 年流量变化见图 3-4。十年来，上游流量最高值出现在 2016 年 3 月，为 47.12 m^3/s，最低值出现在 2019 年 1 月，出现了断流。通过计算年均值可知，年均值在 2018 年最高，为 13.3 m^3/s，在 2010 年最低，为 6.61 m^3/s。中游流量最高值出现在 2016 年 7 月，为 115.73 m^3/s，最低值出现在 2019 年 3 月，为 0.002 m^3/s，十年间无断流出现。通过计算年均值可知，年均值在 2011—2013 年呈上升趋势，之后到 2015 年降至 16.68 m^3/s，2016 年后逐步上升，到 2018 年达十年间最高值（32.89 m^3/s），2019 年又下降。下游流量最高值出现在 2016 年 7 月，为 119.87 m^3/s，2010 年 3 月和 12 月出现断流。下游年均值与中游的整体趋势相似，下游流量也在 2011—2013 年呈直线上升趋势，后到 2015 年降至 15.79 m^3/s，也是从

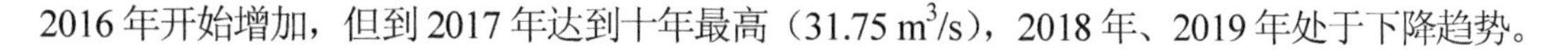

2016年开始增加，但到2017年达到十年最高（31.75 m³/s），2018年、2019年处于下降趋势。

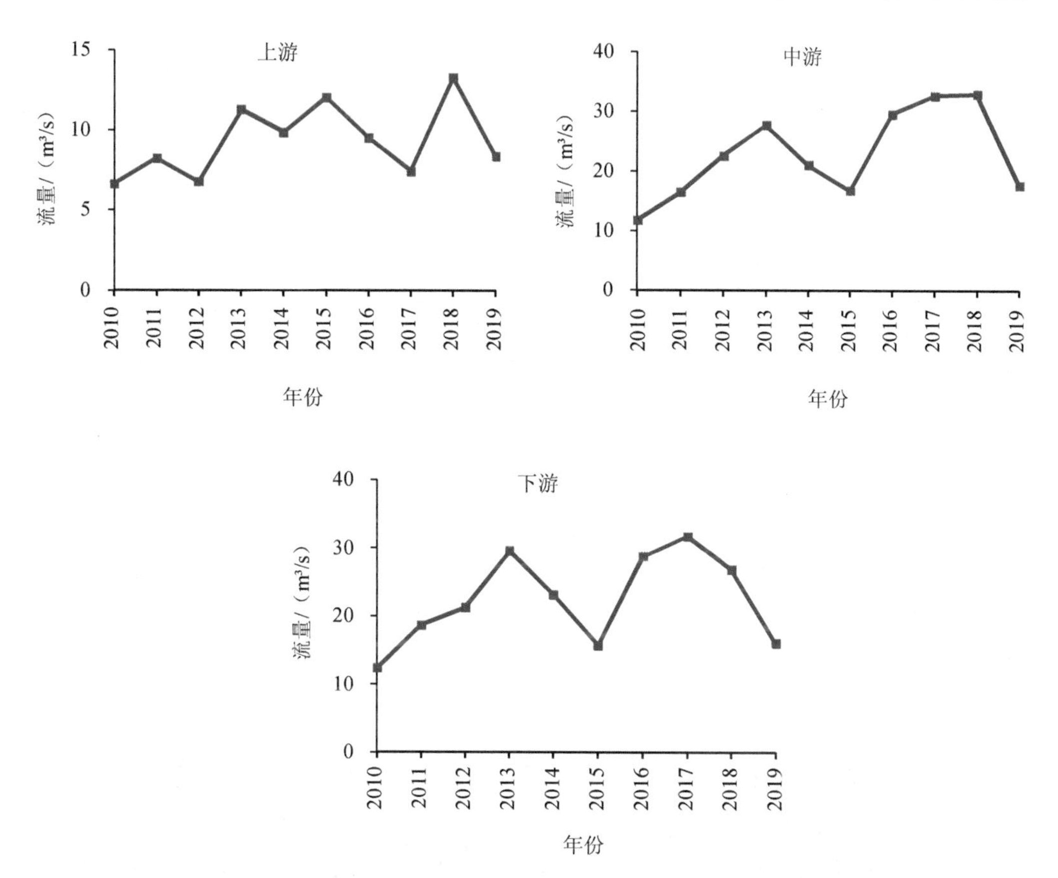

图3-4 汾河流域上游、中游和下游2010—2019年年均流量变化

3.1.2 逐月变化

（1）水质

汾河流域上游2010—2019年各水质指标质量浓度逐月变化见图3-5。总体来看，十年间，氨氮质量浓度在1月、2月、3月、5月处于高值区，6月、7月、9月为低值区，其他月份维持在中值区，十年月均质量浓度最小值出现在6月，为0.08 mg/L，最大值出现在3月，为0.22 mg/L。总氮质量浓度在1月、2月、6月为高值区，7月、8月为低值区，十年月均质量浓度最小值出现在7月，为2.1 mg/L，最大值出现在6月，为3.32 mg/L。总磷质量浓度在1月、6月、11月、12月为低值区，4月、5月为高值区，十年月均质量浓度最大值出现在5月，为0.03 mg/L，最小值出现在1月，为0.01 mg/L。化学需氧量在12月、1月和2月处于低值区，6月、7月、8月以及10月、11月为高值区，十年月均质量浓度最大值出现在7月（10.37 mg/L），最小值出现在2月（7.11 mg/L）。

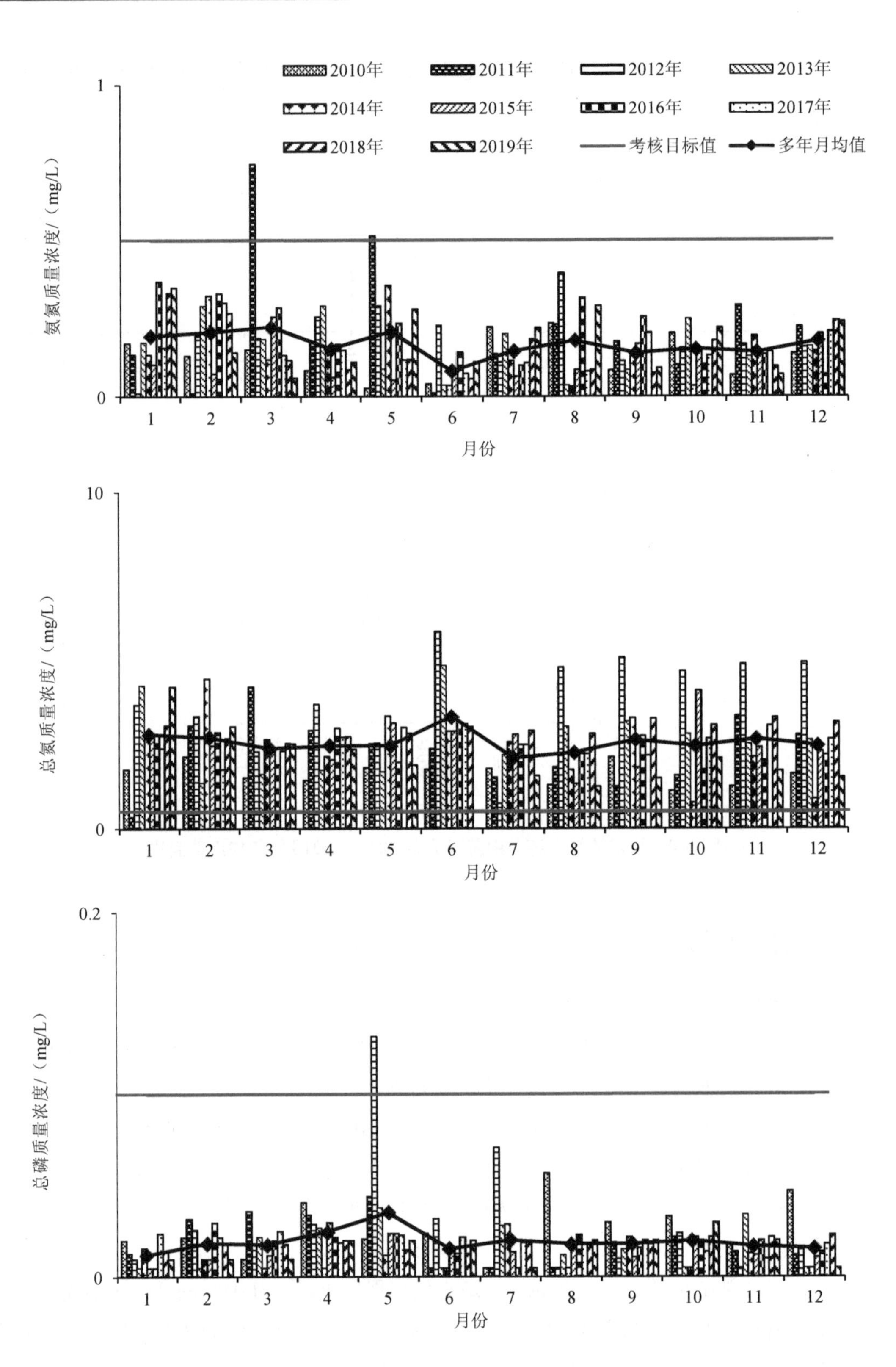
2010年
2011年
2012年
2013年
2014年
2015年
2016年
2017年
2018年
2019年
考核目标值
多年月均值
氨氮质量浓度/（mg/L）
1
0
1 2 3 4 5 6 7 8 9 10 11 12
月份
总氮质量浓度/（mg/L）
10
0
1 2 3 4 5 6 7 8 9 10 11 12
月份
总磷质量浓度/（mg/L）
0.2
0
1 2 3 4 5 6 7 8 9 10 11 12
月份

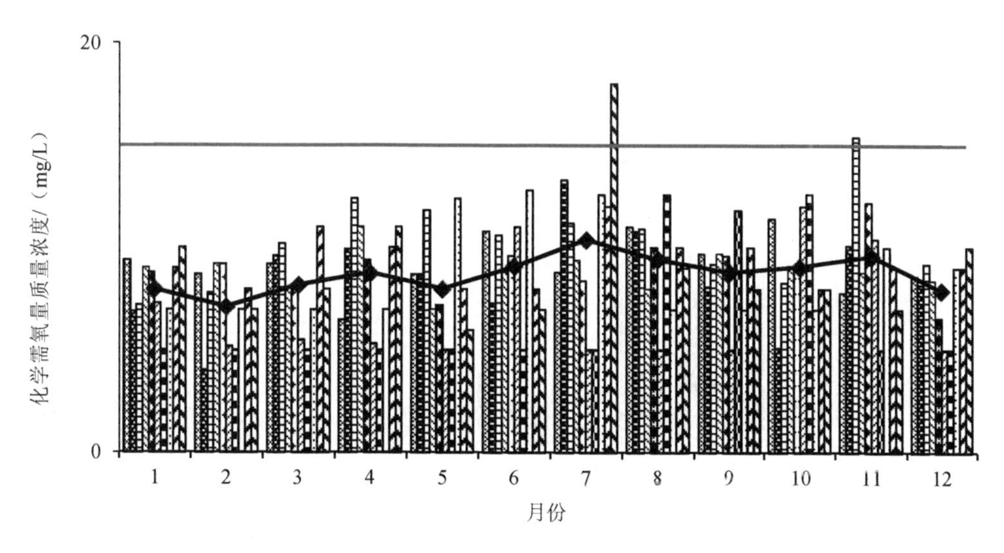

图 3-5　汾河流域上游 2010—2019 年各水质指标质量浓度逐月变化

汾河流域中游 2010—2019 年各水质指标质量浓度逐月变化见图 3-6。在汾河流域中游，氨氮质量浓度在 1 月、2 月、3 月和 4 月为高值区，其中 3 月尤其高，比考核目标值高出将近 6 倍，7 月、8 月、9 月和 10 月为低值区，多年月均质量浓度最小值出现在 9 月，为 10.3 mg/L，最大值出现在 3 月，为 41.8 mg/L。总氮质量浓度同样在 1 月、2 月、3 月、4 月为高值区，3 月仍然尤其高，超标倍数高达 25 倍，7 月、8 月、9 月、10 月同样为低值区，十年月均质量浓度最小值出现在 8 月，为 15.9 mg/L，最大值出现在 3 月，为 52.3 mg/L。总磷质量浓度在 1 月、2 月、3 月以及 11 月、12 月为高值区，8 月、9 月、10 月为低值区，十年月均质量浓度最小值出现在 8 月，为 0.28 mg/L，最大值出现在 3 月，为 1.05 mg/L。化学需氧量质量浓度在 1 月、2 月、3 月、4 月为高值区，其中 3 月尤其高，在 8 月、9 月、10 月为低值区，十年月均质量浓度最小值出现在 8 月，为 33.1 mg/L，最大值出现在 3 月，为 108 mg/L。

汾河流域下游 2010—2019 年各水质指标质量浓度逐月变化见图 3-7。在汾河流域下游，氨氮质量浓度在 2 月、3 月、4 月为高值区，6 月、7 月、8 月和 9 月为低值区，十年月均质量浓度最大值出现在 4 月，为 27.6 mg/L，最小值出现在 9 月，为 0.80 mg/L。总氮质量浓度在 2 月、3 月、4 月为高值区，在 7 月、8 月、9 月为低值区，十年月均质量浓度变化规律与氨氮一致，最小值出现在 9 月，为 9.36 mg/L，最大值出现在 4 月，为 34.4 mg/L。总磷质量浓度在 1 月、2 月、3 月、4 月为高值区，其中 4 月尤其偏高，7 月、8 月、9 月和 10 月为低值区，十年月均质量浓度最高在 4 月，为 0.85 mg/L，最低在 8 月，为 0.14 mg/L。化学需氧量质量浓度在 3 月、4 月为高值区，5 月、6 月、11 月、12 月为低值区，十年月均质量浓度最大值在 4 月，为 63.8 mg/L，最小值在 12 月，为 31.1 mg/L，高值一般出现在枯水期，低值一般出现在丰水期。

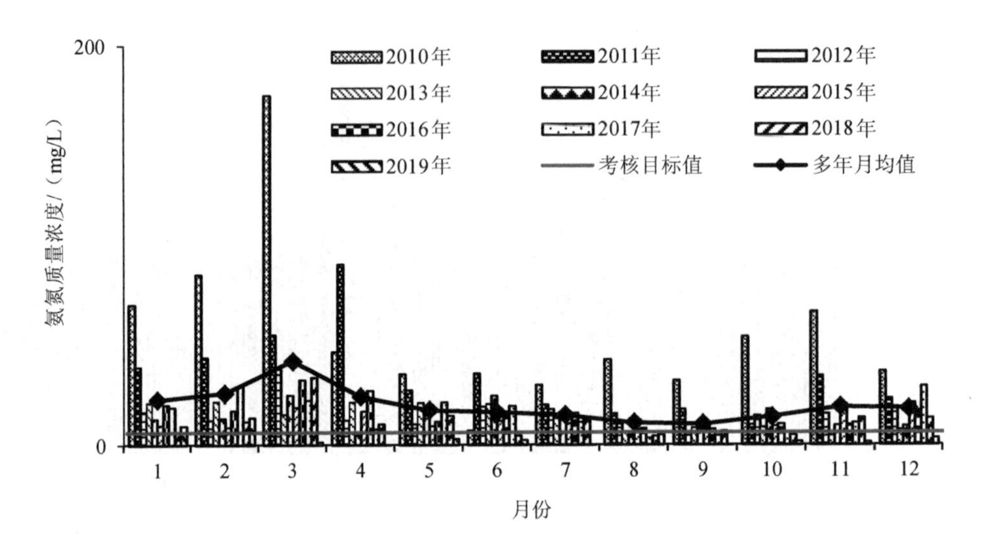
200
0
氨氮质量浓度/（mg/L）
2010年
2011年
2012年
2013年
2014年
2015年
2016年
2017年
2018年
2019年
考核目标值
多年月均值
1
2
3
4
5
6
7
8
9
10
11
12
月份

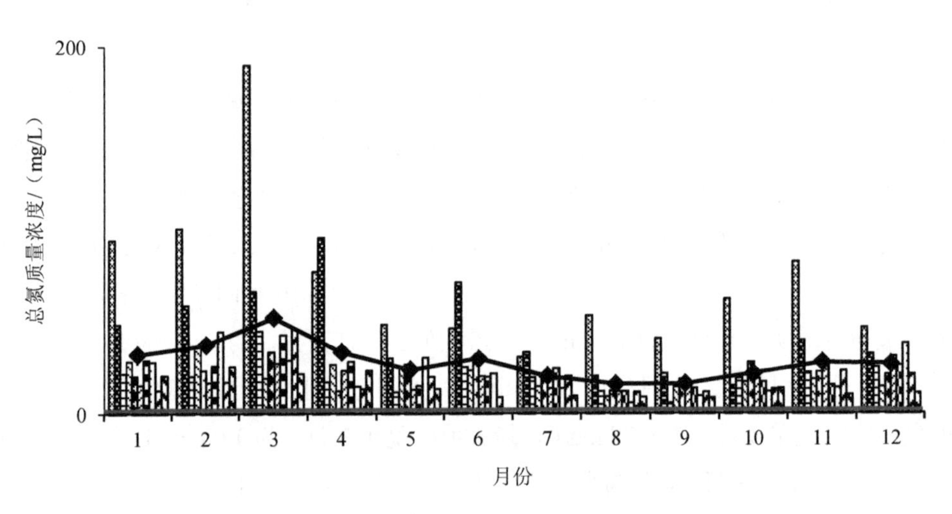
200
0
总氮质量浓度/（mg/L）
1
2
3
4
5
6
7
8
9
10
11
12
月份

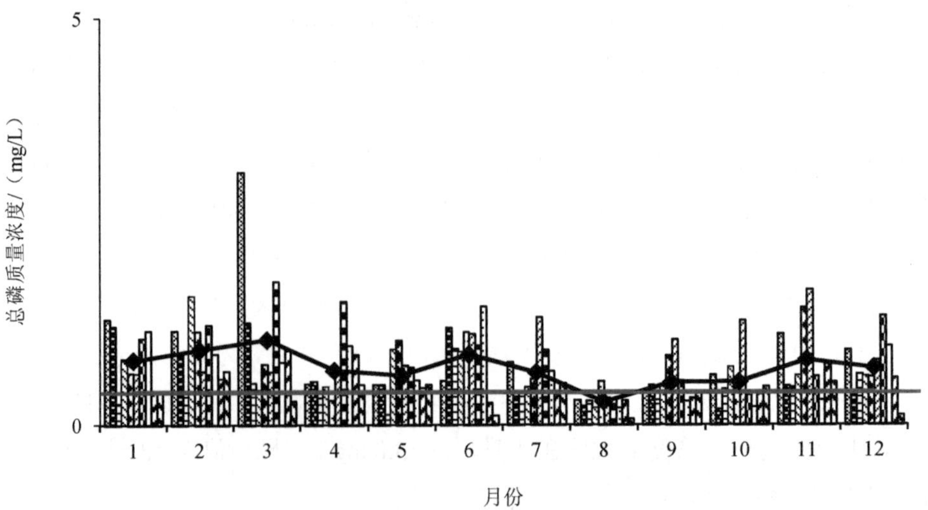
5
0
总磷质量浓度/（mg/L）
1
2
3
4
5
6
7
8
9
10
11
12
月份

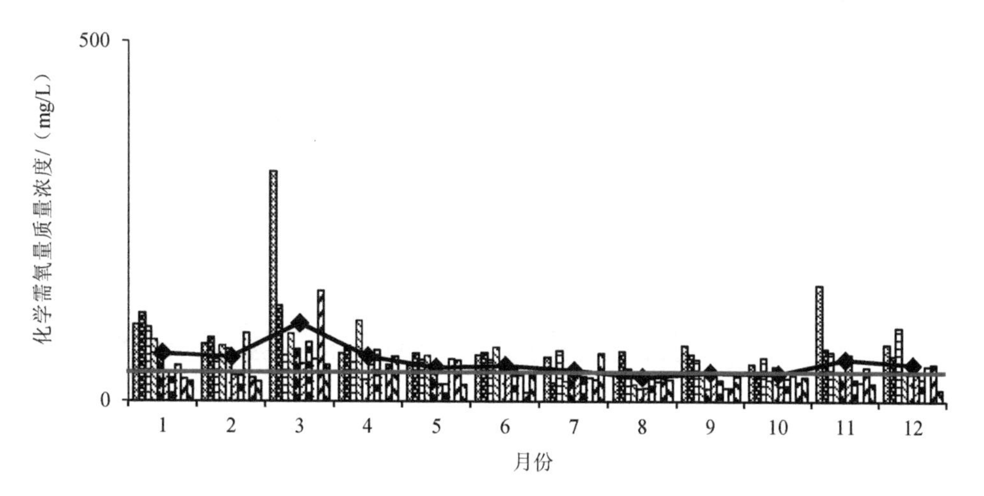

图 3-6 汾河流域中游 2010—2019 年各水质指标质量浓度逐月变化

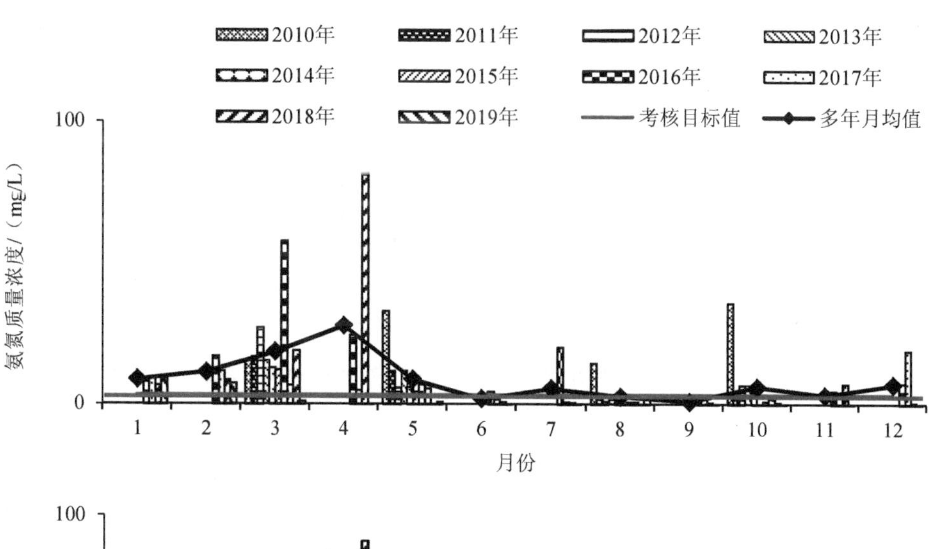

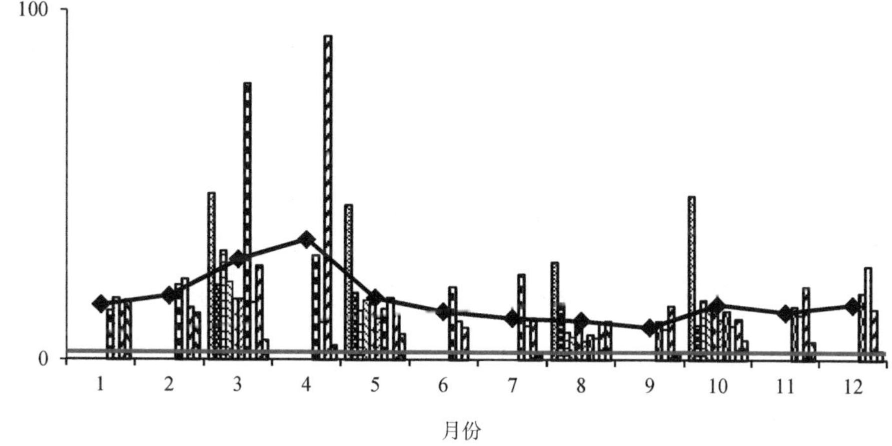

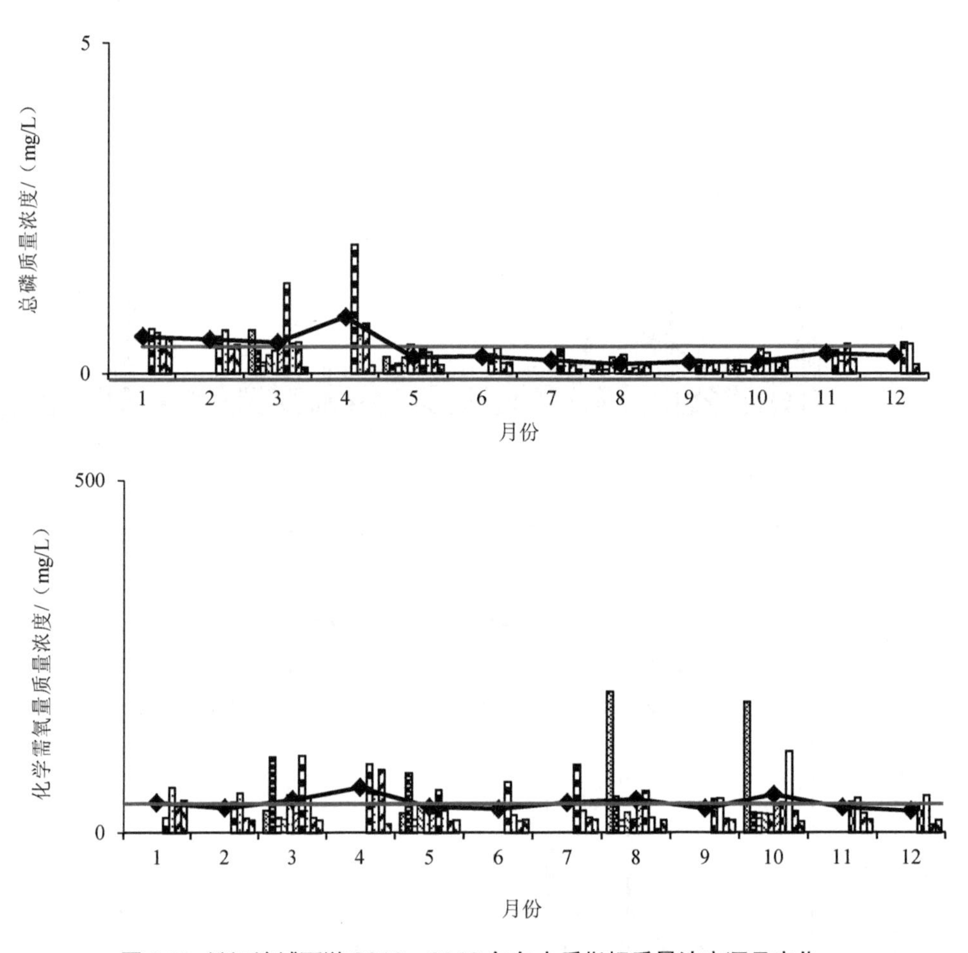

图 3-7 汾河流域下游 2010—2019 年各水质指标质量浓度逐月变化

（2）水量

汾河流域上游可能通过控制水利设施，在春季缺水的种植期放水，使 3 月和 4 月流量偏大；同样，在夏季多雨时流量并未达到顶峰，是因水利设施控制；中游、下游流量在夏季偏大、冬季偏小，与降水量大小有直接关系[6]。

汾河流域上游、中游和下游 2010—2019 年流量逐月变化见图 3-8。十年间，汾河流域上游流量在 3 月和 4 月为高值区，1 月和 2 月为低值区，其他月份为中值区，十年月均流量最小值出现在 2 月，为 2.7 m^3/s，最大值出现在 3 月，为 30.13 m^3/s。十年间汾河流域中游流量在 7 月、8 月、9 月和 10 月为高值区，1 月、2 月和 3 月为低值区，其他月份为中值区，十年月均流量最小值出现在3 月，为 4.68 m^3/s，最大值出现在 7 月，为 40.46 m^3/s。十年间汾河流域下游流量高值区分布与中游相同，也是在 7 月、8 月、9 月和 10 月，低值区不同，下游低值区为 12 月、2 月、3 月和 4 月，其他月份为中值区，十年月均流量最小值出现在 3 月，为 3.80 m^3/s，最大值出现在 9 月，为 39.74 m^3/s。

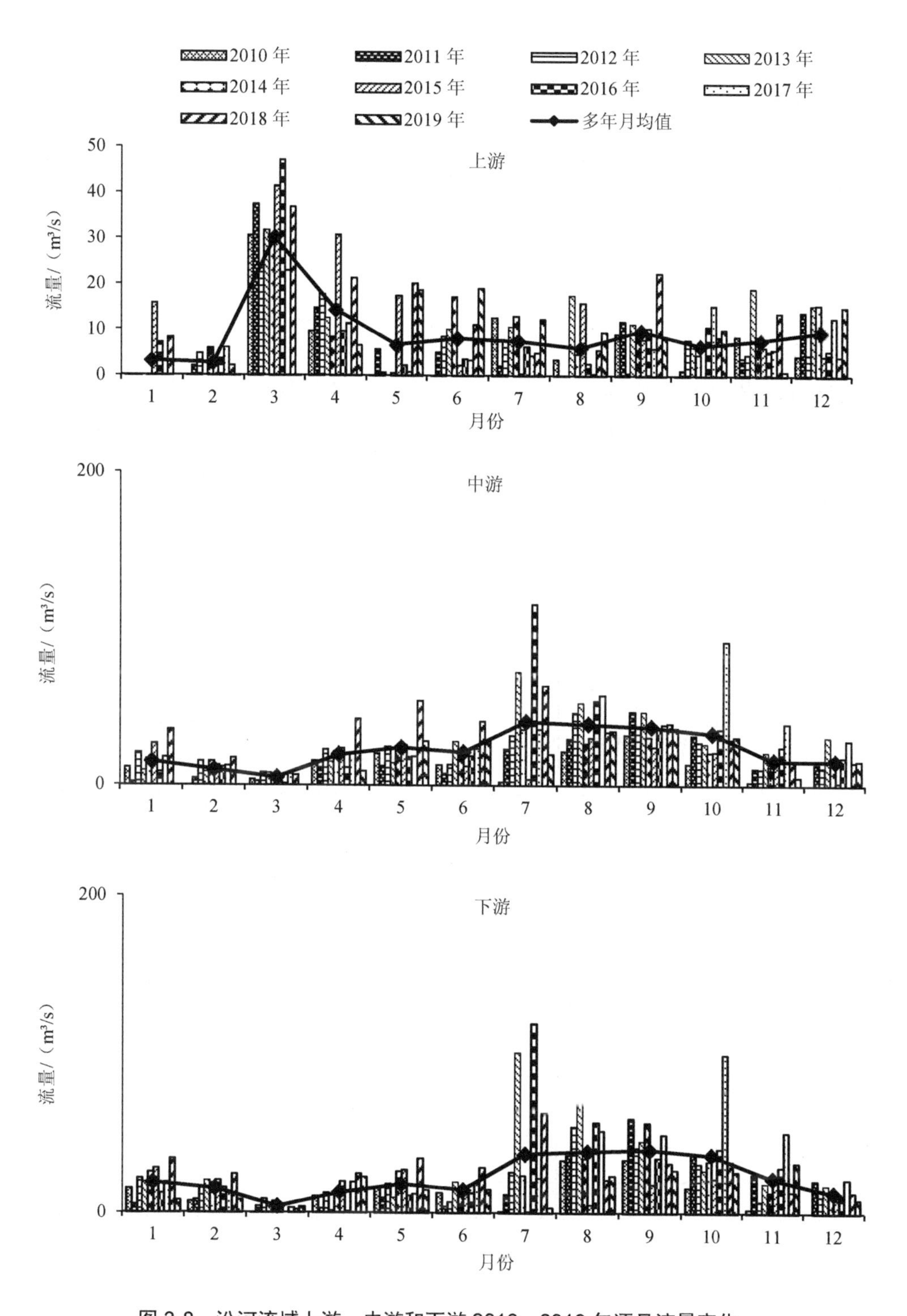

图 3-8 汾河流域上游、中游和下游 2010—2019 年逐月流量变化

3.2 典型污染物迁移特征及来源解析

长时间序列水质数据分析表明，汾河流域氮污染严重，为此选择汾河中上游流域作为主要研究区域，进行氮污染特征及其来源解析研究。

3.2.1 研究方法

共布设 14 个采样点（见表 3-1），对水体和沉积物进行采样。水质调查项目包括水温、pH、溶解氧、电导率、氧化还原电位、总氮、氨氮、硝酸盐氮、亚硝酸盐氮以及氮同位素和氧同位素（$\delta^{15}N-NO_3^-$、$\delta^{18}O-NO_3^-$），并记录经纬度、水质描述（气味、颜色）、流量；沉积物调查项目包括含水率、全氮、氨氮、硝酸盐氮、亚硝酸盐氮、有机氮，并记录经纬度、底泥描述（气味、颜色）。

表 3-1　采样点

<table>
<tr><th rowspan="2">序号</th><th rowspan="2">类型</th><th rowspan="2" colspan="2">采样点</th><th rowspan="2">点位说明</th><th colspan="2">取样类型</th><th rowspan="2">备注</th></tr>
<tr><th>水质</th><th>沉积物</th></tr>
<tr><td>1</td><td rowspan="9">干流</td><td colspan="2">雷鸣寺</td><td>源头</td><td>√</td><td>√</td><td rowspan="14">①水质取样在丰水期、枯水期各一次，沉积物仅在枯水期采集。
②干流汇口采样点设在汇入后 500 m 处，支流采样点设在汇口上游 500 m 处</td></tr>
<tr><td>2</td><td rowspan="2">头马营
引黄汇口</td><td>汇前</td><td rowspan="2">引黄入口</td><td>√</td><td>√</td></tr>
<tr><td>3</td><td>汇后</td><td>√</td><td>√</td></tr>
<tr><td>4</td><td colspan="2">洪河汇口</td><td>支流汇口</td><td>√</td><td>√</td></tr>
<tr><td>5</td><td colspan="2">静乐县监控点
（静乐县下游）</td><td>省控断面</td><td>√</td><td>√</td></tr>
<tr><td>6</td><td colspan="2">河岔</td><td>国控断面</td><td>√</td><td>√</td></tr>
<tr><td>7</td><td colspan="2">汾河水库库首</td><td rowspan="3">汾河水库</td><td>√</td><td>√</td></tr>
<tr><td>8</td><td colspan="2">汾河水库库中</td><td>√</td><td>√</td></tr>
<tr><td>9</td><td colspan="2">汾河水库库尾</td><td>√</td><td>√</td></tr>
<tr><td>10</td><td rowspan="5">一级
支流</td><td colspan="2">洪河</td><td>洪河</td><td>√</td><td>√</td></tr>
<tr><td>11</td><td colspan="2">鸣水河</td><td>鸣水河</td><td>√</td><td>√</td></tr>
<tr><td>12</td><td colspan="2">东碾河</td><td>东碾河</td><td>√</td><td>√</td></tr>
<tr><td>13</td><td colspan="2">曲立</td><td>省控断面</td><td>√</td><td>√</td></tr>
<tr><td>14</td><td colspan="2">娄烦</td><td>涧河</td><td>√</td><td>√</td></tr>
</table>

（1）水-沉积物界面溶解性氮的扩散通量计算

河流作为陆源氮污染物的主要承接体，由于过量氮污染物的汇入，会出现水体富营养化、低溶氧及黑臭现象。同时，作为河流氮素重要的“源”和“汇”，长期外源输入的氮污染物及水生动植物的遗体和残骸等大量有机质和含氮物质通过物理作用、化学作用和生物作用在河流沉积物中富集；当环境条件改变后，沉积物中的氮污染物会以不同的赋存形态，通过扩散、对流及沉积物再悬浮等过程释放到上覆水中，造成“二次污染”。河流水-沉积物界面氮污染物的交换量可反映河流水体的氮污染及沉积物内源释放状况，并且其扩散通量的大小与孔隙水和上覆水的浓度梯度有直接的关系。目前主要采用扩散法、实验室培养法和现场测定法等研究方法对水-沉积物界面溶解性氮的扩散通量进行研究，不仅有助于了解沉积物内源负荷的大小，而且对治理河流氮污染具有重要意义。因此，本研究采集不同界面水样及柱状沉积物，分析溶解性氮的垂直分布特征，并采用孔隙水扩散模型估算水-沉积物界面溶解性氮的扩散通量，进而估算汾河水体的氮污染年负荷贡献量，为河流修复及污染治理提供一定的理论支持。

采用 Fick 第一定律对水-沉积物界面溶解性氮的扩散通量进行估算。Fick 第一定律适用于稳态扩散，即界面物质的交换过程为平衡状态，主要受浓度扩散控制。扩散通量计算公式如下[7]：

$$F = 8.64 \times 10^9 \times \varphi \times D_s \times \frac{\partial c}{\partial x} \tag{3-1}$$

式中：F——水-沉积物界面扩散通量，mg/（$m^2 \cdot d$）；

$\frac{\partial c}{\partial x}$——水-沉积物界面物质浓度梯度，mg/（L·cm）；

D_s——考虑了沉积物弯曲效应的实际分子扩散系数，m^2/s；$D_s = \varphi^2 \times D_0$（$\varphi > 0.7$），$D_s = \varphi \times D_0$（$\varphi < 0.7$），其中 D_0 为理想溶液的扩散系数，温度为 25℃时，NH_3-N、NO_3^--N 和 NO_2^--N 的 D_0 分别为 $19.8 \times 10^{-6}\ cm^2/s$、$19.0 \times 10^{-6}\ cm^2/s$、$19.1 \times 10^{-6}\ cm^2/s$；

φ——沉积物孔隙度，其计算方法为：

$$\varphi = \frac{W_w - W_d}{W_w - W_d + \dfrac{W_d}{\rho}} \tag{3-2}$$

式中：W_w——沉积物鲜重，g；

W_d——沉积物干重，g；

$\rho = 2.5$，其为表层沉积物平均密度与水密度比值[8]。

沉积物溶解性氮年负荷贡献量计算方法如下：

$$L = \sum_{i}^{n} F_i \times A_i \times 365 / 10^6 \tag{3-3}$$

式中：L——溶解性氮的年负荷贡献量，kg/a；

F_i——第 i 区域水-沉积物界面扩散通量，mg/（$m^2 \cdot d$）；

A_i——第 i 区域面积，m^2；

365——一年按 365 d 计算；

10^6——换算系数[9]。

（2）同位素测定

自然界中，同种元素原子的核内质子数相同但中子数不同时，这些原子互为同位素。这就使得同种元素存在多种同位素。氮元素的同位素存在形式主要有 7 种，其中 $\delta^{14}N$ 和 $\delta^{15}N$ 是稳定同位素。在空气中，$\delta^{14}N$ 和 $\delta^{15}N$ 的相对丰度分别为 99.633%和 0.366%。在不同地域的大气中 $\delta^{15}N$ 和 $\delta^{14}N$ 丰度比恒为 1/272。因此，大气氮标准可以作为检测各种含氮物质氮同位素组成的依据。环境中氧元素的同位素存在形式主要有 $\delta^{16}O$、$\delta^{17}O$、$\delta^{18}O$，其各自的相对丰度分别为 99.76%、0.045%、0.20%。地球上所有的含氮化合物 $\delta^{15}N$ 和 $\delta^{14}N$ 的比值都接近 3.68‰，与空气中氮气的 $\delta^{15}N/\delta^{14}N$ 接近，差别很小。根据这一原理，科学家们以大气的氮同位素比值（$\delta^{15}N/\delta^{14}N$）为标准值，采用 δ 表示含氮物质中 N、O 同位素的相对比值，即样品的同位素比值相对于参照标准的同位素比值的千分偏差［见式（3-4）］。δ 为正值，说明样品较参照标准富集同位素，反之则说明样品较参照标准贫化同位素。

$$\delta_{sample} = (R_{sample} - R_{standard}) / R_{standard} \times 1\,000 \tag{3-4}$$

式中：δ——同位素比值，即 A 物质中含有该元素稀有同位素的分子的物质的量或物质的量浓度与丰有同位素的分子的物质的量或物质的量浓度之比。$\delta^{15}N$、$\delta^{18}O$ 的 R 分别表示为 $\delta^{15}N/\delta^{14}N$、$\delta^{18}O/\delta^{16}O$。

sample——参照标准。氮同位素参照标准是标准大气（AIR），氧同位素参照标准是维也纳标准平均海水（Vienna Standard Mean Oceanic Water，V-SMOW）。

自从 1971 年 Kohl 等首次利用氮同位素（$\delta^{15}N$）评估农田化肥对河流中硝酸盐污染的影响以来[10]，稳定同位素技术开始被应用到陆域和水域生态系统中的氮源识别和迁移转化过程研究中[11]。水体中硝酸盐的氮同位素（$\delta^{15}N$）、氧同位素（$\delta^{18}O$）值蕴含了研究地点上游不同氮源的贡献及水体中氮转化情况等方面的信息，这些信息可为判别氮的来源及示踪氮的地球化学循环提供很好的线索，为氮污染的有效控制提供决策依据。

采样及监测方法：取孔径 0.45 μm 滤膜过滤后的 40 mL 水样于 60 mL 顶空瓶中，加入 0.8 mL $CdCl_2$ 溶液（20 g/L），然后加入 0.8 mL NH_4Cl 溶液（250 g/L），最后加入洁净锌片［长度和宽度分别为 10 cm 和 3 cm，纯度为 4N（99.99%）或者 3N（99.9%），酒精擦拭干净］，在摇床上以 220 r/min 转速振荡 20 min（充分反应）。取出锌片，密闭顶空瓶。

向上述反应后的顶空瓶中加入 2 mL 的 NaN_3 溶液（2 mol/L）和 CH_3COOH（20%）的 1∶1 混合液，剧烈振荡使样品和试剂混匀。之后以 220 r/min 转速振荡 30 min（充分反应），最后加入 1.2 mL 的 NaOH 溶液（6 mol/L）作为终止剂（溶液显碱性不利于叠氮化反应）。

用 PAL 自动进样器进样，样品中 N_2O 经液氮罐中的一级冷阱冷冻固定，10 min 后一级冷阱离开液氮罐，冷冻固定的 N_2O 释放至液氮罐中的二级冷阱，5 min 后二级冷阱离开液氮罐。N_2O 经色谱柱（柱温 45℃）与其他杂质气体得到分离。分离后的 N_2O 由氦气带入 Mat 253 检测器，高能电子束轰击离子化，经过加速电场，不同质荷比（m/z=44、m/z=45、m/z=46）气态离子进入磁场分离成不同的离子束，进入接收器并转换为电信号，测定氮同位素比值和氧同位素比值。

$\delta^{15}N$ 值以标准大气作为参照标准，$\delta^{15}N$ 值按以下公式计算：

$$\delta^{15}\text{N值} = \left[\frac{R(^{15}\text{N}_{\text{sample}} / ^{14}\text{N}_{\text{sample}})}{R(^{15}\text{N}_{\text{AIR}} / ^{14}\text{N}_{\text{AIR}})} - 1\right] \times 1\,000 \tag{3-5}$$

式中：$R(^{15}N_{AIR}/^{14}N_{AIR})$——标准大气中的氮同位素丰度比值。$\delta^{15}N$ 值的分析精度为±0.2‰。

$\delta^{18}O$ 值以维也纳标准平均海水（V-SMOW）作为参照标准，$\delta^{18}O$ 值按以下公式计算：

$$\delta^{18}\text{O值} = \left[\frac{R(^{18}\text{O}_{\text{sample}} / ^{16}\text{O}_{\text{sample}})}{R(^{18}\text{O}_{\text{V-SMOW}} / ^{16}\text{O}_{\text{V-SMOW}})} - 1\right] \times 1\,000 \tag{3-6}$$

式中：R（$^{18}O_{V\text{-}SMOW}/^{16}O_{V\text{-}SMOW}$）——维也纳标准平均海水（V-SMOW）的氧同位素丰度比值。$\delta^{18}O$ 值的分析精度为±0.3‰。

GasBenchⅡ：瑞士 CTC Analytics 公司 CombiPAL 自动进样器；美国 Agilent 公司 Pora PlotQ 色谱柱（30 m×0.32 mm×20 μm）；60 mL 顶空样品盘；液氮捕集不锈钢冷阱；4 L 液氮罐。Mat253 检测器（美国 Thermo Fisher 公司）：高灵敏电子轰击离子源，10 kV 离子传输系统。

SIAR 模型：SIAR（stable isotope analysis in R）模型是利用 Dirichlet 先验逻辑分布在贝叶斯框架下建立的一种模型，封装于统计软件 R 语言中，该模型遵循同位素质量平衡规律，可用于预估每种源对混合物的贡献比率，Dirichlet 先验分布保证了各种源的贡献比率之和为 1，该模型通过 Markov Chain Monte Carlo 算法转化成源对混合物的贡献比率范围。SIAR 模型可用如下公式表示：

$$X_{ij} = \sum_{k=1}^{K} p_k (S_{jk} + c_{jk}) + \varepsilon_{ij} \tag{3-7}$$

$$S_{jk} \sim N(\mu_{jk}, \omega_{jk}^2)$$

$$c_{jk} \sim N(\lambda_{jk}, \tau_{jk}^2)$$

$$\varepsilon_{ij} \sim N(0, \sigma_j^2)$$

式中：X_{ij}——混合样 i 中同位素 j 的比值（i=1，2，3，…，N；j=1，2，3，…，J）；

S_{jk}——源 k 中同位素 j 的比值（k=1，2，3，…，K），其平均值为 μ，标准偏差为ω；

p_k——所要计算的源 k 的比例；

c_{jk}——源 k 中同位素 j 的分馏因子，其平均值为 0，标准偏差为σ 。

3.2.2 研究区氮素赋存形态及分布特征

（1）水体氮素赋存特征

水体中不同形态氮含量具体见表 3-2。

表 3-2 水体中不同形态氮含量统计

时间	数据类型	氨氮		亚硝酸盐氮		硝酸盐氮		总氮质量浓度/（mg/L）
		质量浓度/（mg/L）	占比/%	质量浓度/（mg/L）	占比/%	质量浓度/（mg/L）	占比/%	
枯水期	最小值	0.079	9.1	0.006	0.7	0.280	32.2	0.870
	最大值	1.780	16.8	0.838	7.9	3.010	28.4	10.600
	平均值	0.088	3.1	0.081	2.9	0.795	28.2	2.820
丰水期	最小值	0.035	4.0	0.006	0.7	0.160	18.2	0.880
	最大值	1.180	33.5	0.174	4.9	1.060	30.1	3.520
	平均值	0.210	10.8	0.033	1.7	0.576	29.5	1.950

由表 3-2 可知，无机氮中硝酸盐氮占比最高，且在丰水期、枯水期无太大差异；其次为氨氮，且在丰水期占比明显增大；亚硝酸盐占比最小，丰水期与枯水期占比差异不大。

硝酸盐氮（NO_3^--N）是含氮有机物氧化分解的最终产物。水体中仅有硝酸盐含量增高，氨氮（NH_3-N）、亚硝酸盐氮（NO_2^--N）含量均低，说明污染时间已久，现已趋向自净。总氮是水体中氨氮、硝酸盐氮、亚硝酸盐氮和有机氮的总和。研究流域总氮严重超标，除岚河氨氮外，其他断面硝酸盐氮、亚硝酸盐氮以及氨氮均不超标。总氮监测总量大于氨氮、亚硝酸盐氮、硝酸盐氮监测分量之和，符合污染成因及机理。由总氮严重超标可推测污染因素在于有机氮，丰水期和枯水期其浓度有差异，表现为氮素迁移与季节性及水土流失相关。

在汾河干流中，总氮仅在枯水期汾河水库库中达标，丰水期、枯水期雷鸣寺采样点总氮浓度基本接近标准值，在头马营引黄汇口处陡然升高，显著超标，丰水期在头马营汇口后逐步回落，到汾河水库库中时达标，但在枯水期静乐、河岔均居高不下，在河岔超标倍数高达 10.6 倍。支流中丰水期仅东碾河达标，洪河、岚河以及涧河采样点总氮浓度均较高，相比较而言岚河污染最重。硝酸盐氮浓度在丰枯两期均达标，且远低于标准，其分布趋势与总氮分布趋势相近。氨氮浓度在丰枯两期均达标，总体变化趋势平缓。地表水中的亚硝酸盐氮无评价标准，各断面浓度分布趋势为枯水期曲立和静乐急剧增高，丰水期曲立急剧增高。

具体见图 3-9～图 3-12。

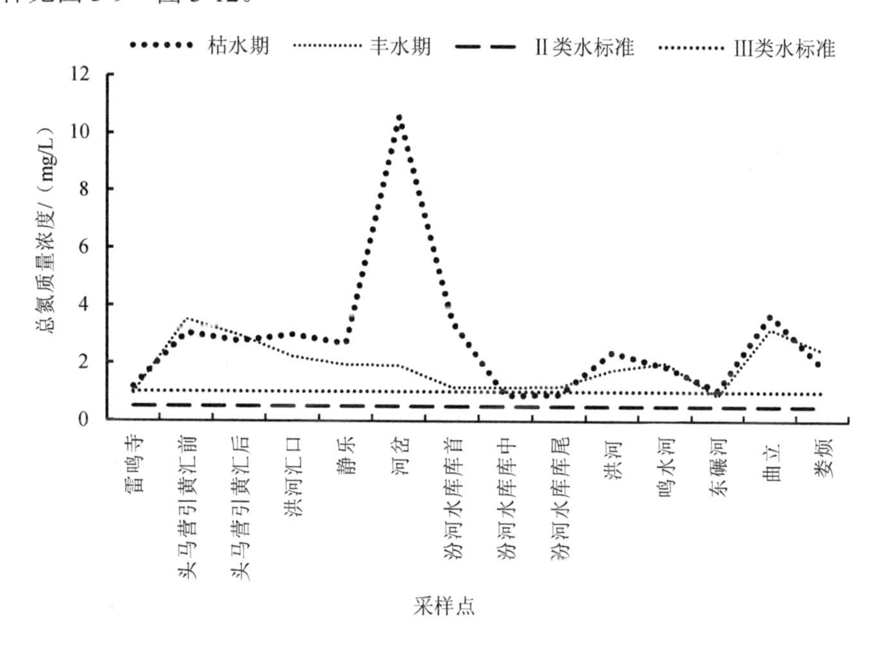

图 3-9 水体中总氮质量浓度分布

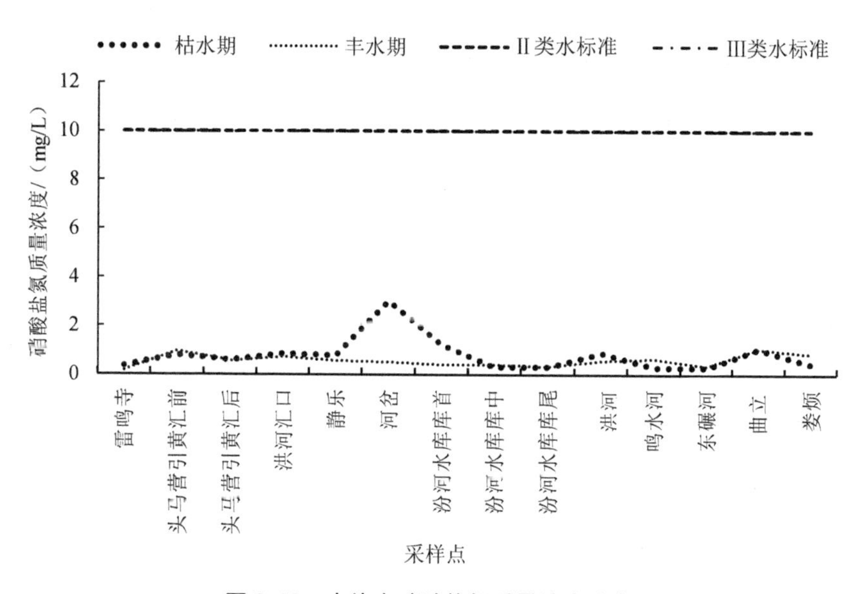

图 3-10 水体中硝酸盐氮质量浓度分布

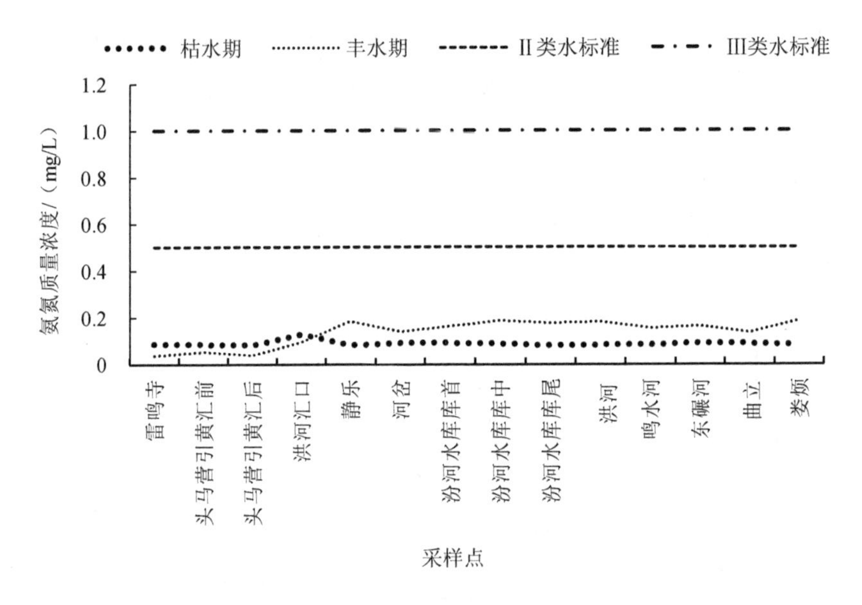

图 3-11 水体中氨氮质量浓度分布

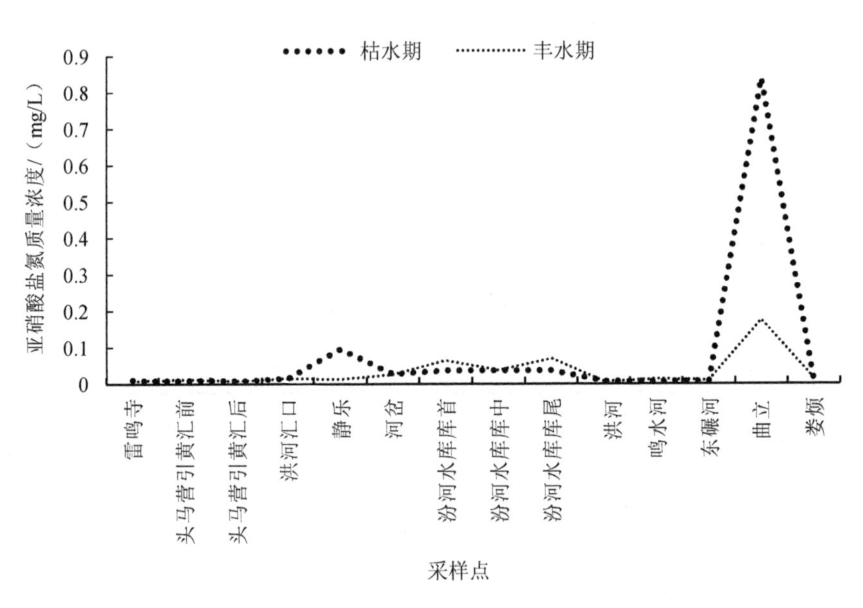

图 3-12 水体中亚硝酸盐氮质量浓度分布

（2）沉积物氮素赋存特征

沉积物中氮素监测数据统计见表 3-3。数据显示枯水期和丰水期沉积物中有机氮平均占比分别为 99.1%、93.7%。

表 3-3 沉积物氮素监测数据统计

监测时间	数据类型	全氮	硝酸盐氮		亚硝酸盐氮		氨氮		有机氮	
		含量/(mg/kg)	含量/(mg/kg)	占比/%	含量/(mg/kg)	占比/%	含量/(mg/kg)	占比/%	含量/(mg/kg)	占比/%
枯水期	最小值	123	0.72	0.06	未检出	0	未检出	0	117.60	95.6
	最大值	1 810	7.85	2.50	4.48	1.85	0.96	0.17	1 806.68	99.9
	平均值	947	2.80	0.52	1.63	0.31	未检出	0.06	941.86	99.1
丰水期	最小值	13.0	0.65	0.20	未检出	0	未检出	0	7.50	57.7
	最大值	2 240	4.58	18.1	未检出	0	20.20	23.8	2 220	99.1
	平均值	491	2.34	2.2	未检出	0	6.86	4.0	482	93.7

枯水期沉积物中的全氮含量为 123～1 810 mg/kg，平均为 947 mg/kg。硝酸盐氮占全氮的 0.06%～2.50%，平均为 0.52%；亚硝酸盐氮占全氮的 0～1.85%，平均为 0.31%；氨氮占全氮的 0～0.17%，平均为 0.06%；有机氮占全氮的 95.6%～99.9%，平均为 99.1%。

丰水期沉积物中的全氮含量为 13.0～2 240 mg/kg，平均为 491 mg/kg。硝酸盐氮占全氮的 0.20%～18.1%，平均为 2.2%；亚硝酸盐氮未检出；氨氮占全氮的 0～23.8%，平均为 4.0%；有机氮占全氮的 57.7%～99.1%，平均为 93.7%。丰水期、枯水期全氮、有机氮含量对比分别见图 3-13 和图 3-14。

干流和支流沉积物中的全氮含量在雷鸣寺和曲立的丰水期高出枯水期 1 倍以上，其余各采样点的丰水期全氮含量明显低于枯水期；各采样点的丰水期氨氮含量基本都高于枯水期；各采样点的丰水期硝酸盐氮含量都略低于枯水期；各采样点的丰水期亚硝酸盐氮均未检出，整体水平略低于枯水期。枯水期的全氮和有机氮含量显著高于丰水期。

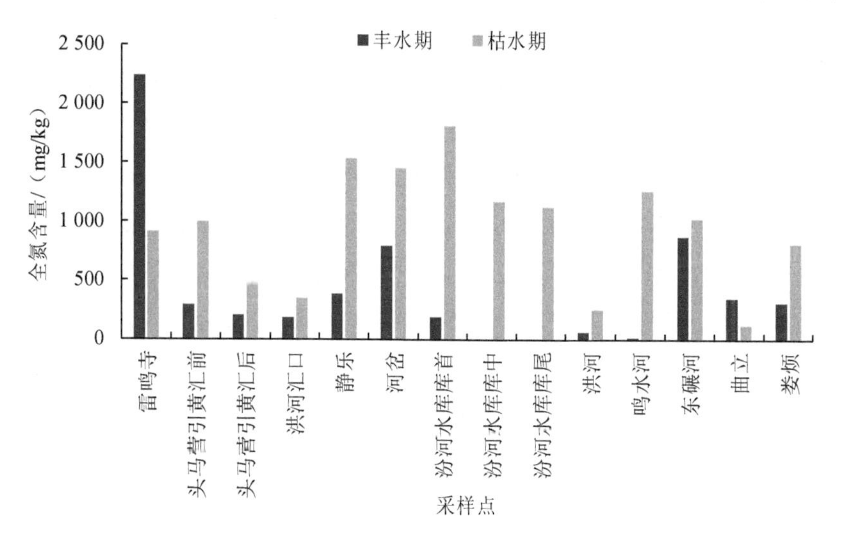

图 3-13 沉积物中全氮含量分布

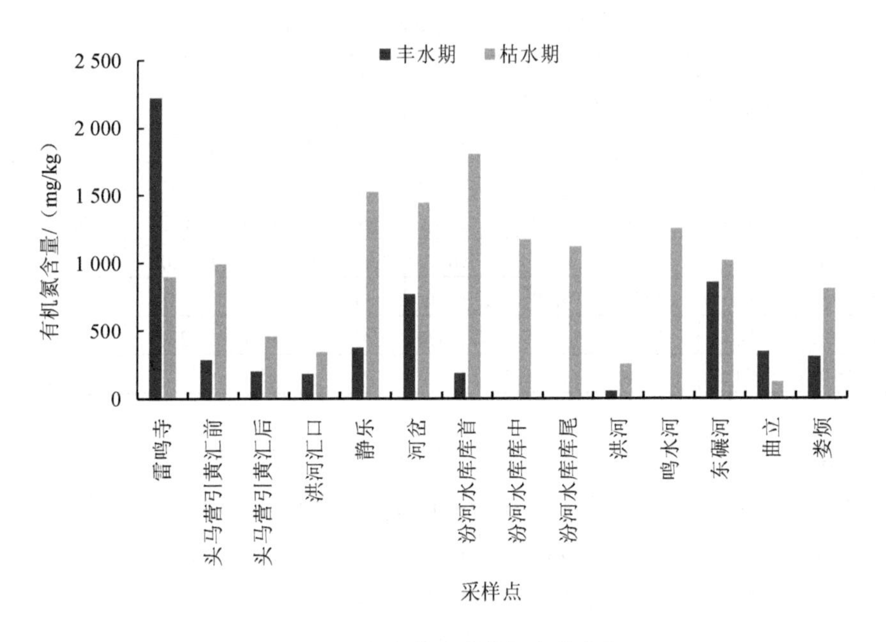

图 3-14 沉积物中有机氮含量分布

从沉积物的整体情况看，两期监测 14 个采样点的 26 组监测数据（丰水期汾河水库库中、库尾无法获取样品）中，有 24 组数据的有机氮含量占全氮的 95%以上，丰水期洪河、鸣水河分别为 85.6%、57.7%，且枯水期的有机氮占比总体高于丰水期。

3.2.3 水体氮素与沉积物氮素影响及扩散通量

（1）上覆水和孔隙水无机氮赋存特征

沉积物和水体之间氮污染物的相互扩散是由不同形式氮之间的浓度差导致的。不同采样点处上覆水和孔隙水无机氮赋存特征见图 3-15。汾河水库上游丰水期的上覆水和孔隙水中无机氮以 NO_3^--N 为主，枯水期孔隙水中无机氮则以 NH_3-N 为主。

丰水期汾河水库上游的孔隙水中 NO_3^--N 的平均值为 1.11 mg/L，最大值出现在鸣水河，为 3.75 mg/L，最小值在雷鸣寺，为 0.243 mg/L；上覆水中 NO_3^--N 的平均值为 0.576 mg/L，最大值为 1.06 mg/L，位于曲立，最小值在雷鸣寺，为 0.16 mg/L。丰水期上覆水和孔隙水最大值出现的位置不同，而最小值都在雷鸣寺。孔隙水中平均值高于上覆水。枯水期上覆水中 NO_3^--N 的最大值为 3.01 mg/L，在河岔，最小值为 0.28 mg/L，在东碾河，平均值为 0.795 mg/L。由于沉积物含水率低，未能获取足够的孔隙水检测硝酸盐氮。

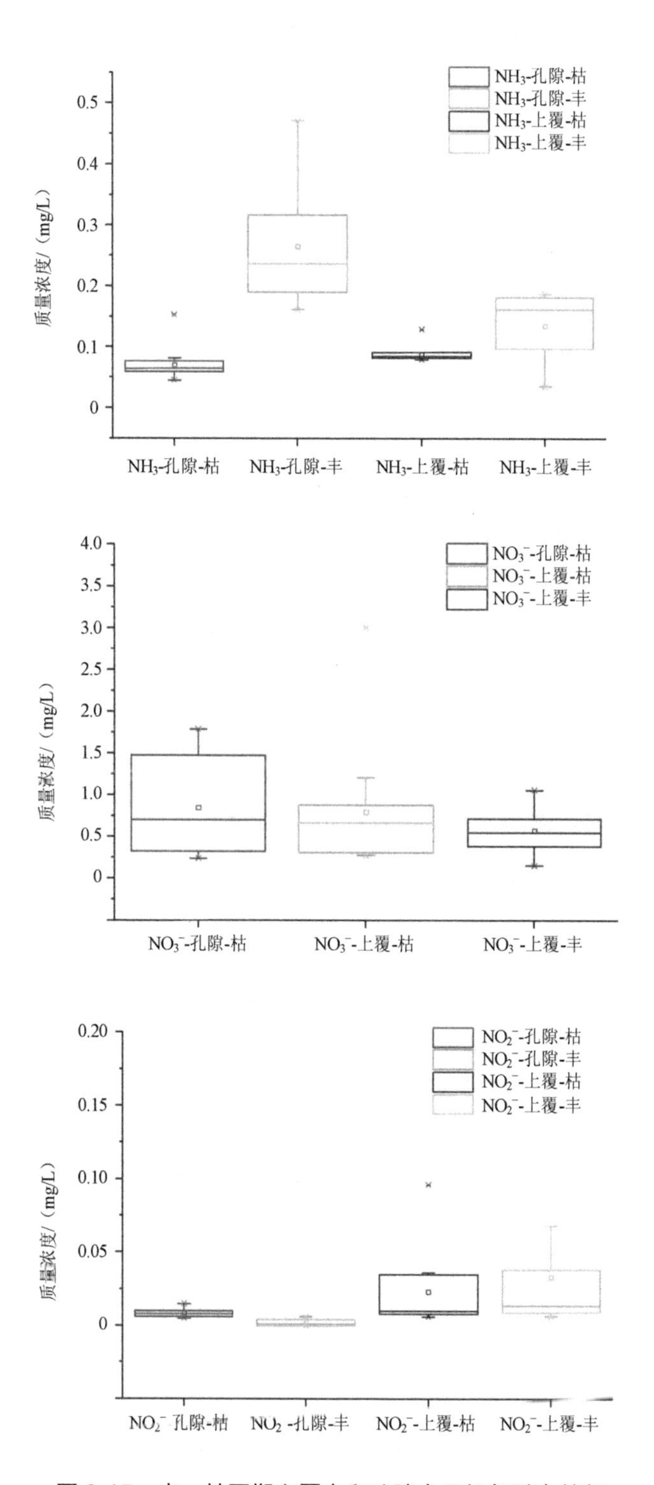

图 3-15 丰、枯两期上覆水和孔隙水无机氮赋存特征

丰水期上覆水中 NH_3-N 质量浓度的变化范围为 0.035～1.18 mg/L，平均值为 0.210 mg/L，孔隙水中 NH_3-N 质量浓度的变化范围为 0.161～2.01 mg/L，平均值为 0.428 mg/L；丰水期孔隙水中 NH_3-N 浓度值高于上覆水。枯水期上覆水中 NH_3-N 质量浓度的变化范围为 0.079～1.78 mg/L，平均值为 0.209 mg/L，孔隙水 NH_3-N 质量浓度的变化范围为 0.045～0.153 mg/L，平均值为 0.071 mg/L，上覆水浓度高于孔隙水。枯水期上覆水和孔隙水中浓度均低于丰水期。

丰水期上覆水中 NO_2^--N 质量浓度的变化范围为 0.006～0.174 mg/L，平均值为 0.033 mg/L，孔隙水 NO_2^--N 质量浓度的变化范围为 0.001～0.006 mg/L，平均值为 0.002 mg/L，上覆水中总体高于孔隙水；枯水期上覆水中 NO_2^--N 质量浓度的变化范围为 0.006～0.838 mg/L，平均值为 0.081 mg/L，枯水期孔隙水中 NO_2^--N 质量浓度变化趋势与丰水期基本一致，变化范围为 0.005～0.015 mg/L，但平均浓度值高于丰水期。

利用虹吸法和真空抽滤法，于 2018 年 8 月和 11 月分期采集 14 个样点上覆水和孔隙水样品，经 0.45 μm 滤膜过滤后，测定其无机氮（氨氮、硝酸盐氮和亚硝酸盐氮）的浓度，得出研究区丰、枯两期上覆水和孔隙水无机氮分布（见图 3-16～图 3-18）。可以看出，水-沉积物界面不同形态的无机氮空间分布不同，且在界面以下，各无机氮均具有不同变化。由此可见，沉积物中不同形态的氮之间可能存在相互转化或由沉积物中微生物扰动造成氮吸附或解吸现象，导致其形态和浓度发生改变。

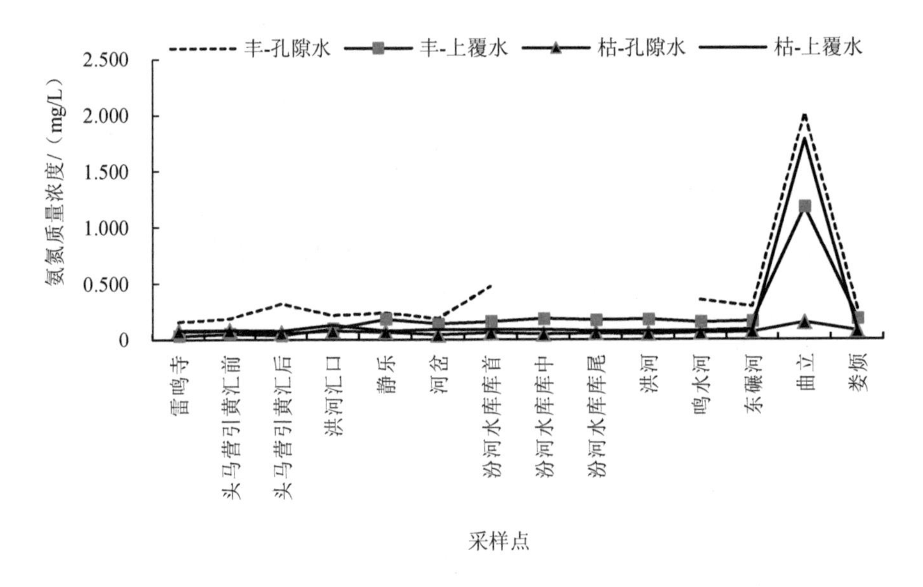

图 3-16　水-沉积物界面丰、枯两期氨氮分布

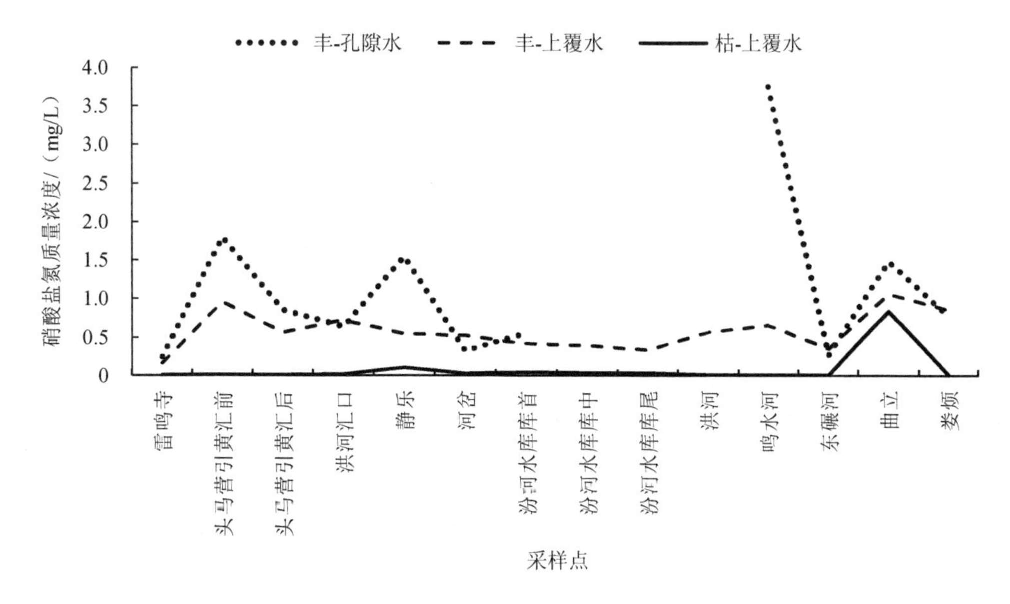

图 3-17 水-沉积物界面丰、枯两期硝酸盐氮分布

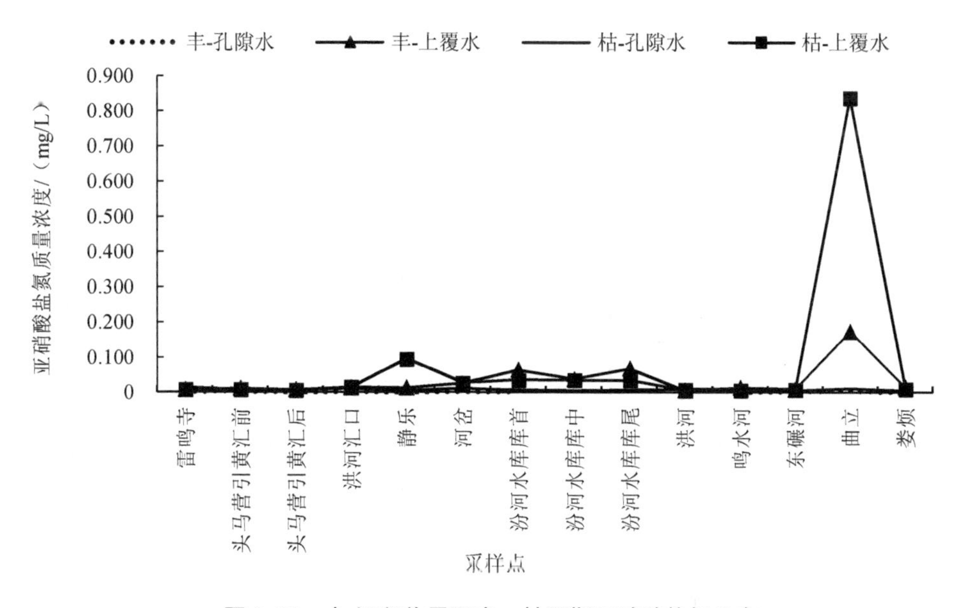

图 3-18 水-沉积物界面丰、枯两期亚硝酸盐氮分布

（2）水体氮素与沉积物氮素扩散通量

在自然河流的水-沉积物界面，由于上覆水流速很低，因此水-沉积物界面上下不同赋存形态无机氮的浓度梯度是引起其扩散的主要动力。根据 Fick 第一定律和界面处氨氮、硝酸盐氮和亚硝酸盐氮的分布特征，计算各采样点无机氮在水-沉积物界面的扩散通量及年污染负荷贡献量，结果见表 3-4 和表 3-5。

表 3-4 研究区水-沉积物界面氨氮、硝酸盐氮和亚硝酸盐氮扩散通量

采样点		指标	F / [mg/ (m²·d)]	A/10⁶ m²
丰水期	雷鸣寺	NH_3-N	9.15	0.26
	头马营引黄汇后		11.1	0.27
	洪河汇口		4.85	1.15
	静乐		0.28	0.73
	河岔		6.31	20
	汾河水库库首		14.2	24.3
枯水期	雷鸣寺		−0.91	0.26
	头马营引黄汇后		−1.42	0.27
	洪河汇口		−2.09	1.15
	静乐		−0.87	0.73
	河岔		−2.95	20
	汾河水库库首		−1.21	24.3
丰水期	雷鸣寺	NO_3^--N	5.80	0.26
	头马营引黄汇后		11.1	0.27
	洪河汇口		−3.25	1.15
	静乐		−11.0	0.73
	河岔		64.4	20
	汾河水库库首		6.49	24.3
枯水期	雷鸣寺		−15.8	0.26
	头马营引黄汇后		9.52	0.27
	洪河汇口		−26.8	1.15
	静乐		−44.3	0.73
	河岔		−133	20
	汾河水库库首		−46.8	24.3
丰水期	雷鸣寺	NO_2^--N	−0.46	0.26
	头马营引黄汇后		−0.29	0.27
	洪河汇口		−0.48	1.15
	静乐		−0.56	0.73
	河岔		−1.52	20
	汾河水库库首		−2.77	24.3
枯水期	雷鸣寺		0.48	0.26
	头马营引黄汇后		0.06	0.27
	洪河汇口		−0.19	1.15
	静乐		−5.38	0.73
	河岔		−1.05	20
	汾河水库库首		−1.13	24.3

注：数值为正表示无机氮从沉积物向上覆水扩散，为负表示由上覆水向沉积物扩散。

表 3-5　研究区水-沉积物界面年污染负荷贡献量估算

段面	指标	L /（kg/a）
雷鸣寺段	NH_3-N	391
	NO_3^--N	−472
	NO_2^--N	0.714
头马营引黄汇后段	NH_3-N	476
	NO_3^--N	1 018
	NO_2^--N	−11.2
洪河汇口段	NH_3-N	578
	NO_3^--N	−6 317
	NO_2^--N	−141
静乐段	NH_3-N	−78.5
	NO_3^--N	−7 363
	NO_2^--N	−792
河岔段	NH_3-N	12 262
	NO_3^--N	−250 280
	NO_2^--N	−9 400
汾河水库库首段	NH_3-N	57 787
	NO_3^--N	−178 828
	NO_2^--N	−17 271

可见，6 个采样点氨氮的扩散通量在丰水期均为正，在枯水期均为负，表明在丰水期时，氨氮主要是从沉积物向上覆水扩散，而枯水期时，氨氮主要从上覆水向沉积物中累积，氨氮在枯水期和丰水期的扩散通量的这种变化特性是因为枯水期时上覆水中的浓度要大于沉积物中，而丰水期时相反。年污染负荷贡献量除了静乐段为负数外，其他均为正数，且从上游到下游，年污染负荷贡献量逐渐增大，说明一年中氨氮在静乐段表现为向沉积物中富集，这是因为静乐段在枯水期时扩散通量要大于丰水期时的扩散通量；在其他区域，氨氮均表现为内源释放特性。

在头马营引黄汇后的硝酸盐氮的扩散通量均为正，表明一年中该点位的硝酸盐氮一直由沉积物向水中扩散；洪河汇口和静乐的硝酸盐氮的扩散通量均为负，表明一年中该点位的硝酸盐氮一直表现为内源释放；其他 3 个采样点的硝酸盐氮的扩散通量均为丰水期正、枯水期负；从年污染负荷贡献量来看，除头马营汇后段为正数，由沉积物向水中扩散外，其他均表现为从水中向沉积物中富集。

亚硝酸盐氮除雷鸣寺和头马营引黄汇后在枯水期扩散通量为正，其他均为负，表明亚硝酸盐氮主要表现为由水中向沉积物中富集；从年污染负荷贡献量来看，除了雷鸣寺段为正数，表现为亚硝酸盐氮从沉积物中向水中扩散外，其他位置亚硝酸盐氮均表现为从水中向沉积物扩散。

比较氨氮、硝酸盐氮、亚硝酸盐氮在一年中的年污染负荷贡献量可知，氨氮主要表现为内源释放特性，而硝酸盐氮、亚硝酸盐氮主要表现为沉积物富集特性，这可能是因为在汾河上游，氨氮的污染程度较大和时间较长，沉积物中累积浓度较高，而随着水污染防治措施的实施，向水中排放的氨氮减少；而硝酸盐氮、亚硝酸盐氮在汾河上游的污染程度较小和时间较短。

3.2.4 氮素迁移机制及影响因素

本研究于丰水期、枯水期对汾河中上游沿岸浅层地下水、农田土壤进行采样，共布置21个采样点，涉及4个地区，见表3-6。测定其不同形态氮浓度，结果见图3-19～图3-26。

表3-6 采样点对照表

编号	名称	编号	名称	编号	名称	编号	名称
S1-1	宁武-沙会村	S2-1	静乐-石咀头村	S3-1	岚县-下马铺村	S4-1	娄烦-张家庄
S1-2	宁武-三马营村	S2-2	静乐-小沟口村	S3-2	岚县-葛铺村	S4-2	娄烦-苇院坪
S1-3	宁武-阳房村	S2-3	静乐-段家寨	S3-3	岚县-普通村	S4-3	娄烦-菜鸣庄
S1-4	宁武-坎门口村	S2-4	静乐-西坡崖村	S3-4	岚县-斜坡村	S4-4	娄烦-天静游
S1-5	宁武-头马营村	S2-5	静乐-王端庄村	S3-5	岚县-后合会村	—	—
S1-6	宁武-口子村	S2-6	静乐-磨管峪村	—	—	—	—

（1）研究区浅层地下水无机氮沿程变化特征

丰水期和枯水期总氮的质量浓度分布不均匀。根据丰水期的监测结果（见图3-19），地下水总氮的平均质量浓度为10.97 mg/L，最高值达32.40 mg/L，变化范围在3.08～32.40 mg/L；根据枯水期的监测结果，地下水总氮的平均质量浓度为8.92 mg/L，最高值达到19.50 mg/L，变化范围在0.85～19.5 mg/L。由于《地下水质量标准》（GB/T 14848—2017）未对总氮作出规定，故不做判定。

根据丰水期的监测结果（见图3-20），地下水硝酸盐氮的平均质量浓度为7.61 mg/L，最高值达26.10 mg/L，变化范围在1.25～26.10 mg/L。枯水期硝酸盐氮平均质量浓度为9.39 mg/L，最高值为18.9 mg/L，变化范围为0.56～18.90 mg/L。按照《地下水质量标准》（GB/T 14848—2017），硝酸盐氮枯水期满足III类水标准，丰水期仅宁武-坎门口村和岚县-葛铺村超过标准限值，说明宁武、岚县部分地区地下水在丰水期受到硝酸盐氮的污染。可能由于丰水期受降雨、施肥等因素影响，地下水硝酸盐氮超标。

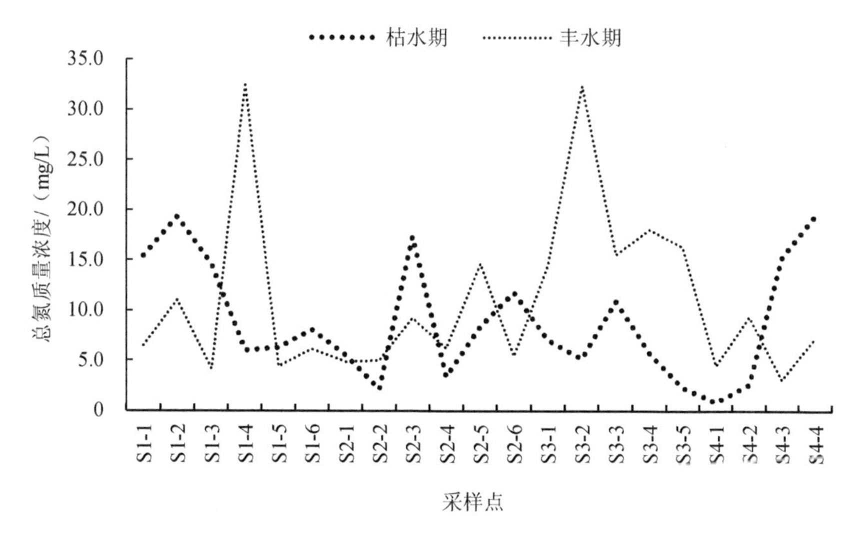

图 3-19　地下水总氮分布状况

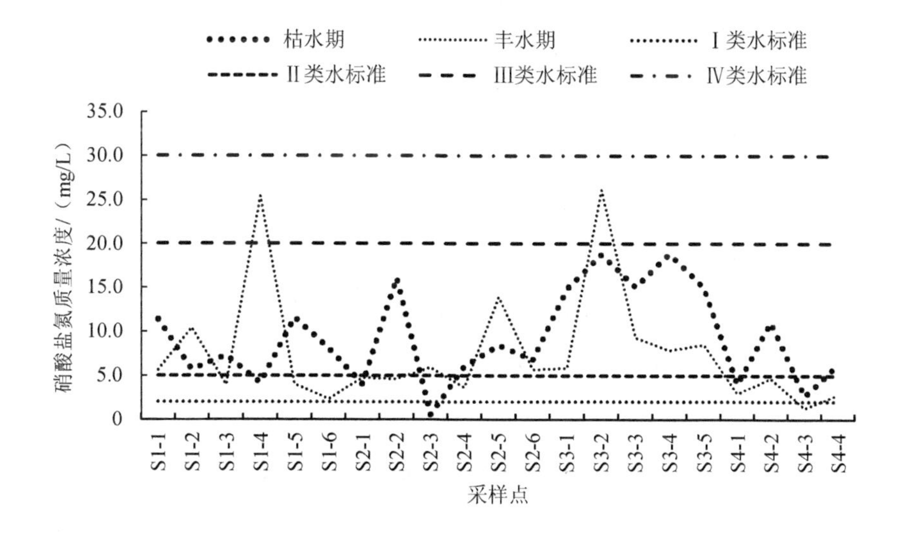

图 3-20　地下水硝酸盐氮分布状况

丰水期地下水样品中氨氮的平均质量浓度为 0.08 mg/L，最高值为 0.169 mg/L，枯水期地下水样品中氨氮的平均质量浓度为 0.11 mg/L，最高值为 0.129 mg/L，都低于《地下水质量标准》（GB/T 14848—2017）中Ⅲ类水标准，表明未发现地下水中氨氮的污染。结果见图 3-21。

丰水期地下水样品中亚硝酸盐氮的平均质量浓度为 0.023 mg/L，最高值为 0.129 mg/L，枯水期地下水样品中亚硝酸盐氮的平均质量浓度为 0.04 mg/L，最高值为 0.112 mg/L，都低于《地下水质量标准》（GB/T 14848—2017）中Ⅲ类水标准，表明未发现地下水中亚硝酸盐氮的污染。结果见图 3-22。

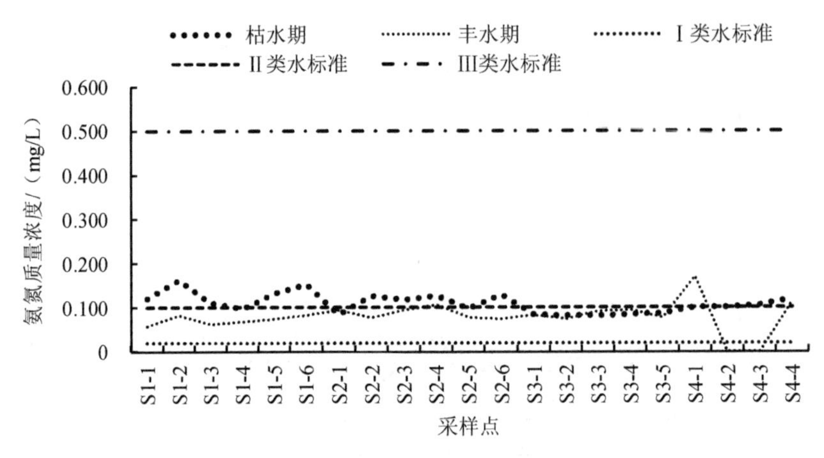

图 3-21 地下水氨氮分布状况

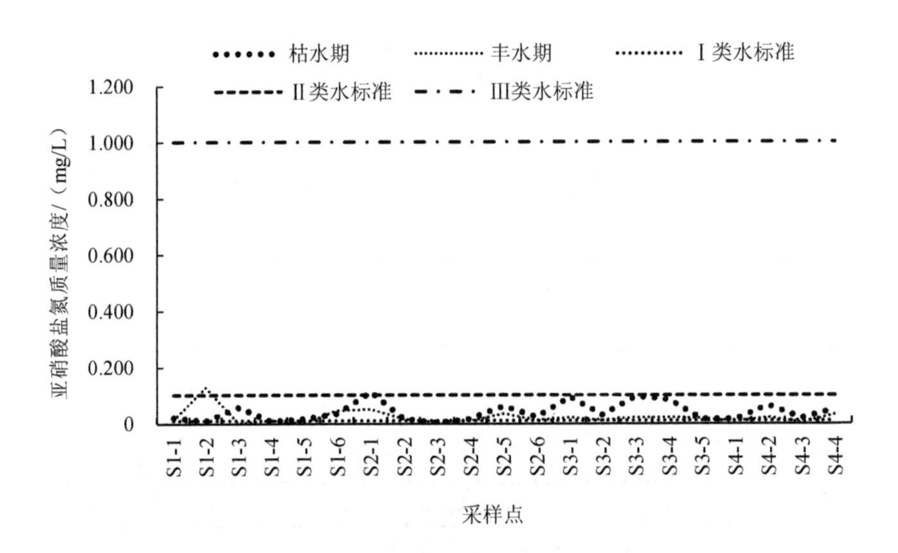

图 3-22 地下水亚硝酸盐氮分布状况

从空间分布上可以看出，丰水期和枯水期硝酸盐氮以及丰水期总氮均表现出岚县突出高值，而娄烦总氮、氨氮、硝酸盐氮以及亚硝酸盐氮基本为最低值。可能由于岚县农田分布较多，而娄烦由于靠近汾河水库，保护较好。

（2）研究区周边农田土壤中无机氮含量的变化

研究区农田土壤样品中全氮在丰水期的平均含量为 0.89 g/kg；最高含量为 1.75 g/kg，出现在静乐-王端庄村，含量范围介于 0.89～1.75 g/kg。枯水期土壤样品中全氮的平均含量为 1.34 g/kg，最高含量为 3.08 g/kg，出现在宁武-三马营村，含量范围为 0.63～3.085 g/kg。汾河水库上游农业发达，长期大量使用氮肥、硝态氮肥等，造成土壤氮素的积累。结果见图 3-23。

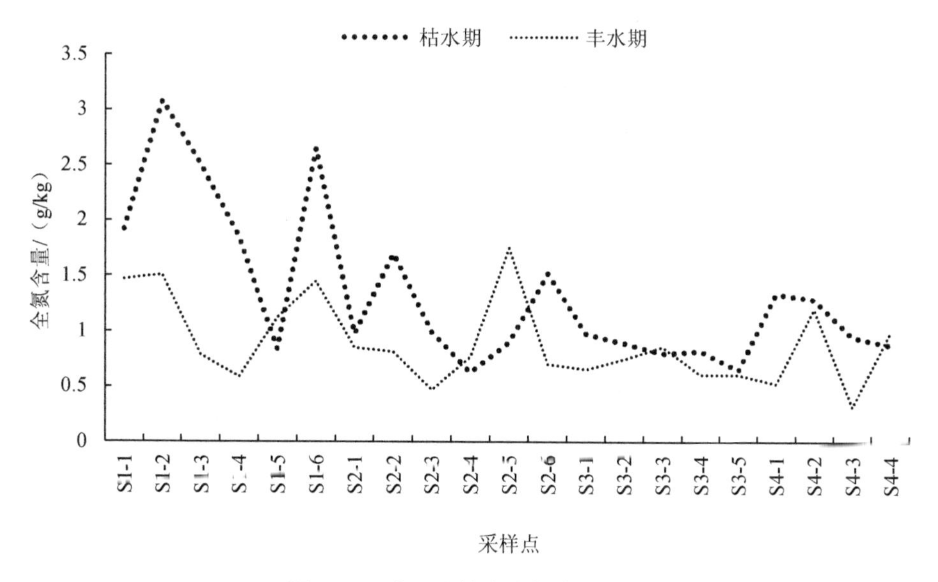

图 3-23 农田土壤中全氮含量分布

农田土壤样品中硝酸盐氮在丰水期的平均含量为 8.67 mg/kg，最高含量为 20.8 mg/kg，位于静乐-干端庄村，整体分布范围为 3.14～20.8 mg/kg。枯水期平均含量为 18.68 mg/kg，最高点位于宁武-三马营村，为 45.30 mg/kg，分布范围为 1.69～45.30 mg/kg。结果见图 3-24。

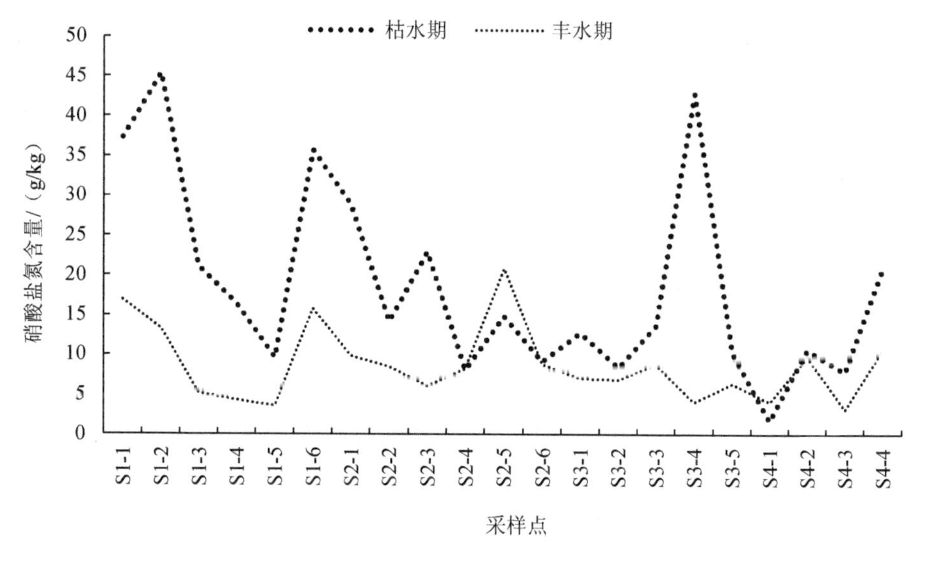

图 3-24 农田土壤中硝酸盐氮含量分布

农田土壤样品中氨氮丰水期平均含量为 0.82 mg/kg，最高含量为 4.67 mg/kg，位于娄烦-三马营村，整体分布范围介于 ND～4.67 mg/kg。枯水期平均含量为 1.91 mg/kg，最高点位于静乐-磨管峪村，为 3.19 mg/kg，分布范围介于 0.75～3.19 mg/kg。结果见图 3-25。

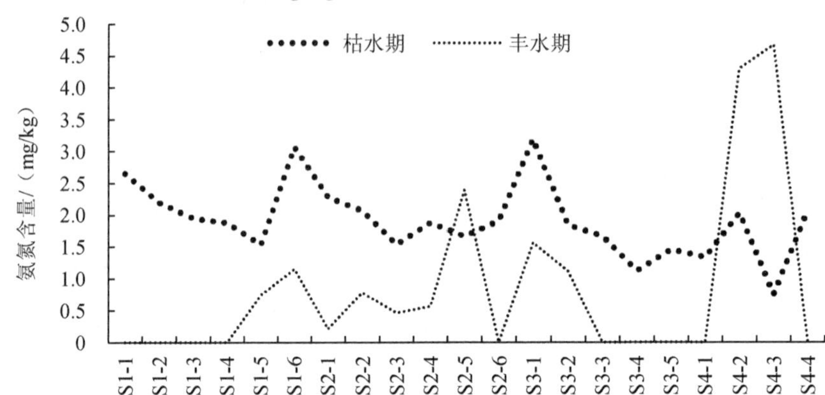

图 3-25 农田土壤中氨氮含量分布

汾河水库上游农田土壤样品中亚硝酸盐氮在丰水期的平均含量为 1.00 mg/kg，最高含量为 2.93 mg/kg，位于宁武-沙会村，整体分布范围介于 0.25～2.93 mg/kg。枯水期平均含量为 0.57 mg/kg，最高点在宁武-沙会村，为 1.38 mg/kg，分布范围介于 0.57～1.38 mg/kg。结果见图 3-26。

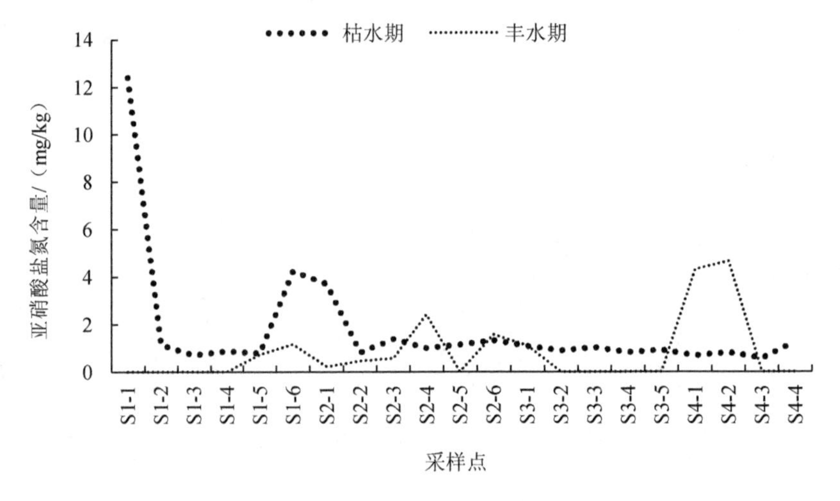

图 3-26 农田土壤中亚硝酸盐氮含量分布

由上图可看出，4 种氮素基本呈现出枯水期高于丰水期的规律，这可能是因为枯水期地下水补给相对较少，导致含量有所升高。

（3）研究区氮素的迁移过程及影响因素

进入土壤中的氮素除被植物吸收外，其损失途径主要有 3 种：一是随土壤渗漏水迁移进入地下水，即地下淋溶，称为土壤养分淋失；二是随地表径流和土壤侵蚀迁移输出到地表水体，称为土壤养分流失；三是通过扩散或气态形式释放进入大气。土壤氮素淋失是农田土壤氮素迁移的重要途径，而浅层地下水是受上覆土壤性质影响较大的水体。因此当土壤施肥量较大时，对应地下水氮素浓度较高，这与上述分析结果一致。

灌区土壤中的氮素以及人工施入土壤的氮肥在降雨和灌溉水的作用下，部分直接以化合物形式（如尿素），而大部分最终以可溶性的 NO_3^-、NO_2^-和 NH_4^+形式渗漏淋失到土壤下层并随径流进入下游流域水体中。该迁移过程伴随着转化反应，如矿化（有机质 $\longrightarrow NH_4^+$）、水解[尿素：$(NH_2)_2CO_3+H_2O \longrightarrow CO_2+NH_3 \longrightarrow NH_4^+$]、氨挥发（$NH_4^++OH^- \longrightarrow NH_3$）、硝化（$NH_4^+ \longrightarrow NO_3^-$）、反硝化（$NO_3^- \longrightarrow NO_2^- \longrightarrow N_2O \longrightarrow N_2$）、土壤固定（$NH_4^+$）以及作物吸收。因此农田土壤氮素迁移主要形态为 NO_3^-、NO_2^-和 NH_4^+，而 NO_2^-不稳定，容易转化为 NO_3^-，带正电荷的 NH_4^+一般情况下易被带负电荷的土壤胶体所吸附，较少沿土壤剖面垂直向下移动或从土壤中渗漏淋失，基本滞留在土壤剖面上层、中层。从上述分析可以看出，汾河水库上游浅层地下水中氨氮含量较低，说明氨氮较少沿土壤剖面垂直向下移动或从土壤中渗漏淋失。

因土壤带负电荷，对带负电荷的 NO_3^-的吸附甚微，故 NO_3^-可以随水自由移动，极易淋洗到下层并污染浅层地下水，使地下水硝酸盐浓度增加，导致地下水污染，最终进入汾河流域。由于岚县施肥量较大，进入环境的氮素较多，且硝酸盐氮不易停留在土壤中，故随着降雨、淋溶等进入地下水。这与上述检测结果一致。

根据图 3-27，可看出 4 种氮素与施肥量、降水量表现出近乎一致的走向，说明施肥、降水都是地下水中氮素浓度最直接的影响因素，起着决定性作用。

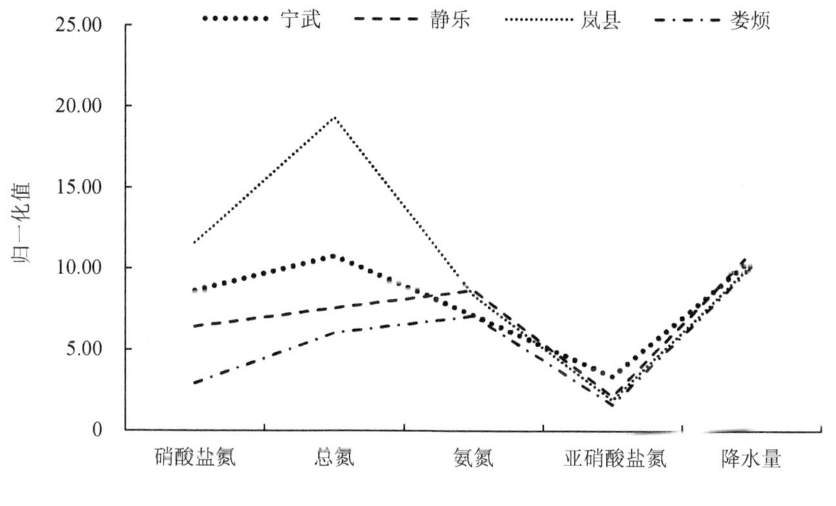

（a）丰水期 4种氮素与降水量

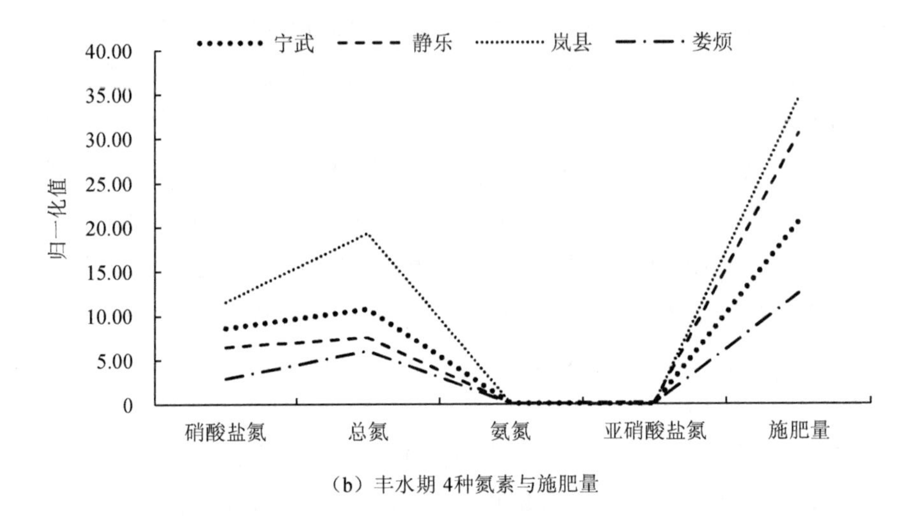

（b）丰水期 4种氮素与施肥量

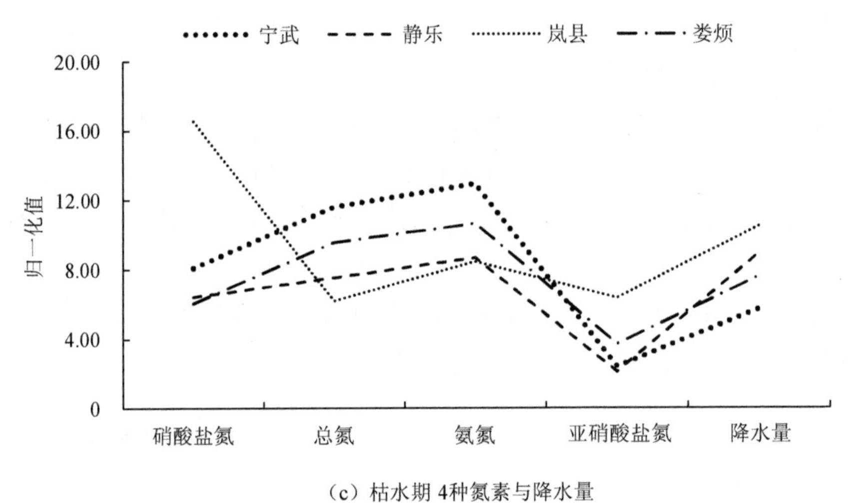

（c）枯水期 4种氮素与降水量

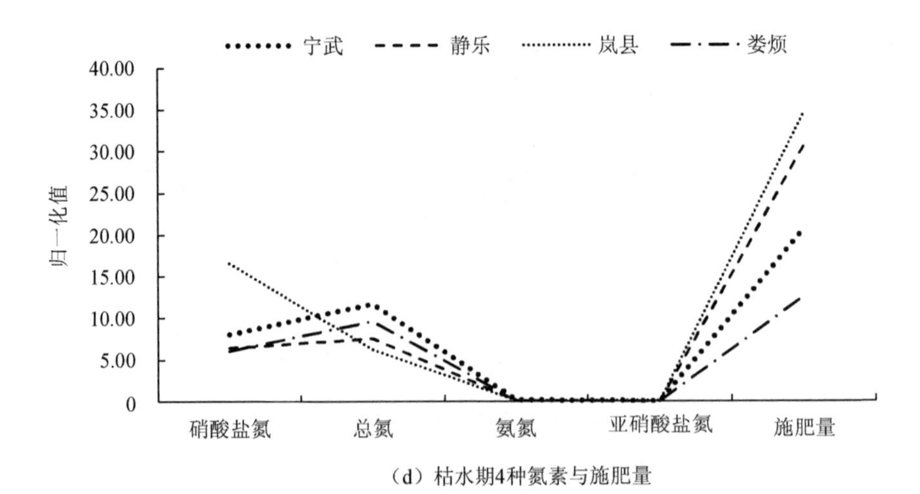

（d）枯水期4种氮素与施肥量

图 3-27　4 种氮素与施肥量、降雨量的关系

（4）环境因子对水体氮素浓度的影响

在正态性检验的基础上，通过 SPSS 19.0 的 Spearman 相关系数法探讨各水质指标之间的相关性。结果如表 3-7 所示，气温与水中硝酸盐氮、土壤全氮相关，与土壤中氨氮显著相关；降水与水中硝酸盐氮、总氮显著相关，与土壤硝酸盐氮、亚硝酸盐氮相关；施肥与水中硝酸盐氮显著相关，与水中总氮以及土壤中硝酸盐氮、氨氮相关。

表 3-7 环境因子与各介质中不同形态氮浓度的相关性

	硝酸盐氮-水	总氮-水	氨氮-水	亚硝酸盐氮-水	全氮-土	硝酸盐氮-土	氨氮-土	亚硝酸盐氮-土	气温	降水量	施肥含氮量
硝酸盐氮-水	1										
总氮 水	0.937**	1									
氨氮-水	−0.042	−0.025	1								
亚硝酸盐氮-水	0.062	0.003	0.085	1							
全氮-土	0.008	−0.123	−0.102	0.536*	1						
硝酸盐氮-土	0.004	−0.110	−0.032	0.490*	0.874**	1					
氨氮-土	−0.322	0.290	0.101	−0.173	−0.049	−0.109	1				
亚硝酸盐氮-土	−0.100	−0.158	−0.012	0.156	0.365	0.492*	−0.203	1			
气温	0.316*	−0.271	0.048	−0.219	−0.334*	−0.124	0.463*	−0.242	1		
降水量	0.418**	0.526**	0.111	0.081	0.208	0.332*	−0.159	0.323*	−0.135	1	
施肥含氮量	0.426**	0.385*	0.110	0.096	−0.313*	−0.196	0.365*	0.073	−0.099	0.211	1

注：**——在 0.01 水平（双侧）上显著相关。
*——在 0.05 水平（双侧）上显著相关。

说明地表水中硝态氮与气温、降水以及施肥均有很大关系，降水径流过程中，污染物随径流冲刷至流域，降雨径流氮的流失形态以溶解态为主，因此在流失的溶解态氮中流失的主要形式是溶解态无机氮（DIN），且硝酸盐氮要比氨氮更容易流失。

硝态氮流失的主要原因是在一定条件下土壤矿化释放的氨氮以及肥料铵很快氧化为硝酸盐氮，且土壤中矿质态氮也以硝酸盐氮为主，占氨氮和硝酸盐氮总和的 80%以上，所以硝酸盐氮比氨氮更易流失。且降水量与氮输出变化趋势相似，具有明显的季节性。因为在源头流域内，径流主要来自降水，受降水控制，并随降水而具有明显的季节性变化。

春季是大多数农作物的播种时期，这段时间内肥料施用量较大，进入丰水期后降水频繁，土壤长期处于湿润甚至饱和状态；大量施肥后，土壤中未被农作物吸收的“过剩”营养元素氮容易通过壤中流进入河流，导致流域径流中氮素浓度较高。

3.2.5　流域氮素来源及其周边主要污染源的贡献率

（1）$\delta^{15}N-NO_3^-$分布状况

研究区水体溶解态硝酸盐稳定氮同位素（$\delta^{15}N-NO_3^-$）值分布范围在丰水期为 0.12‰～3.3‰，均值为 1.63‰，枯水期分布范围为 0.53‰～2.86‰，均值为 1.82‰。具体见图 3-28。可见，丰水期、枯水期研究区 $\delta^{15}N$ 变化并不明显，波动范围较小。

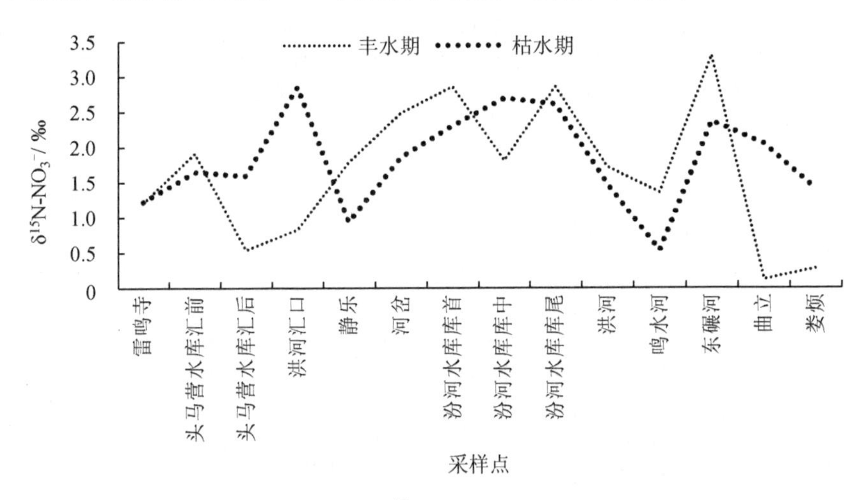

图 3-28　$\delta^{15}N-NO_3^-$ 值分布范围

（2）研究区 $\delta^{15}N$、$\delta^{18}O$ 与无机氮的相关关系

通过对 $\delta^{15}N$ 与 NO_3^-、$\delta^{18}O$ 与 NO_3^-、$\delta^{15}N$ 与 TIN（总无机氮）、$\delta^{18}O$ 与 TIN 做相关性分析，结果显示，$\delta^{15}N$ 与 NO_3^-、$\delta^{15}N$ 与 NO_3^-均呈线性负相关，而 $\delta^{18}O$ 与 NO_3^-、$\delta^{18}O$ 与 TIN 则呈线性正相关。见图 3-29。

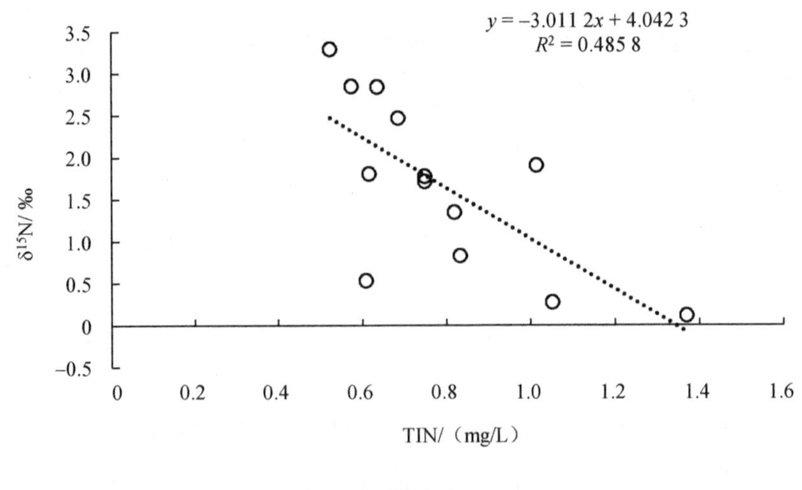

（a）$\delta^{15}N$ 与 TIN

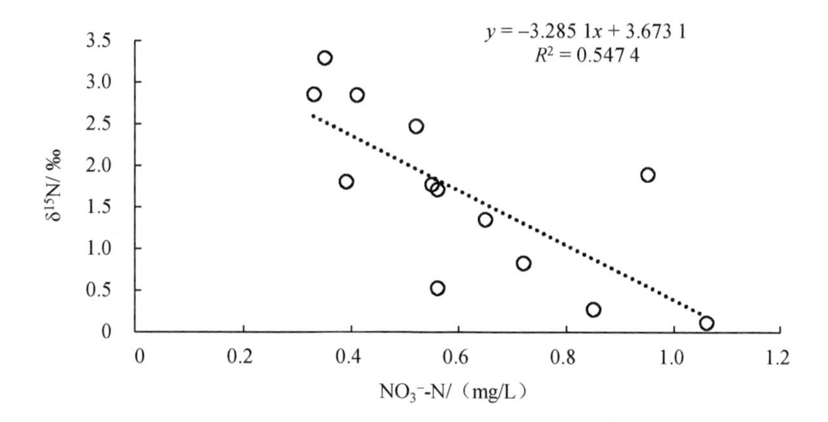

（b）$\delta^{15}N$ 与 NO_3^--N

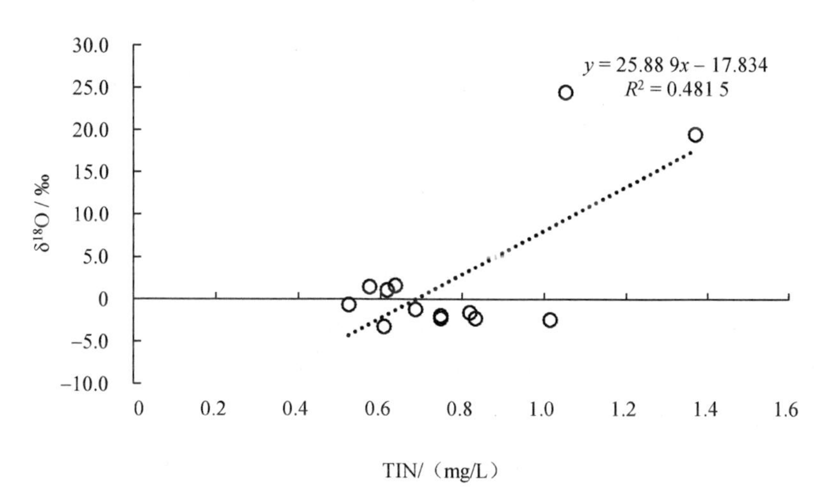

（c）$\delta^{18}O$ 与 TIN

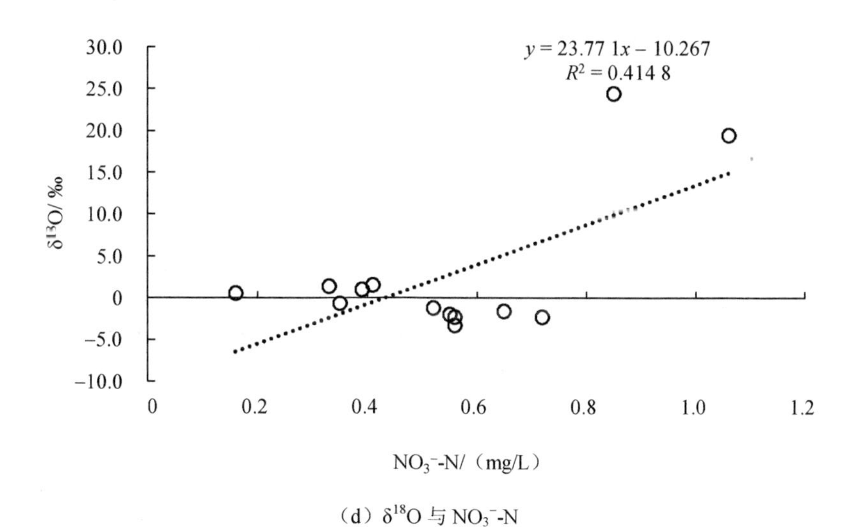

（d）$\delta^{18}O$ 与 NO_3^--N

图 3-29　$\delta^{15}N$、$\delta^{18}O$ 与无机氮的相关性

（3）稳定同位素的硝酸盐氮来源解析

环境中的氮素是各种生物过程、化学过程以及物理过程共同作用下的氮循环的结果。不同来源的氮同位素既相互区别又相互交叉，这大大削弱了单一的氮同位素在示踪氮来源方面的实用性。氧同位素的引入突破了同位素溯源技术的限制，同时开辟了以氮、氧双同位素为基础，与多种同位素和数学模型联用的路径。对于同位素技术应用的理论基础，首先是表现在对同位素特征范围值明确的基础上，目前对不同来源的硝酸盐的特征值进行了总结。大气沉降中 $\delta^{15}N$ 通常表现为−13‰～13‰；土壤有机氮经矿化作用产生的 $\delta^{15}N$ 值在 0～8‰；无机肥料 $\delta^{15}N$ 在−4‰～4‰；大气沉降中的硝酸盐 $\delta^{18}O$ 一般在 20‰～70‰；合成肥料 $\delta^{18}O$ 值的变化范围为 18‰～22‰；生物硝化 $\delta^{18}O$ 的变化范围为−10‰～10‰。反硝化作用的存在固然对环境中氮的去除有一定作用，但过程中同位素分馏作用的存在使 $\delta^{15}N$ 发生变化，从而影响水体中氮来源判断的准确性。对于反硝化作用的判断，由于环境等多种因素的变化，不同的人提出不同的意见。如果 $\delta^{15}N/\delta^{18}O$ 变化区间是 1.3～2.1，并且两者存在线性关系，就能够判定有反硝化活动的发生。

通过上述分布范围判断，基本锁定汾河水库上游氮素来源于土壤、无机化肥、大气沉降三方面。结合现场情况分析，汾河岸带分布有大量农田土壤，故硝酸盐氮可能来源于农田土壤，且在农田土壤使用大量的氮肥，最终硝酸盐氮通过径流等方式进入汾河流域，故硝酸盐氮很大一部分来自土壤及化肥。大气湿沉降输入的无机氮是总输入的主要部分。所以本书作者推断夏季该研究区域较低的硝酸盐浓度和 $\delta^{15}N\text{-}NO_3^-$ 值可能受大气降水的影响。

（4）利用 SIAR 混合模型对硝酸盐氮来源的定量分析

为了进一步分析汾河水库上游水体中硝酸盐的来源，引用 SIAR 模型进一步分析不同来源的贡献率。在模型中把大气沉降、无机化肥及土壤作为定量计算的 3 个端元。经 SIAR 模型计算各采样点的硝酸盐来源贡献率，分析结果见表 3-8。

表 3-8　硝酸盐来源贡献率　　单位：%

时间	大气沉降（AD）	无机化肥（IF）	土壤（Soil）
丰水期	30.9	35.6	33.5
枯水期	60.0	24.2	15.8

结果显示，在丰水期，汾河水库上游大气沉降、无机化肥、土壤来源基本接近，贡献率分别为 30.9%、35.6%、33.5%，无机化肥略高，土壤紧随其后，大气沉降相对较低，可能是因为在丰水期降水较多，硝酸盐氮通过地表径流、渗漏等方式进入流域水体。而在枯水期，大气沉降来源占主要，其次为无机化肥和土壤，贡献率分别为 60.0%、24.2%、15.8%，在枯水期降水极少，流域中硝酸盐氮大部分来自大气沉降，来自土壤和化肥的则大大减少。

由图 3-30 可看出，在丰水期，各采样点无机化肥来源差异相对较大，土壤差异略小，大气沉降差异较小，分布比较集中，说明各采样点大气来源大体相同，但各采样点土壤用途、施肥量却不尽相同，造成差异比较明显。而在枯水期大气沉降成为主要来源后，随着各采样点的气候差异，造成分布较为分散。

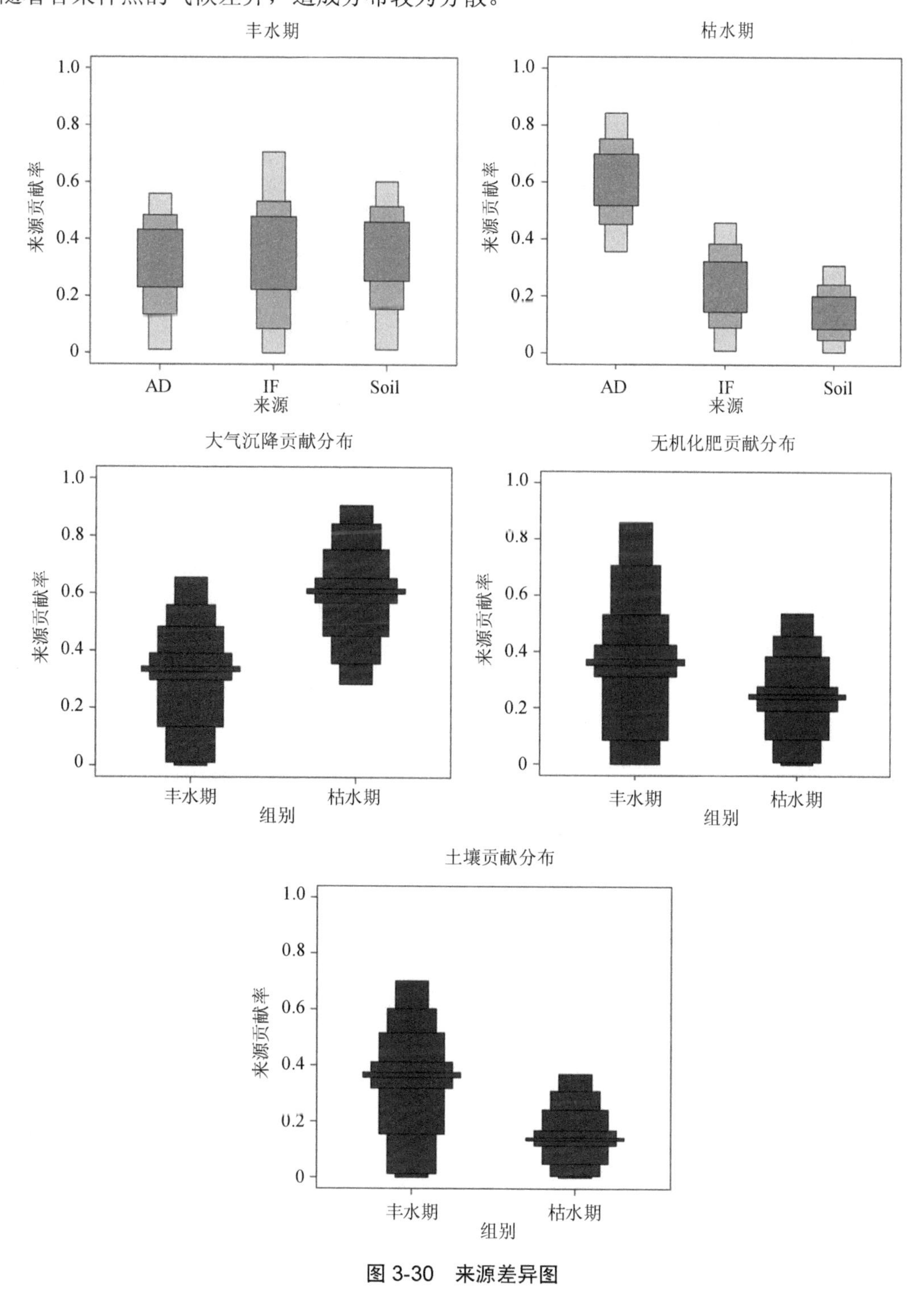

图 3-30 来源差异图

就大气沉降而言，硝酸盐氮来源在枯水期整体高于丰水期，可能是由于在枯水期汾河水库上游风量较大，加速大气沉降的发生，使得硝酸盐氮来源的贡献率骤然升高。就化肥来源而言，在丰水期明显高于枯水期，且来源分布差异较大，可能是由于在丰水期农事活动较集中，施用大量化肥，且降水较多，化肥氮素随着地表径流、渗漏等最终进入流域水体，使得硝酸盐氮浓度较高，且每个采样点土壤质量、施肥量以及降水量均有不同，造成丰水期总体偏高的同时差异较大。而在枯水期，研究区基本没有农事活动，也无新的化肥加入，径流量也很小，故对流域水体硝酸盐氮的贡献较小，差异也不大。就土壤而言，趋势基本与化肥接近，原因也与其类似。

第 4 章　汾河流域新污染物分布特征及风险评价

党的十九届五中全会明确提出“重视新污染物治理”。2022 年 5 月国务院办公厅印发《新污染物治理行动方案》，2022 年 11 月生态环境部第五次部务会议通过《重点管控新污染物清单（2023 年版）》均要求加强新污染物的环境调查监测、环境风险评估，故加强汾河流域新污染物研究意义重大。本章基于以往研究课题，对汾河流域多环芳烃、多氯联苯、雌激素以及抗生素等新污染物浓度及分布特征进行分析，并对其风险进行评估。

多环芳烃（polycyclic aromatic hydrocarbons，PAHs）是一类广泛存在于环境中的，含有两个或两个以上苯环，以线状、角状或簇状排列的稠环型化合物，具有很强的致癌性、致畸性、致突变性。目前已知的多环芳烃包括萘、蒽、菲和芘等 200 多种，国际癌症研究中心（IARC）发现其中 15 种 PAHs 对实验动物具有致癌性且多为 4～6 环的稠环化合物，如苯并[*a*]芘、二苯并[*a*, *j*]蒽、苯并[*b*]荧蒽等。因此，PAHs 在环境中的分布研究极为重要[12,13]。

多氯联苯（PCBs）是 2001 年《斯德哥尔摩公约》禁止使用的首批 12 种持久性有机污染物之一，可经食物链富集到高等生物的脂肪或器官组织中，严重危害人类健康。一些国家把毒性较强的 PCBs 单体专门列出，作为其毒性研究的参照，如德国和荷兰在环境法中规定，以 PCBs 中 7 个对环境影响极为重要的化合物（PCB28、PCB52、PCB101、PCB118、PCB138、PCB153、PCB180）作为 PCBs 环境污染的指示物。毒理学研究表明，多氯联苯是一类典型的环境持久性污染物，有较强的致毒性、致癌性，对皮肤、肝脏、胃肠系统、神经系统、生殖系统及免疫系统的病变都有诱导效应，还可通过母体传递给子代，使子代畸形[13,14]。

环境中的雌激素来源于人和动物的排泄。天然雌激素雌酮（Estrone，E1）、雌二醇（17β-Estradiol，E2）、雌三醇（Estriol，E3）由人和动物的卵巢分泌出来，在体内与葡萄糖醛酸或硫酸盐结合，这些结合体（E1-3S、E1-3G、E2-3S、E2-3G 等）随粪尿排放进入污水处理系统和自然水体中。

抗生素具有较好的临床治疗效果，并可促进机体生长，广泛应用于医疗、畜禽养殖以及水产养殖等领域。但过量使用会导致抗生素母体及其代谢产物通过生活污水、生产废水等最终进入流域。由于抗生素具有高水溶性、难降解性，故而能够残留于流域中并长期积累。流域中的抗生素能够对水中微生物群落及水生生物造成危害，提高病菌的耐药性，并最终给生态、人体健康带来较高的风险。环境中检出率较高的抗生素主要有磺胺类、四环素类、喹诺酮类、大环内酯类、氯霉素类[15-19]。

4.1 多环芳烃分布特征及风险评价

4.1.1 分布特征

选取汾河源头至汾河入黄口的汾河干流上游、中游、下游及其部分支流，在丰水期、枯水期采集地表水，进行检测分析，该部分内容依托山西省基础研究项目“山西省汾河流域雌激素等内分泌干扰物及其生态风险控制研究”（2013011040-7）完成，采样时间在2013年9月（丰水期）和2013年11月（枯水期）。采样布设见表4-1和图4-1。

表4-1 汾河流域采样点设置

编号	类型	采样点名称	采样点位置
S1	汾河源头	雷鸣寺	宁武县
S2	汾河干流	静乐桥	静乐县
T1	支流岚河	曲立	岚县
S3	汾河干流	汾河水库入口	汾河水库
S4	水库	汾河水库库区	汾河水库
S5	出库	汾河水库出口	汾河水库
S6	汾河干流	寨上水文站	古交市
S7	汾河干流	汾河二库前	太原市
S8	汾河干流	汾河二库库区	太原市
S9	汾河干流	汾河二库出口	太原市
T2	支流杨兴河	河底村	阳曲县
S10	汾河干流	长风桥	太原市
S11	汾河干流	小店桥	小店区
T3	退水渠	祥云桥西暗渠	小店区
T4	退水渠	祥云桥东暗渠	小店区
T5	退水渠	太榆退水渠	太原市
T6	支流潇河	郝村	榆次市
S12	汾河干流	温南社	清徐县
S13	汾河干流	平遥污水处理厂下游	平遥县
T7	支流文峪河	南姚	孝义市
S14	汾河干流	义棠	介休市
S15	汾河干流	灵石南关	灵石县

编号	类型	采样点名称	采样点位置
S16	汾河干流	石滩	霍州市
S17	汾河干流	甘亭	洪洞县
S18	汾河干流	临汾	临汾市
S19	汾河干流	柴庄	襄汾县
T8	支流浍河	浍河入汾口	侯马市
S20	汾河干流	新绛	新绛县
S21	汾河干流	河津大桥	运城市

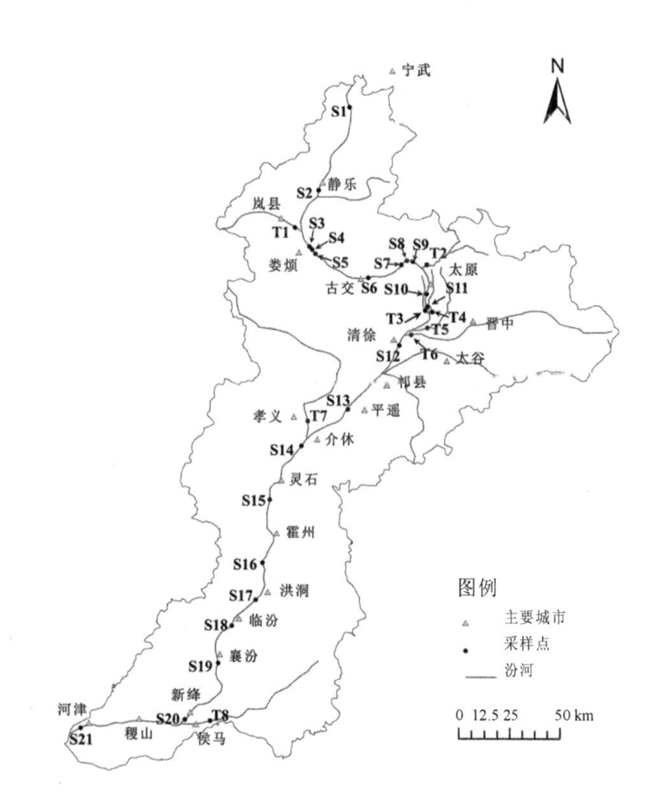

图 4-1 汾河流域采样点位置和主要城市

样品进行前处理后，使用 LC-MS/MS 仪器分析，通过对多环芳烃在丰水期和枯水期的存在水平进行调查，确定样品中的浓度水平，进一步分析这些物质的浓度在汾河流域的季节和空间分布特征，获得环境暴露浓度的时空分布规律。

16 种多环芳烃（PAHs）包括 NAP、ACY、ANA、FLU、PHE、ANT、FLT、PYR、BaA、CHR、BbF、BkF、BaP、IPY、DBA、BPE，这些多环芳烃在汾河流域的浓度见表 4-2。结果表明，PAHs 在不同采样时间、不同采样点均有不同程度的检出。丰水期 PAHs 质量浓度变化范围为 0.53～16 μg/L，平均质量浓度为 2.738 μg/L，其中苯并[*a*]芘（BaP）

的质量浓度范围为 ND～0.022 μg/L。枯水期 PAHs 质量浓度变化范围为 0.588～12.916 μg/L，均值为 2.762 μg/L，BaP 的质量浓度为 ND～0.017 μg/L。丰水期 PAHs 的污染浓度与枯水期相近。PAHs 质量浓度没有明显的季节变化特征。

表 4-2 丰水期和枯水期水相中 PAHs 质量浓度 单位：μg/L

PAHs	丰水期			枯水期		
	最小值	最大值	均值	最小值	最大值	均值
NAP	0.135	5.583	0.869	0.251	4.464	0.881
ACY	ND	2.574	0.269	ND	0.260	0.065
ANA	0.060	3.283	0.695	0.036	3.886	0.446
FLU	0.106	2.473	0.529	0.049	1.784	0.422
PHE	0.010	1.885	0.351	0.085	4.244	0.534
ANT	ND	0.192	0.020	ND	0.481	0.050
FLT	ND	0.060	0.027	ND	0.789	0.120
PYR	0.012	0.061	0.025	ND	1.379	0.241
BaA	ND	0.231	0.033	ND	0.161	0.038
CHR	ND	0.419	0.036	ND	0.537	0.080
BbF	ND	0.305	0.051	ND	0.109	0.039
BkF	ND	0.386	0.083	ND	0.006	0.004
BaP	ND	0.022	0.021	ND	0.017	0.017
IPY	ND	0.048	0.030	ND	0.008	0.004
DBA	ND	ND	ND	ND	ND	ND
BPE	ND	0.004	0.003	ND	ND	ND
ΣPAHs	0.530	16.002	2.738	0.588	12.916	2.762

注：ND 为未检出。

由图 4-2 可知，汾河流域从上游至下游各采样点的 PAHs 质量浓度差异较大，其中 T5 采样点的 PAHs 质量浓度在丰水期为最高值，为 16.0 μg/L；T3 采样点的 PAHs 质量浓度在枯水期为最高值，为 12.9 μg/L。由图 4-3 可知，丰水期汾河流域水相中 16 种 PAHs 以 NAP、ANA、FLU 和 PHE 为主，质量浓度分别为 0.869 μg/L、0.695 μg/L、0.529 μg/L 和 0.351 μg/L；枯水期汾河流域水相中 6 环 PAHs 未检出，代表性 PAHs 为 NAP、ANA、FLU 和 PHE，质量浓度分别为 0.881 μg/L、0.446 μg/L、0.422 μg/L 和 0.534 μg/L。NAP、ANA、FLU 和 PHE 为典型代表性 PAHs，为汾河流域水相 PAHs 的优势种类。按环数区分，丰水期 PAHs 质量浓度以 3 环＞2 环＞4 环＞5 环＞6 环的顺序递减，2 环和 3 环 PAHs 所占比例分别为 31.7%和 64.8%，高环质量浓度较低，这与 PAHs 的水溶性有关。枯水期 PAHs 与丰水期相似，其中 2 环和 3 环 PAHs 占 PAHs 的 33.5%～56.9%。尽管采样时间不同，汾河流域水相中的 PAHs 均以低环（2～3 环）为主。

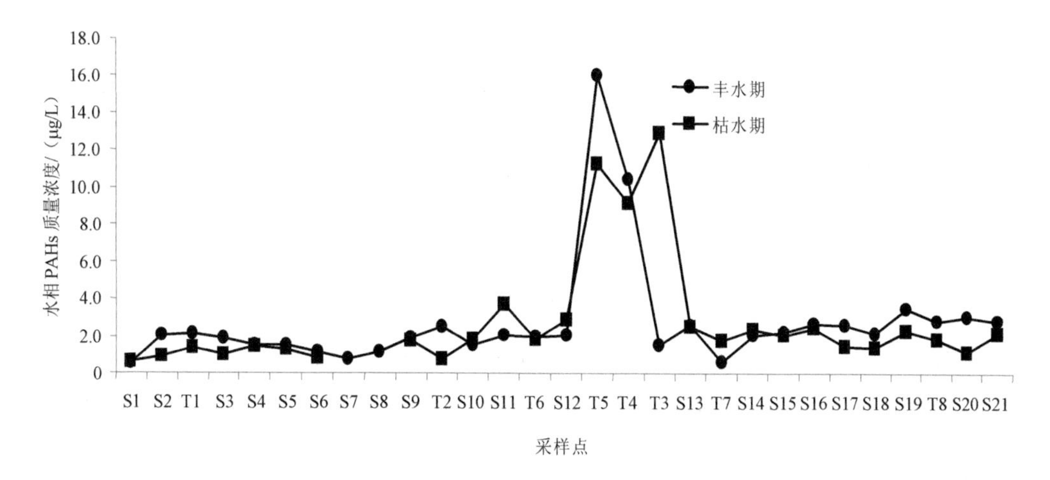

图 4-2　水相中 PAHs 质量浓度空间分布

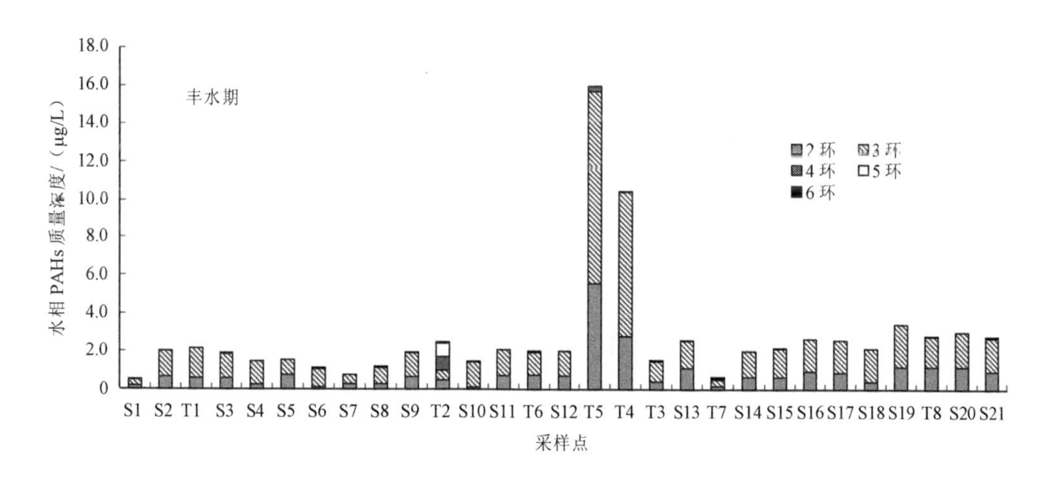

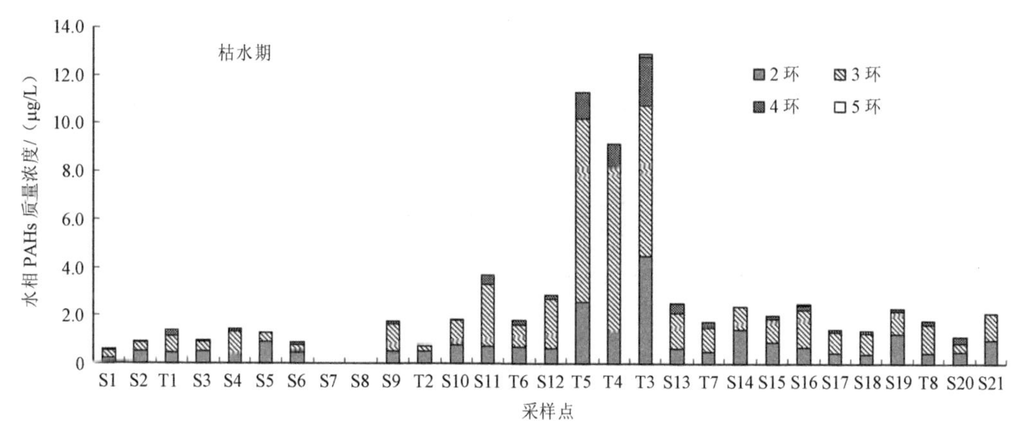

图 4-3　PAHs 的组成分布

4.1.2 风险评价

基于毒性当量法计算 PAHs 的风险水平。毒性当量法是 Nisbet 于 1992 年提出的由毒性试验得出各 PAHs 相对于 BaP 的毒性当量因子（toxicity equivalence factor，TEF），进而分析环境中 PAHs 的健康风险。BaP 的毒性当量（BaP equivalents，EBaP）计算公式为：

$$\text{EBaP}=C_{\text{BaA}}\times 0.1+C_{\text{BaP}}+C_{\text{BbF}}\times 0.1+C_{\text{BkF}}\times 0.01+C_{\text{IPY}}\times 0.1+C_{\text{DBA}}+C_{\text{CHR}}\times 0.001 \tag{4-1}$$

式中：EBaP——7 种多环芳烃相对于 BaP 的毒性当量之和，ng/L；

C——各种单体多环芳烃在水中的质量浓度，ng/L。

本研究中丰水期 EBaP 值在 0～127.8 ng/L，平均值为 59.9 ng/L，枯水期 EBaP 值在 0～34.5 ng/L，平均值为 32.4 ng/L，见图 4-4 和图 4-5。其中，丰水期和枯水期分别有 5 个采样点和 7 个采样点超出 EBaP(2.8 ng/L)国家标准[见《地表水环境质量标准》(GB 3838—2002)]，其他采样点 EBaP 值均低于国家标准，但均值已高于此标准。这些结果都表明，汾河流域水中的 PAHs 已经具有不利健康的风险。随着工业和交通的不断发展，PAHs 污染可能更加严重，并进一步影响生态环境，危害人类健康。因此，有必要加强对汾河流域饮用水水源 PAHs 的监测与研究。

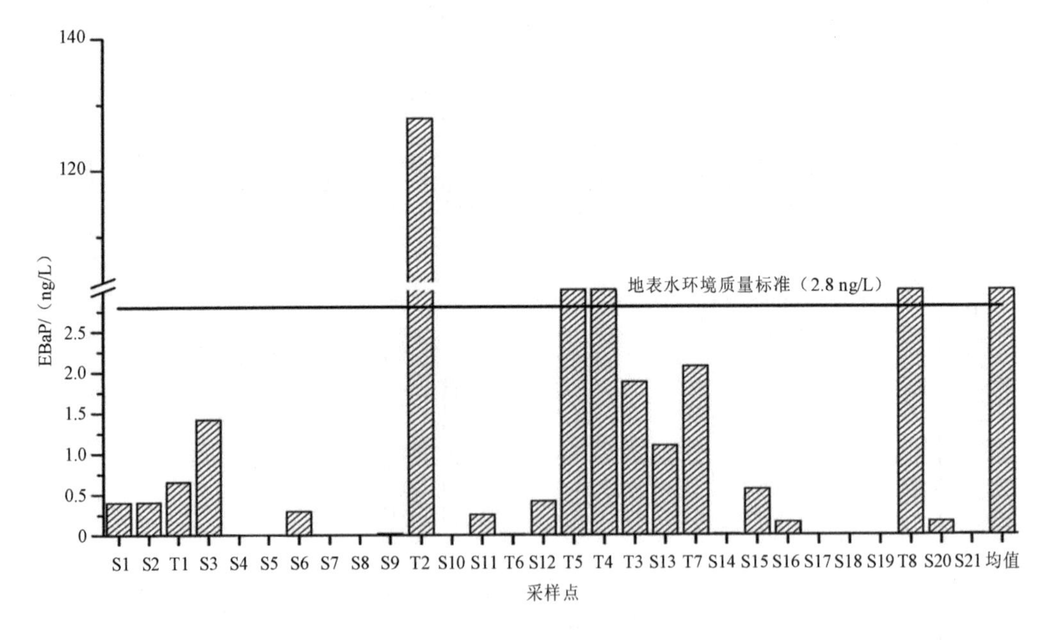

图 4-4 丰水期各采样点 EBaP 值

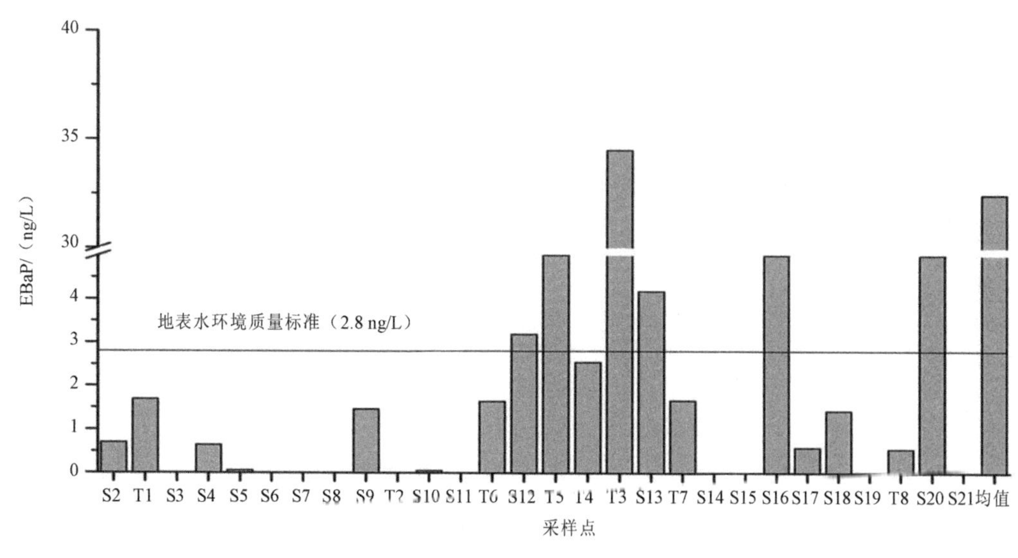

图 4-5　枯水期各采样点 EBaP 值

4.2　多氯联苯分布特征及风险评价

4.2.1　分布特征

多氯联苯样品采集、检测流程与多环芳烃一致，目标物包括 7 种，分别为 PCB28、PCB52、PCB101、PCB118、PCB153、PCB138、PCB180。汾河流域丰水期和枯水期水相中 PCBs 质量浓度见表 4-3。汾河流域中 7 种 PCBs 质量浓度范围为 0.008～0.485 μg/L，检出率最高的是 PCB28 和 PCB52，其他检出率低。汾河流域水体中丰水期和枯水期 PCBs 质量浓度均值分别为 0.180 μg/L 和 0.133 μg/L。

表 4-3　丰水期和枯水期水相中 PCBs 质量浓度　　单位：μg/L

PCBs	丰水期			枯水期		
	最小值	最大值	均值	最小值	最大值	均值
PCB28	ND	0.122	0.031	0.008	0.107	0.030
PCB52	ND	0.485	0.058	0.008	0.297	0.045
PCB101	ND	0.072	0.028	ND	0.069	0.029
PCB118	ND	0.080	0.042	ND	0.041	0.024
PCB153	ND	0.222	0.086	ND	0.168	0.097
PCB138	ND	0.009	0.009	ND	ND	ND
PCB180	ND	0.208	0.080	ND	0.103	0.045
ΣPCBs	0.043	0.882	0.180	0.042	0.659	0.133

PCBs组成分布见图4-6。枯水期未检测到PCB138，因此枯水期PCBs的组成分布中只有6种物质。由图4-6可知，丰水期和枯水期PCBs组分较为丰富地出现在T3、T4、T5采样点。这些区域分布了大量的工业企业及工业园区，说明水体中的PCBs组分主要受当地污染排放的影响，而在流域上游工业企业分布较少的地区，PCB52、PCB180则是最主要的组分。

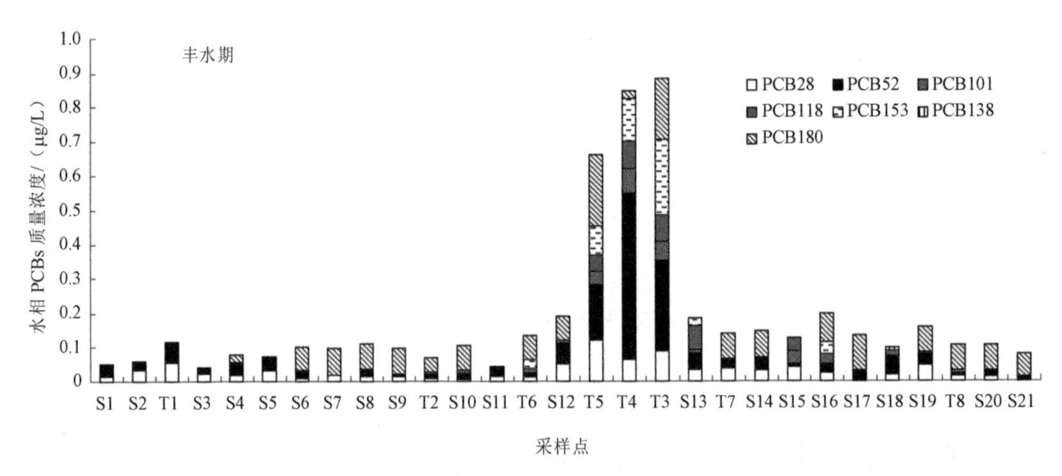

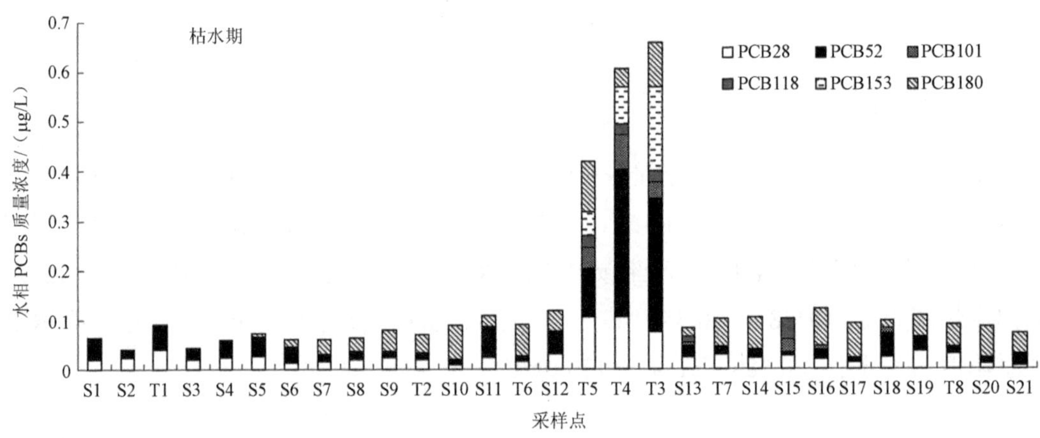

图4-6 PCBs的组成分布

4.2.2 风险评价

《地表水环境质量标准》（GB 3838—2002）表3集中式生活饮用水地表水源地特定项目标准限值中有关于PCBs的限值标准，但表中的PCBs是指PCB1016、PCB1221、PCB1232、PCB1242、PCB1248、PCB1254、PCB1260，而不是指PCBs同分异构体，因此无法根据GB 3838—2002判定汾河水体中PCBs是否超标。

4.3 邻苯二甲酸酯类污染物分布特征及风险评价

4.3.1 分布特征

邻苯二甲酸酯类（PAEs）的样品采集、检测流程与多环芳烃一致，目标物包括 6 种，分别为 DEHP、DBP、BBP、DEP、DMP、DNOP，汾河流域中 PAEs 质量浓度见表 4-4。枯水期 PAEs 质量浓度变化范围为 2.44～154.72 μg/L；丰水期受地表径流量、大气干湿沉降及底泥扰动等因素的影响，富集了更多的 PAEs，质量浓度为 2.79～206.33 μg/L。

枯水期 6 种 PAEs 的平均质量浓度按照 DEHP＞DBP＞BBP＞DEP＞DMP＞DNOP 顺序递减，其中 DEHP 的质量浓度最高，平均质量浓度为 14.23μg/L，占 PAEs 质量浓度的 42.2%～59.3%。丰水期有 4 种 PAEs 的质量浓度高于枯水期，DEHP 平均质量浓度最高，均值为 20.55 μg/L，所占比例为 12.2%～72.1%；DEHP 质量浓度在枯水期降幅最大，约为丰水期的 1/3。因而，无论是枯水期还是丰水期，PAEs 均以 DEHP、DBP 为主，DEHP 质量浓度贡献最大，DBP 次之。

表 4-4 PAEs 质量浓度范围和均值 单位：μg/L

PAEs	丰水期			枯水期		
	最小值	最大值	均值	最小值	最大值	均值
DMP	ND	1.78	0.38	0.05	4.05	0.61
DEP	ND	23.14	1.28	0.06	6.93	0.83
DBP	1.01	45.54	10.03	0.79	85.45	12.51
BBP	ND	18.68	2.79	ND	8.85	0.98
DEHP	0.34	148.75	20.55	1.03	91.75	14.23
DNOP	ND	0.51	0.15	ND	0.76	0.07
ΣPAEs	2.79	206.33	33.45	2.44	154.72	29.24

注：ND 为未检出。

丰水期、枯水期水相中 PAEs 质量浓度沿河分布不均匀，PAEs 在 29 个采样点的空间分布规律不一致。如图 4-7 所示，丰水期干流 PAEs 质量浓度低于支流，从上游到下游干流，PAEs 质量浓度呈先升后降的趋势。较高值出现在 T3、T4、T5 采样点，PAEs 质量浓度最高值为 206.33 μg/L，此处的主要污染物为 DEHP，其质量浓度高于其他采样点的 PAEs 质量浓度。DEHP 大部分来源于黏合剂、涂料、高分子助剂等。祥云桥西暗渠、东暗渠主要接受太钢排水、太原市河东及河西生活污水。太榆退水渠上有生活污水及水泥厂等的工业废水排入，加剧了该区域的 PAEs 污染。此外，该区域位于太原段支流，邻近太原国家高新技术产业开发区，其中医疗器械厂、塑料生产企业等产生的 DEHP 污染可能比较严重。枯水期较高值仍然出现在上述 3 个采样点，但 DBP 质量浓度增加显著。DBP 是最常用的增塑剂，是塑料中的重要组成部分，进一步说明该采样点 PAEs 污染主要受周边工业废水排放的影响。

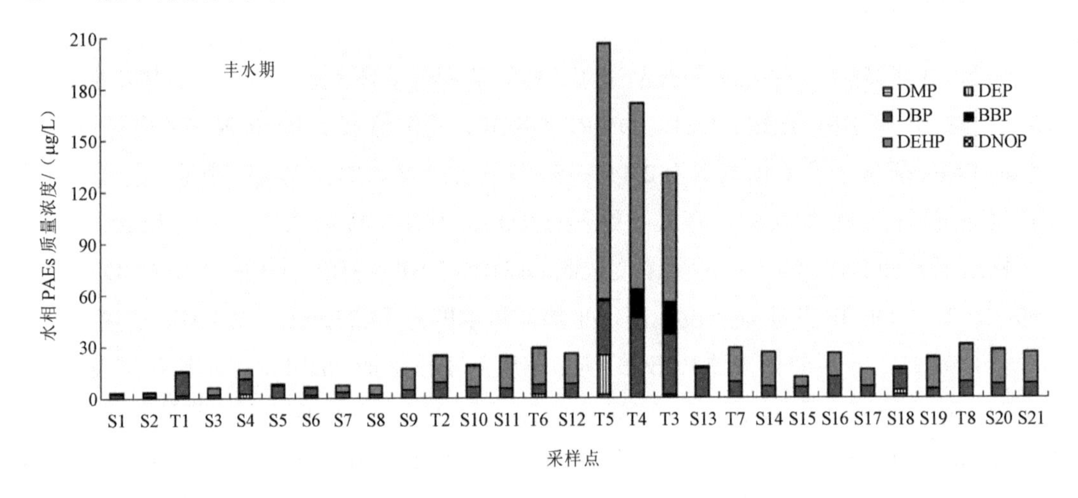

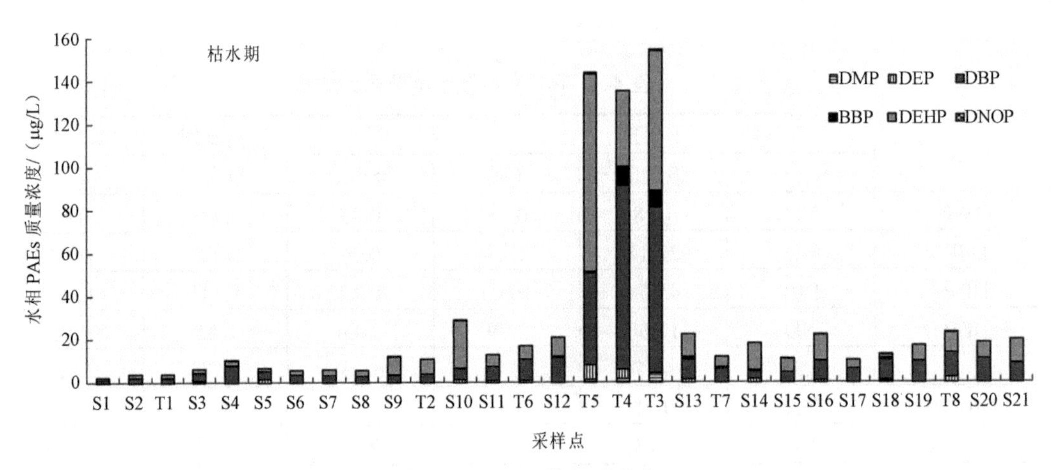

图 4-7 PAEs 的组成分布

4.3.2 风险评价

参照欧盟适用于现有化学物质与新化学物质的风险评价技术指南（TGD）中的效应评价外推法，对汾河水体中 PAEs 进行生态风险评价。在生态风险评价中，常用的指标有环境暴露浓度（Environmental Exposure Concentration，EEC）和预测无效应浓度（Predicted No Effect Concentration，PNEC）。PNEC 需根据毒性数据中无观察效应浓度（No Observed Effect Concentration，NOEC）、半致死浓度（Lethal Concentration 50，LC_{50}）和半效应浓度（Concentration for 50% of Maximal Effect，EC_{50}）获得。围绕 PNEC 的评估，生态风险评价方法主要分为以单物种测试为基础的外推法，以多物种测试为基础的微、中宇宙法和以种群或生态系统为基础的生态风险模型法。

从美国环境保护局（USEPA）毒性数据库（EPAECOTOX，网址为 http：//cfpub.epa.gov/ecotox/）收集 PAEs 对不同营养等级生物的急性毒性数据 L（E）C_{50} 和慢性毒性数据 NOEC（>7 d），根据表 4-5 选取评价因子（Assessment Factor，AF），推算水体中 PAEs 的 PNEC。将 EEC（本研究中为实际监测浓度）与表征该物质危害程度的 PNEC 相比，计算得到风险商值（RQ=EEC/PNEC）。RQ>1 表示该污染物存在潜在风险，RQ 越大，潜在风险越大；RQ<1 表示生态风险相对较小。

在采用评价因子进行数据外推时，应充分考虑单一物种的实验室数据外推到多物种生态系统过程中的多种不确定性因素，主要包括毒性数据的实验室内和实验室外差异，种内和种间生物差异，短期毒性向长期毒性外推的不确定性，实验室数据向野外环境外推的不确定性。当可获得多个物种试验数据时，应采用其中最敏感物种的数据进行外推。评价因子的大小取决于所获得毒性数据的置信度，如果毒性数据代表性强，涵盖了不同营养级别的生物，则具有很高的置信度，而且当所得的数据多于基本数据的要求时，则评价因子可适当减小，PNEC 为评价终点与评价因子的比值[20]。

计算 PNEC 时，应满足以下假设条件：

①生态系统的敏感性由生态系统中的最敏感物种表征；

②若生态系统的结构受到保护，生态系统的功能就可以得到保护。

基于以上假设，对危害性鉴别获得的生态毒理学数据，应选择数据中的最低 NOEC 或 L（E）C_{50}。表 4-5 给出了淡水环境系统 AF 取值条件。

表 4-5　PNEC 推导中的 AF 取值

数据要求	评价因子（AF）
三个营养级别，每一级至少有一项短期 L（E）C_{50}	1 000①
一项长期试验的 NOEC	100②
两个营养级别的两个物种的长期 NOEC	50③
三个营养级别的至少三个物种的长期 NOEC	10④
野外数据或模拟生态系统	1～5⑤

注：①只有短期毒性数据时，采用最低值除以评估系数 1 000，外推 PNEC。

②可以获得一项长期 NOEC 值时，若试验生物通过短期毒性试验被证明为最敏感，则采用评价因子 100 外推 PNEC。若试验生物通过短期试验被证明不是最敏感种，则 PNEC 应采用短期试验数据除评价因子 1 000 计算。

③可以获得两个营养级别的两个物种的长期 NOEC 值时，若试验生物能通过短期试验被证明其中一种生物为最敏感种，则采用两项长期 NOEC 值中的最低值除以评价因子 50 外推 PNEC；若试验生物通过短期试验被证明均非最敏感种时，则采用两项长期 NOEC 中的最低值除以 100 外推 PNEC。

④评价因子 10 仅适用于至少三个营养级别的三个物种的长期试验。

根据上述方法，从 USEPA 的 EECOTOX 数据库获取 6 种 PAEs 的最低 L（E）C_{50} 和 NOEC 毒性数据，选取合适的 AF，从而推导出 6 种 PAEs 的 PNEC，见表 4-6。可知，DBP 的 PNEC 值最小，DEHP 次之，DMP 和 DEP 最大，表明在水体中相同浓度水平下，DBP 和 DEHP 对水生生态环境的影响较严重，DMP 和 DEP 的影响相对较轻。

表 4-6 水体中 PAEs 的 PNEC

单位：μg/L

污染物名称	藻类		溞类		鱼类		AF	PNEC	文献值
	L(E)C50	NOEC	L(E)C50	NOEC	L(E)C50	NOEC			
DMP	33 000	—	33 000	9 600	39 000	11 000	100	96.0	96.0[21]
DEP	33 000	—	33 000	9 600	56 000	11 000	100	96.0	—
DBP	210	—	2 990	500	350	25	50	0.500	2.10[21]
DIBP	—	—	—	—	—	—			—
DNOP	—	—	—	—	—	—			—
DEHP	100	—	133	77	160	502	50	1.54	—

注：“—”表示未获得相关数据。

各采样点水体中 4 种 PAEs 的生态风险评价结果见表 4-7。PAEs 生态风险评价结果见表 4-8。在汾河水体中，DBP 枯水期、丰水期 DPB 的 RQ>1 的采样点个数均为 29 个，占总采样点数的 100%，DBP 在大部分采样点存在一定的潜在生态风险。丰水期和枯水期 DEHP 的 RQ>1 的采样点个数分别为 23 个、26 个，分别约占总数的 80%和 90%，DEHP 在大多数采样点存在一定的潜在生态风险。丰水期、枯水期 DMP 和 DEP 在所有采样点的 RQ 均小于 1，DMP 和 DEP 的生态风险在可接受范围内。汾河水体丰水期 DMP、DEP、DBP 和 DEHP 的 RQ 依次为 0.34、1.23、10.03 和 13.35，其生态风险大小排序为 DEHP>DBP>DEP>DMP。枯水期 DMP、DEP、DBP 和 DEHP 的 RQ 依次为 0.005、0.008、24.783 和 7.88，其生态风险大小排序为 DBP>DEHP>DEP>DMP。

表 4-7 水体中 4 种 PAEs 的生态风险评价

PAEs	RQ			
	>1	<1	>1	<1
	丰水期		枯水期	
DMP	—	29	—	29
DEP	—	29	—	29
DBP	29	—	29	—
DEHP	23	6	26	3

表 4-8 水体中 PAEs 的生态风险评价

PAEs	PNEC/（μg/L）	丰水期		枯水期	
		EEC/（μg/L）	RQ	EEC/（μg/L）	RQ
DMP	96.0	0.34	0.004	0.50	0.005
DEP	96.0	1.23	0.013	0.79	0.008
DBP	0.500	10.03	20.062	12.39	24.78
DEHP	1.54	13.35	0.381	12.14	7.88

4.4 环境激素类污染物分布特征及风险评价

4.4.1 分布特征

环境激素类污染物包括 4 种雌激素单体、2 种硫酸盐雌激素结合体、双酚 A、2 种葡糖酸苷雌激素。样品采集、检测流程与多环芳烃一致。

4 种雌激素单体中 E1 的检出频率最高。在丰水期和枯水期，E1 在水样中的检出率分别为 82.8%和 80.8%；其次，E2 的检出率为 10.7%～26.9%，E3 的检出率为 0～53.9%；EE2 的检出率最低，为 0～3.85%。在丰水期和枯水期，雌激素单体检出质量浓度水平顺序均为 E1＞E3＞E2＞EE2。丰水期、枯水期雌激素单体 E1、E2 和 E3 质量浓度分布见图 4-8。EE2 仅在汾河水库入口（S3）的枯水期水样中被检出，故未对其进行时空分布分析。E1、E2 和 E3 在丰水期的检出质量浓度普遍低于在枯水期的检出质量浓度。

在丰水期，E1 平均质量浓度和最高质量浓度分别为 7.53 ng/L 和 48.0 ng/L；在枯水期，E1 的平均质量浓度和最高质量浓度分别为 8.12 ng/L 和 44.6 ng/L。E1 的质量浓度在上游干流低于在中游、下游干流；E1 的质量浓度在中游干流低于下游干流。在汾河上游干流中，E1 质量浓度范围和平均质量浓度分别为 0～5.97 ng/L 和 0.93 ng/L。在汾河中游干流，E1 质量浓度范围和平均值分别为 0～20.9 ng/L 和 6.11 ng/L。E1 在长风桥下游的小店桥采样点（S11）的质量浓度均值和最高值分别为 0.64 ng/L 和 20.9 ng/L，明显高于长风桥。退水渠中 E1 的质量浓度范围为 1.0～48.0 ng/L。在汾河下游干流，E1 的质量浓度范围和平均质量浓度分别为 0～22.5 ng/L 和 7.13 ng/L；E1 在临汾污水处理厂下游（S18）质量浓度最高，均值和最高值分别为 22.5 ng/L 和 44.0 ng/g。E1 在 5 条支流（岚河、杨兴河、潇河、文峪河、浍河）的平均质量浓度为 12.6 ng/L，普遍高于其在附近干流中的浓度。

E2 在中游水样中的质量浓度高于其在上游和下游的质量浓度。在汾河中游干流，E2 在水相中的质量浓度范围为 ND～4.40 ng/L；另外，丰水期和枯水期 S11 采样点水相中

E2 的质量浓度也均有检出且较高，分别为 0.30 ng/L 和 4.4 ng/L，枯水期 S12 采样点 E2 质量浓度为 4.38 ng/L，该点丰水期 E2 未检出，汾河中游干流 E2 质量浓度较高的点集中于 S11 采样点和 S12 采样点。汾河流域退水渠和支流中，汾河上游支流样品中未检出 E2。汾河中游退水渠中 E2 质量浓度范围为 ND～3.83 ng/L；汾河中游支流中 E2 的质量浓度范围是 ND～3.71 ng/L。汾河流域下游支流中侯马市浍河入汾口处枯水期水相中 E2 的质量浓度高达 14.9 ng/L，而下游支流丰水期未检出 E2。在汾河流域丰枯两期所有采样点中的最高 E2 质量浓度位于枯水期所采集的支流 T8 采样点，T8 采样点 E1 的质量浓度在丰枯两期分别为 14.9 ng/L 和 20.4 ng/L，E1 的质量浓度也处于汾河流域干流和支流中较高的水平，初步分析表明 T8 采样点 E1 质量浓度较高可能与 T8 采样点 E2 质量浓度较高有一定的相关性。

E3 在丰水期 5 个采样点被检出。其中，在汾河中游退水渠 T3、T4 和 T5 的质量浓度较高，干流采样点中只有汾河上游 S2 采样点检出 E3，其质量浓度为 2.39 ng/L，丰水期其他干流采样点均未检出 E3；枯水期水相中 E3 的检出率高于丰水期，该时期汾河流域上游干流水相中 E3 的质量浓度范围为 ND～1.9 ng/L，该时期汾河流域中游干流水相中 E3 的质量浓度范围是 ND～8.3 ng/L，该时期汾河流域下游干流水相中 E3 的质量浓度范围为 ND～4.1 ng/L，可以看出枯水期汾河流域中游干流中 E3 的质量浓度水平高于其在上游和下游干流的浓度水平。汾河流域上游支流中 E3 的质量浓度范围为 ND～10.5 ng/L；中游退水渠中 E3 均有检出，且其质量浓度范围为 0.59～7.76 ng/L，中游支流中仅有枯水期 T7 采样点样品中有 E3 检出，其质量浓度为 3.39 ng/L；下游支流 T8 采样点枯水期 E3 的质量浓度为 1.45 ng/L。由此可见，汾河流域下游 E3 的质量浓度高于其在上游和中游的质量浓度。

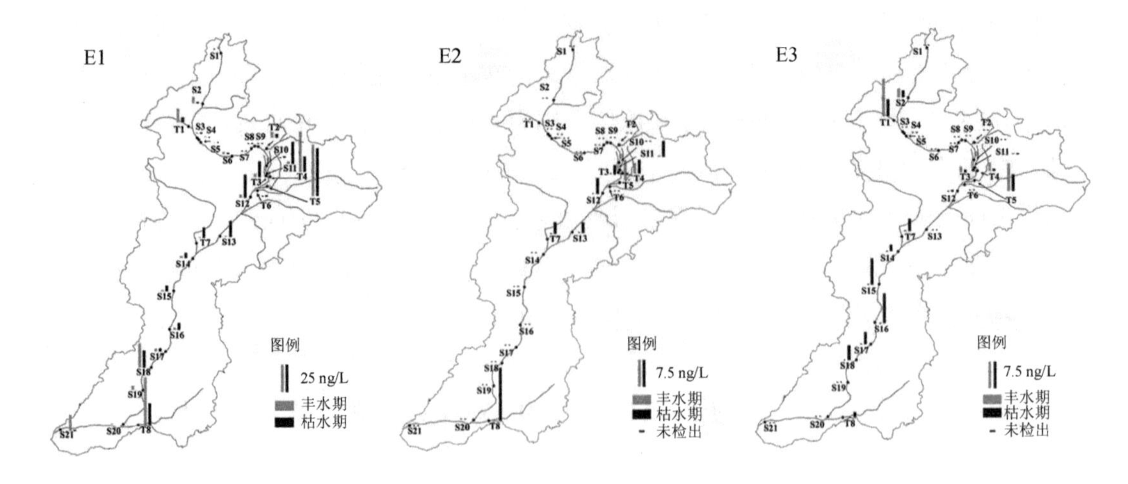

图 4-8　丰水期、枯水期 4 种雌激素单体质量浓度分布

结合体 E1-3S 和 E2-3S 的检出率较高，分别为 100%和 96.6%。E1-3S 的平均质量浓度和最高质量浓度分别为 2.07 ng/L 和 14.02 ng/L，E2-3S 的平均质量浓度和最高质量浓度分别为 5.52 ng/L 和 40.20 ng/L，见图 4-9。

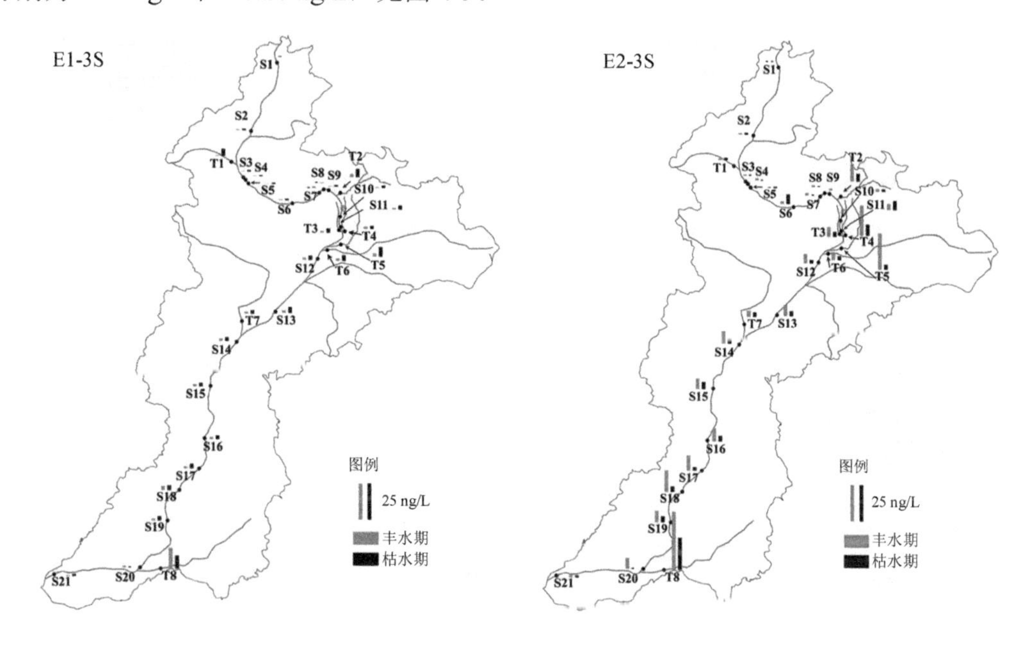

图 4-9　丰水期、枯水期 2 种雌激素结合体质量浓度分布

E1-3S 和 E2-3S 在丰枯两期的质量浓度空间分布特征如图 4-9 所示。上游干流中 E1-3S 和 E2-3S 的质量浓度范围分别为 0.06～1.05 ng/L 和 ND～1.75 ng/L，中游干流中 E1-3S 和 E2-3S 的质量浓度范围分别为 0.50～3.91 ng/L 和 1.68～9.10 ng/L，下游干流中 E1-3S 和 E2-3S 的质量浓度范围分别为 0.43～3.20 ng/L 和 1.4～14.90 ng/L。可见汾河流域中游干流和下游干流中 E1-3S 的质量浓度高于其在上游干流中的质量浓度，汾河流域中游干流和下游干流 E2-3S 的质量浓度亦高于其在上游干流中的质量浓度，干流 E2-3S 的质量浓度普遍高于 E1-3S 的质量浓度。汾河上游支流 T1 采样点丰枯两季 E1-3S 的质量浓度分别为 0.4 ng/L 和 4.8 ng/L，该点丰枯两期 E2-3S 的质量浓度分别为 1.27 ng/L 和 1.66 ng/L；中游支流 E1-3S 和 E2-3S 的质量浓度范围分别为 1.26～5.65 ng/L 和 2.72～12.05 ng/L，中游退水渠中 E1-3S 和 E2-3S 的质量浓度范围分别为 1.12～4.64 ng/L 和 2.25～24.80 ng/L；下游支流 T8 采样点水相中 E1-3S 丰枯两期的质量浓度分别为 14.02 ng/L 和 8.76 ng/L，该点 E2-3S 丰枯两期的质量浓度分别为 40.2 ng/L 和 22.1 ng/L。由此可见，汾河流域下游支流 E2-3S 的质量浓度高于 E1-3S 的质量浓度，中游退水渠中两种雌激素结合体的质量浓度普遍高于其在上游干流和下游干流中的质量浓度。E2-3S 质量浓度的时间分布规律与其他雌激素的时间分布规律不同，丰水期 E2-3S 的质量浓度高于其在枯水期的质量浓度。

在两期中，BPA 检出率为 100%。BPA 在汾河流域的质量浓度从几纳克/升到几千纳克/升不等，本研究中汾河流域干流水相中 BPA 的质量浓度范围为 1.06～925 ng/L。BPA 在汾河流域的质量浓度分布见图 4-10。从图中可以看出，汾河中游河段 BPA 的质量浓度整体高于其他河段。上游干流 BPA 的质量浓度范围为 1.79～25.33 ng/L，平均质量浓度为 7.28 ng/L；中游干流 BPA 的质量浓度范围为 2.14～925 ng/L，平均质量浓度为 194.36 ng/L；下游干流 BPA 的质量浓度范围为 1.06～329.37 ng/L，平均质量浓度为 113.84 ng/L。可见汾河流域中游干流中的 BPA 质量浓度总体高于下游干流中的 BPA 质量浓度，上游干流中的 BPA 质量浓度低于中游干流和下游干流中的 BPA 质量浓度。

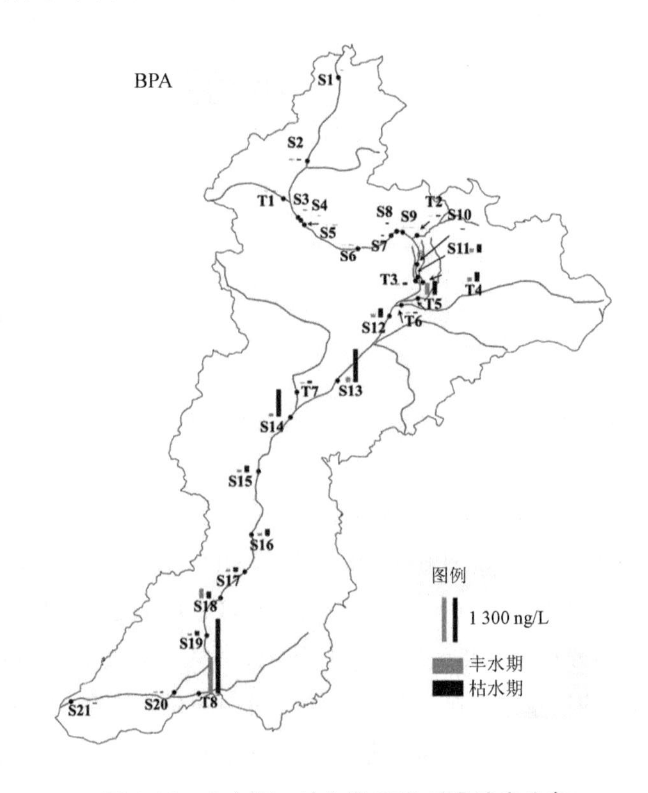

图 4-10 丰水期、枯水期 BPA 质量浓度分布

汾河上游支流 T1 采样点丰枯两期的 BPA 质量浓度分别为 9.57 ng/L 和 9.80 ng/L。汾河中游支流的 BPA 质量浓度范围为 5.21～63.5 ng/L，平均质量浓度为 25.52 ng/L；汾河中游退水渠的 BPA 质量浓度范围为 1.06～925 ng/L，平均质量浓度为 211.07 ng/L；汾河下游支流浍河入汾口处丰枯两期的 BPA 质量浓度分别为 1 036.30 ng/L 和 2 110.00 ng/L。由此可见，汾河中游支流和退水渠的 BPA 质量浓度均高于其在上游支流中的质量浓度；下游支流浍河入汾口处的 BPA 质量浓度均为 BPA 的最高质量浓度。BPA 质量浓度的时间分布也呈现一定的规律，汾河干流 82%的样品中丰水期 BPA 的质量浓度低于其枯水期质量浓度。

4.4.2 风险评价

内分泌干扰风险主要是由居民生活污水和畜禽养殖废水排放进入水体引起的。退水渠和污水处理厂出水作为污水排放源头，是附近水体的内分泌风险源，污水中高浓度的雌激素等内分泌干扰物通过出水排入周围水环境，会使得水环境内分泌干扰风险增高，破坏水生态环境，尤其是鱼类的健康。因此，提高雌激素等内分泌干扰物在污水处理厂的去除效率，是有效控制河流中内分泌干扰物浓度水平的有效措施。此外，控制未经处理的生活污水和畜禽养殖场废水的不规范排放，并对其进行进一步处理也是较为有效的控制和降低风险的措施。

目前，雌激素等内分泌干扰物在污水处理厂出水和地表水中广泛存在。其中，虽然甾族雌激素单体（E1、E2、E3 和 EE2）在水环境中的浓度仅为纳克/升水平，但体外（in vitro）试验和体内（in vivo）试验均表明其具有最高的内分泌干扰活性，高于其他非甾族类雌激素三个数量级以上。雌激素类物质已被证实是引起鱼类雌性化的主要原因。雌激素硫酸盐结合体和葡糖苷酸结合体基本上无内分泌干扰活性，然而葡糖苷酸结合体在环境中较容易转化为具有活性的单体。本研究中雌激素葡糖苷酸结合体基本上未被检出，因此其产生的风险可以忽略。此外，BPA 也通过毒理学实验被证实具有内分泌干扰活性。由于这类物质具有相似的内分泌干扰效应，通常采用雌二醇活性当量因子（estradiol equivalency factor，EEF）将各物质在水环境中的浓度（EC）转化成雌二醇当量浓度（estradiol equivalency，EEQ）来表征总体的内分泌干扰水平：

$$\mathrm{EEQ}=\mathrm{EEF}\times\mathrm{EC} \tag{4-2}$$

总的内分泌干扰风险水平：

$$\mathrm{EEQ}_{\mathrm{tot}}=\mathrm{EEQ}_{\mathrm{E1}}+\mathrm{EEQ}_{\mathrm{E2}}+\mathrm{EEQ}_{\mathrm{E3}}+\mathrm{EEQ}_{\mathrm{EE2}}+\mathrm{EEQ}_{\mathrm{BPA}} \tag{4-3}$$

式中各物质的 EEF 见表 4-9。基于大量实验室和野外的雌激素引起的水生生物毒性效应实验数据，英国环保局依据雌激素活性水平，提出了评估水环境生态风险的风险分类：当 EEQ＜1 ng/L 时，水环境无生态风险；当 1 ng/L＜EEQ＜10 ng/L 时，水环境具有生态风险；当 EEQ＞10 ng/L 时，水环境处于高生态风险。

表 4-9 雌激素及类雌激素活性物质的 EEF

化合物	英文名	EEF
17β-雌二醇	17β-estradiol（E2）	1.0
雌酮	estrone（E1）	0.1
雌三醇	estriol（E3）	0.08
17α-乙炔基雌二醇	17α-ethinylestradiol（EE2）	10
双酚 A	bisphenol A（BPA）	5.0×10^{-5}

在丰水期，汾河干流上水环境内分泌干扰风险主要分布在下游水域，上游仅静乐采样点的水环境具有风险，中游干流水域无风险。支流岚河（T1）、杨兴河（T2）、浍河（T8）和太原段三条退水渠（T2、T4 和 T5）的水样具有内分泌干扰风险，且两条退水渠出水和浍河水样具有高风险（见图 4-11）。汾河上游汾河水库和汾河二库的饮用水水源均无内分泌干扰风险。在枯水期，汾河上游干流无风险，中游和下游大部分采样点具有内分泌干扰风险，这些具有风险的采样点位于小店桥（S11）、温南社（S12）、平遥污水处理厂下游（S13）、义堂（S14）、灵石南关（S15）、石滩（S16）、甘亭（S17）和临汾（S18）（见图 4-12）。其中，小店桥（S11）和平遥污水处理厂下游（S13）采样点的水样具有高风险；小店桥水环境主要受上游太原市的污水排放和三条退水渠污水出水的影响，这三条退水渠的水样（T3、T4 和 T5）均具有风险；平遥污水处理厂下游（S13）水环境受平遥污水处理厂出水的影响，引起平遥下游采样点具有高风险。除小店桥水体功能属于工业用水外，其他具有风险的采样点的水体功能均属于农业用水。汾河上游汾河水库和汾河二库的饮用水水源均无内分泌干扰风险。支流岚河（T1）、文峪河（T7）和浍河（T8）采样点具有内分泌干扰风险，其中岚河和浍河具有潜在的高内分泌干扰风险。岚河（T2）采样点位于娄底村附近，由于采样时未见该区域有大规模的畜禽养殖场，因此农村居民的生活直排可能是引起高风险的主要原因。文峪河（T7）采样点和浍河（T8）采样点分别位于孝义市下游和侯马市下游，城市污水出水以及城郊的生活直排源可能是引起该支流内分泌干扰高风险的主要原因。

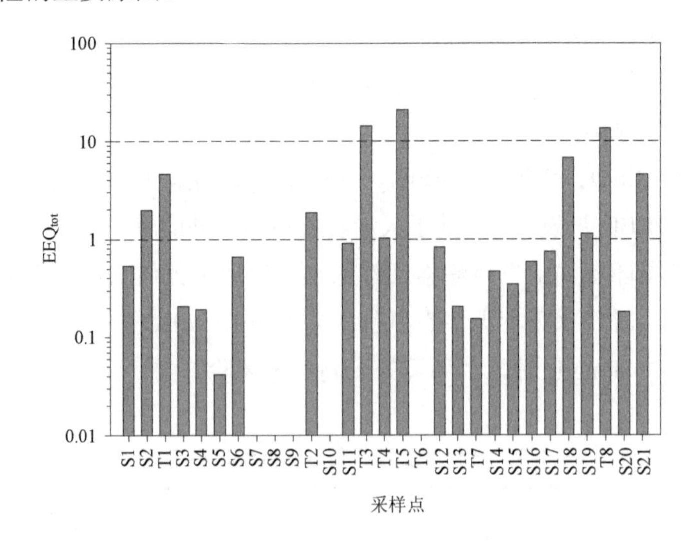

图 4-11 丰水期汾河流域内分泌干扰风险水平

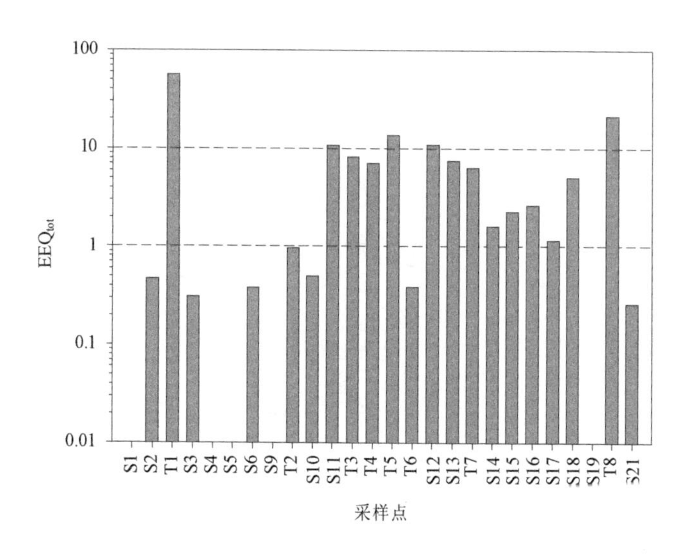

图 4-12 枯水期汾河流域内分泌干扰风险水平

从水样分析来看，枯水期水环境的内分泌干扰风险较丰水期高。由于枯水期时水量减少，水环境对污染物的稀释效应降低。此外，枯水期采样是在 11 月，温度较丰水期降低约 10℃；此时，雌激素的微生物降解能力下降约 50%（由于缺乏 10℃时雌激素的降解率，本研究通过 $K_T = K_{20}\times\theta^{(T-20)}$估算得到雌激素降解率低于在 20℃时的降解率约 50%），这也是枯水期水环境中雌激素浓度较高的原因。在丰水期和枯水期，支流岚河和浍河的水样均具有风险，且均出现高风险水平，因此需重点关注这两个支流的内分泌干扰物引起的水生生态风险；汾河下游水域出现风险的频率较高。

汾河干流上游以及饮用水水源地（汾河水库和汾河二库）水样和沉积物中雌激素和 BPA 的浓度较低，水环境无内分泌干扰风险。在汾河中游太原段，退水渠中雌激素和 BPA 的浓度较高，退水渠的出水进一步影响其下游水体环境，导致小店桥采样点水环境在枯水期具有内分泌干扰风险。在丰水期，汾河干流水环境内分泌干扰风险主要分布在下游水域；在枯水期，中游和下游大部分采样点具有内分泌干扰风险。可见，在丰水期和枯水期，干流下游均具有风险。因此，在整个汾河干流，下游河段水域具有最高的内分泌干扰风险水平。在丰水期和枯水期，支流岚河和浍河的水体均出现高风险水平，因此这两条支流是内分泌干扰风险高发河段。

4.5 抗生素分布特征及风险评价

分别选取汾河源头、流经主要城市下游、水库、畜禽养殖密集区、入黄河汇口以及主要支流等的 23 个采样点，采集丰水期（2019 年 8 月）及枯水期（2019 年 11 月）样品并进行检测分析，结果见图 4-13。

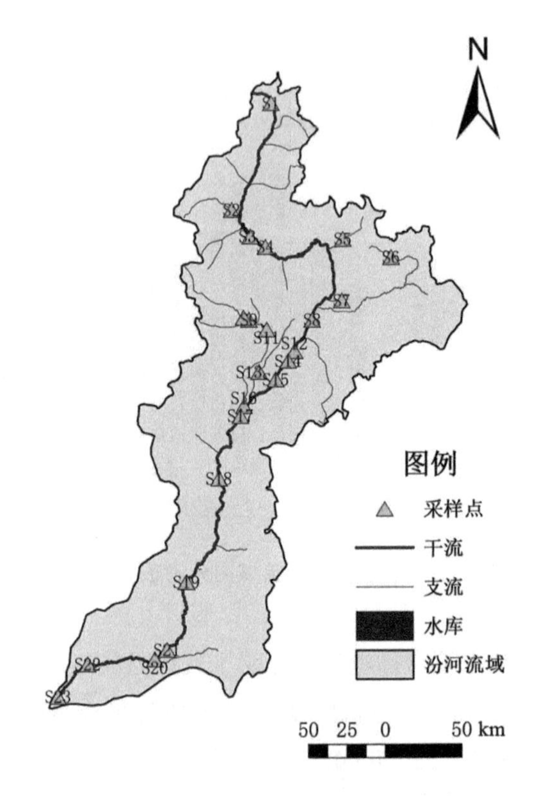

图 4-13 汾河流域抗生素样品采样点分布

分析的目标物见表 4-10。采用液相色谱-串联质谱分析样品中的抗生素类物质。液相色谱-串联质谱为 Agilent 1260 高效液相色谱，6460 Triple Quad 串联质谱仪，配有电喷雾离子化源（ESI）以及 MassHunter 数据处理软件（美国 Agilent 公司）。

表 4-10 抗生素名称汇总

大类	名称	缩写
磺胺类（SAs）	磺胺醋酰（sulphacetamide）	SAAM
	磺胺嘧啶（sulfadiazine）	SDZ
	磺胺噻唑（sulfathiazole）	STZ
	磺胺吡啶（sulfapyridine）	SPD
	磺胺甲基嘧啶（sulfamerazine）	SMR
	磺胺异恶唑/磺胺二甲异恶唑（sulfisoxazole）	SX
	磺胺二甲氧嘧啶/磺胺地索辛/磺胺二甲氧（哒）嗪（sulfadimethoxine）	SDM
	磺胺喹恶啉（sulfaquinoxaline）	SQX
	甲氧苄啶（trimethoprim）	TMP
	磺胺甲恶唑（sulfamethoxazole）	SMX

大类	名称	缩写
喹诺酮类（QNs）	依诺沙星（enoxacin）	ENO
	诺氟沙星（norfloxacin）	NOR
	氧氟沙星（ofloxacin）	OFL
	环丙沙星（ciprofloxacin）	CIP
	恩诺沙星（enrofloxacin）	ENRO
四环素类（TCs）	强力霉素（doxycycline）	DOX
	金霉素（chlortetracycline）	CTC
	四环素（tetracycline）	TC
	土霉素（oxytetracycline）	OTC
氯霉素类（CAs）	氯霉素（chloramphenicol）	CHL
	甲砜霉素（thiamphenicol）	THI
	氟苯尼考（florfenicol）	FF
大环内酯类（MLs）	阿奇霉素（azithromycin）	AZM
	克拉霉素（clarith）	CTM
	罗红霉素（roxithromycin）	RTM
	红霉素（erythromycin）	ETM

4.5.1 分布特征

在丰水期，26 种抗生素中，有 21 种在地表水中被检出，磺胺嘧啶、磺胺异恶唑、磺胺二甲氧嘧啶、强力霉素、克拉霉素未检出。检出总质量浓度范围为 114～1 106 ng/L，其中浓度较高的类别为 SAs、QNs 和 MLs，三者浓度相当，TCs 和 CAs 浓度较其他三类偏低。在枯水期，有 25 种被检出，仅磺胺异恶唑未检出。枯水期抗生素总质量浓度范围为 130～1 615 ng/L，其中浓度最高的是 SAs，均值高达 304 ng/L，其次为 QNs、CAs 和 MLs，三者浓度相近，TCs 浓度最低。具体结果见图 4-14 和表 4-11。

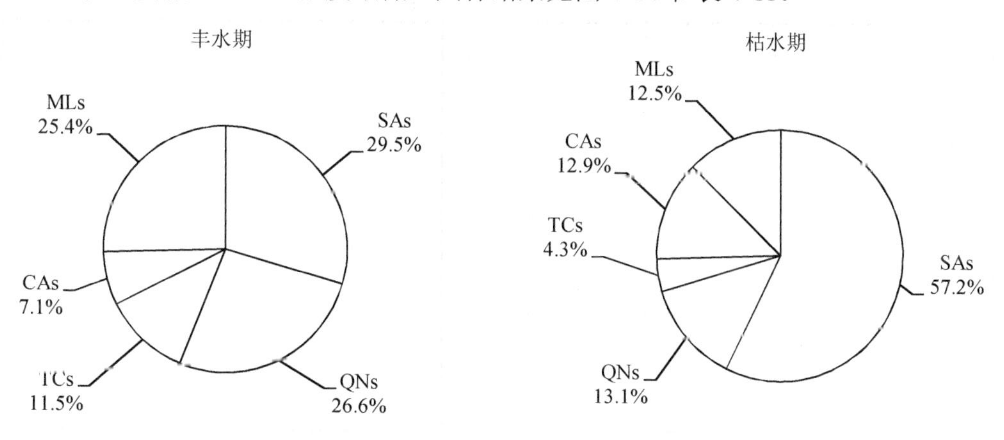

图 4-14 汾河流域丰水期、枯水期地表水中抗生素浓度占比

表 4-11　汾河流域抗生素质量浓度

单位：ng/L

丰水期																									
质量浓度	SAAM	SDZ	STZ	SPD	SMR	SX	SDM	SQX	TMP	SMX	ENO	NOR	OFL	CIP	ENRO	DOX	CTC	TC	OTC	CHL	THI	FF	AZM	CTM	RTM	ETM
最小值	17.3	0.4	0.6	6.3	ND	ND	ND	0.5	1.2	5.0	1.0	1.0	ND	0.1	16.1	ND	0.4	12.6	3.4	2.6	10.9	ND	28.8	ND	6.1	ND
最大值	88.1	78.3	7.1	134.5	ND	ND	ND	66.5	122.2	200.3	38.6	73.8	81.6	51.4	99.5	ND	19.4	67.7	76.2	13.8	60.3	23.5	238.9	ND	49.9	115.8
均值	29.9	18.9	3.4	52.2	ND	ND	ND	16.8	27.4	73.7	17.6	26.6	32.5	11.8	47.8	ND	3.8	23.2	18.9	5.1	20.3	5.7	74.3	ND	16.8	11.2
枯水期																									
质量浓度	SAAM	SDZ	STZ	SPD	SMR	SX	SDM	SQX	TMP	SMX	ENO	NOR	OFL	CIP	ENRO	DOX	CTC	TC	OTC	CHL	THI	FF	AZM	CTM	RTM	ETM
最小值	1.76	1.07	ND	21.68	58.58	ND	1.23	0.70	7.60	0.24	9.54	8.66	0.11	9.90	6.39	3.94	1.56	0.46	0.38	8.25	40.05	10.72	4.18	0.27	6.53	7.33
最大值	6.98	196.16	20.57	251.92	83.93	ND	7.53	29.08	180.50	601.83	41.49	53.28	154.79	28.58	117.90	9.68	8.31	7.12	144.17	11.41	67.07	27.82	68.86	8.26	131.49	36.80
均值	2.22	52.93	7.02	103.64	71.25	ND	4.89	12.76	70.60	181.31	16.92	14.89	35.32	14.75	15.42	4.76	4.10	2.69	30.52	9.38	44.73	14.53	12.18	2.53	35.42	18.54

注：ND 为未检出。

从空间分布上看，汾河干流及支流上游抗生素质量浓度较低，仅为 114～122 ng/L；中游采样点的抗生素质量浓度一般都较高，最高点出现在 S7、S8，质量浓度分别高达 917 ng/L、1 106 ng/L，其中 S7 为太榆退水渠，主要接纳太原、晋中的城市生活污水，抗生素以 SAs 和 QNs 为主，S8 为太原下游，抗生素以 SAs 和 MLs 为主。具体空间分布见图 4-15。

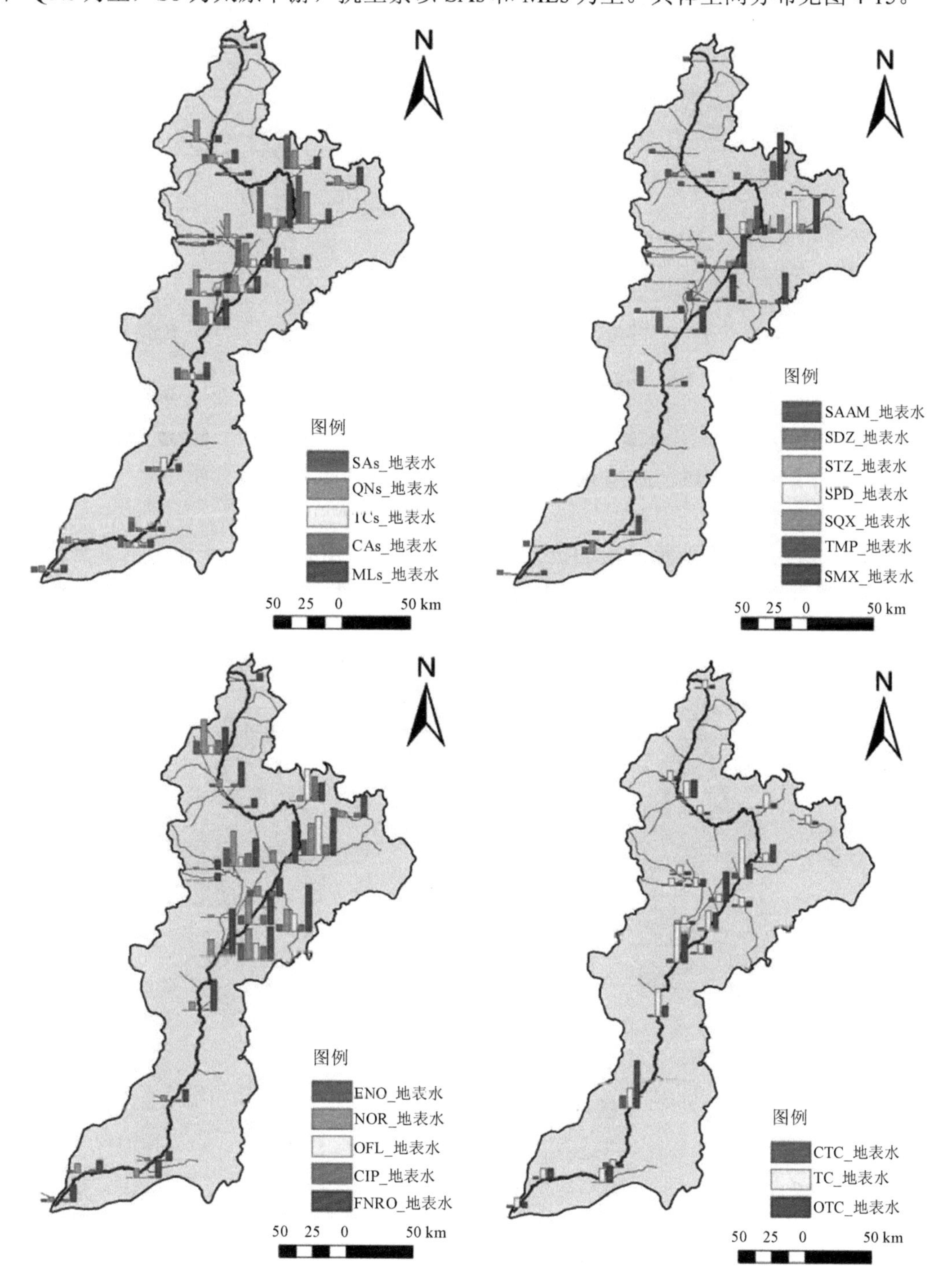

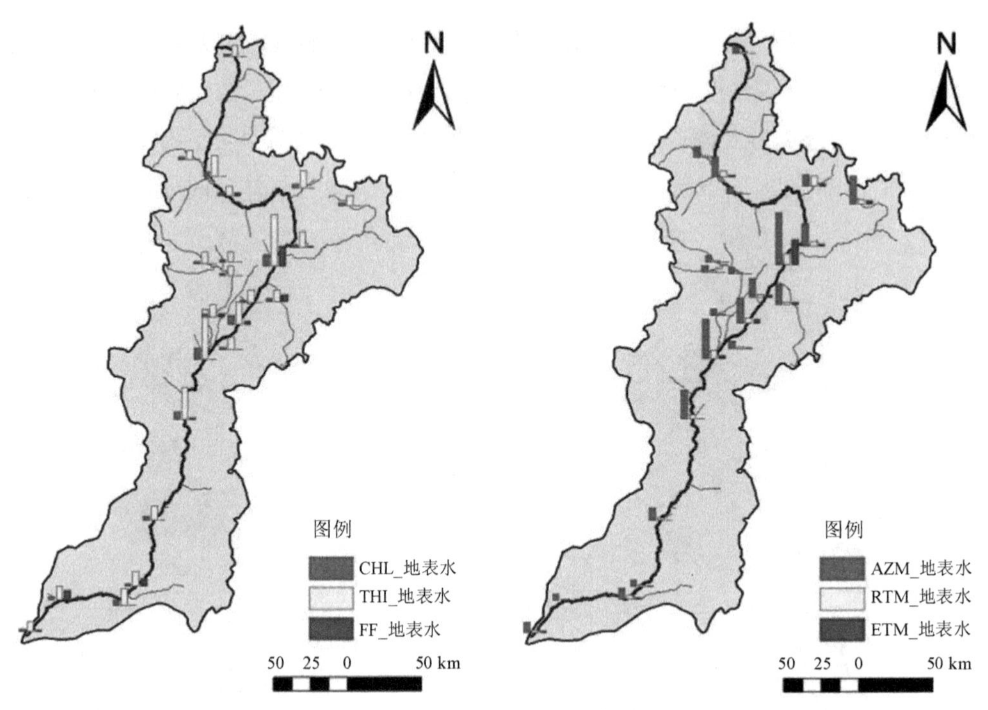

图 4-15 汾河流域丰水期地表水中抗生素质量浓度空间分布

在枯水期，干流及支流上游的抗生素质量浓度仍然相对偏低，干流中下游质量浓度较高，达到 368～780 ng/L。最高点出现在大中城市下游，如阳曲（S5）、太原（S7）以及平遥（S15）、祁县（S14），质量浓度分别达到 1 615 ng/L、1 315 ng/L、941 ng/L、847 ng/L。整体而言，枯水期 SAs 质量浓度最高。具体空间分布见图 4-16。

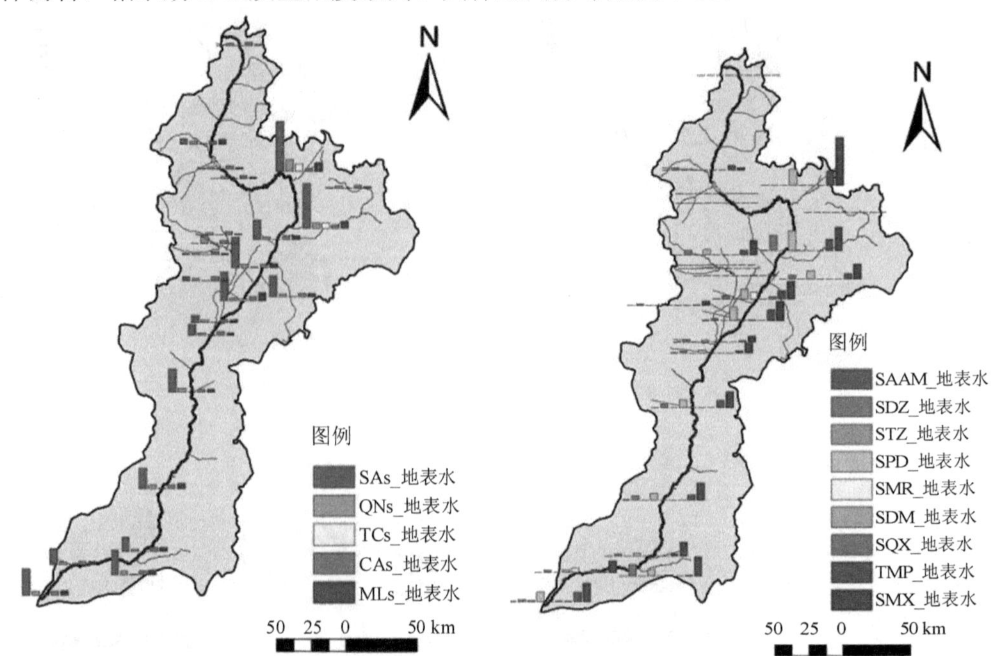

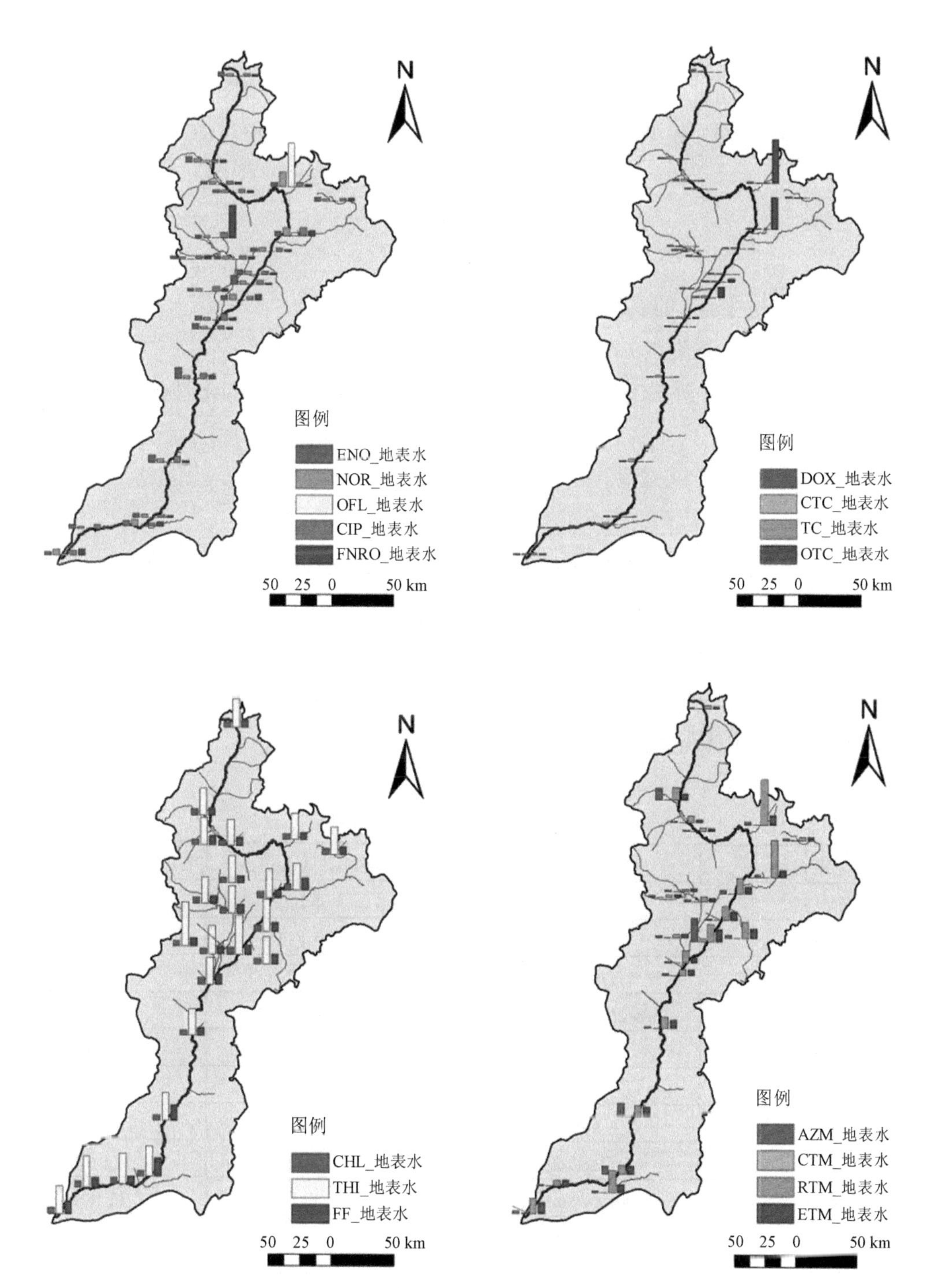

图 4-16　汾河流域枯水期地表水中抗生素质量浓度空间分布

4.5.2 风险评价

采用风险熵（RQ）模型对水体中抗生素的生态风险进行评价。RQ 值由以下公式计算[22]：

$$RQ_i = \frac{MEC_i}{PNEC_{wat\text{-}i}} \tag{4-4}$$

式中：MEC_i——抗生素 i 的实测浓度；

$PNEC_{wat\text{-}i}$ ——抗生素 i 在地表水中的预测无效应浓度。

预测无效应浓度（$PNEC_{wat\text{-}i}$）是通过查阅文献，获取抗生素的毒性系数，按照以下公式计算的[23]：

$$PNEC_{wat\text{-}i} = \frac{EC_{50\text{-}i}}{AF} \tag{4-5}$$

式中：$EC_{50\text{-}i}$ ——抗生素 i 对敏感生物的中位有效毒性浓度，通过文献获取；

AF ——有效因子，取值为 1 000[24]。

用于计算 PNEC 的毒性数据 EC_{50} 是取收集文献的最低值，见表 4-12。为了更好地量化抗生素的风险水平，将 RQ 分为 4 个风险水平：RQ＜0.01 为无显著风险；RQ 在 0.01～0.1 为低风险；RQ 在 0.1～1 为中等风险；RQ＞1 为高风险[25]。

表 4-12 风险计算基准参考值

抗生素名称	敏感生物	EC_{50} /（mg/L）	$PNEC_{wat}$[26-43] /（ng/L）
SAAM	*algae*	4 730	4 730 000
SDZ	*M. aeruginosa*	0.135	135
STZ	*Daphnia magna*	8.2	8 200
SPD	*Chlorella fusca* var. *vacuolata*	5.28	5 280
SMR	*L. gibba*	1.27	1 270
SX	*Danio rerio*	109.16	109 160
SDM	*Lemna gibba*	0.445	445
SQX	*Daphnia magna*	131	131 000
TMP	*Anabaena variabilis*	11	11 000
SMX	*S. leopoliensis*	0.03	30
ENO	*M. wesenbergii*	0.038	38
NOR	*M. wesenbergii*	0.038	38
OFL	*M. aeruginosa*	0.02	20
CIP	*M. aeruginosa*	0.02	20
ENRO	*M. aeruginosa*	0.05	50

抗生素名称	敏感生物	EC_{50} /（mg/L）	$PNEC_{wat}$[26-43] /（ng/L）
DOX	*Lemna gibba*	0.316	316
CTC	*M. aeruginosa*	0.05	50
TC	*M. aeruginosa*	0.09	90
OTC	*M. aeruginosa*	0.23	230
CHL	*Desmodesmus subspicatus*	0.13	130
THI	*Microcystis aeruginosa*	0.32	320
FF	*Pseudokirchneriella subcapitata*	2.3	2 300
AZM	多物种均值	3.2	3 200
CTM	*Pseudokirchneriella subcapitata*	0.002	2
RTM	*P. subcapitata*	0.01	10
ETM	*P. subcapitata*	0.2	200

在丰水期，汾河流域抗生素总体为中风险，其中 CAs 为低风险，其他四类均为中风险。其中，SAs 中仅磺胺嘧啶和磺胺甲恶唑存在风险，其他大类中仅强力霉素、氟苯尼考以及克拉霉素无风险，其他类别均存在不同水平的风险。低风险类别包含 SAs 中的磺胺嘧啶、TCs 中的金霉素和土霉素以及 CAs 中的氯霉素和甲砜霉素、MLs 中的阿奇霉素和红霉素；中风险物质包含 QNs 的 5 种抗生素和四环素；高风险物质占 8%，为磺胺甲恶唑和罗红霉素。

丰水期抗生素风险空间分布见图 4-17。汾河流域所有区域均存在不同水平的风险，其中干流上游、文峪河上游以及磁窑河为低风险区域，其他均为中风险区域，尤其在汾河中游、岚河、文峪河、太榆退水渠和杨兴河风险较高。

MLs 和 QNs 为主要的风险类别。其中，MLs 在全流域上均为中风险、高风险级别，QNs 在 87%的区域上为中风险、高风险。二者的高风险区域分布情况为：QNs 在 26.1%的区域上存在高风险，绝大多数高风险区域位于支流，如岚河、杨兴河、太榆退水渠、文峪河，干流上仅在中游 S14 存在高风险；MLs 在 8.7%的区域存在高风险，高风险区域均位于支流，分别为杨兴河和太榆退水渠；说明支流抗生素风险高，尤其是在太原附近的杨兴河及太榆退水渠。中风险区域分布情况为：QNs 和 MLs 的中风险区域占比分别达到 60.9%和 91.3%，仅在汾河源头、文峪河上游以及磁窑河未发现 QNs 风险的存在。

SAs、TCs 和 CAs 无高风险区域存在，中风险区域占比也相对较低，其中 SAs 和 TCs 中风险区域占比较为接近，分别为 39.1%和 34.8%，CAs 仅在 8.7%的区域存在中风险。

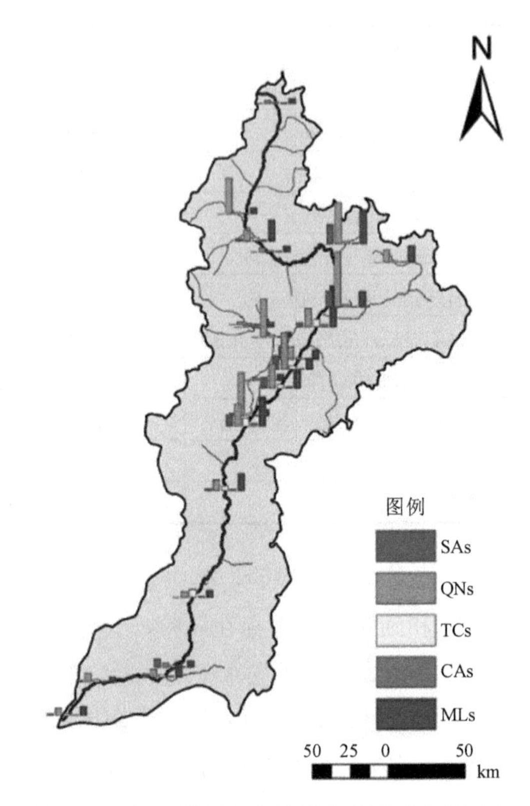

图 4-17 汾河流域丰水期抗生素风险空间分布

在枯水期，抗生素总体同样为中风险，其中 TCs 和 CAs 为低风险，其他三类均为中风险。有 62%的物质存在风险，SAs 中仅磺胺嘧啶、磺胺吡啶和磺胺甲恶唑存在风险，其他无风险，其次四环素、氟苯尼考和阿奇霉素也无风险。SAs、CAs 和 MLs 中各有 1 种低风险物质，分别为磺胺吡啶、氯霉素、红霉素；TCs 中有 3 种低风险物质，包括强力霉素、金霉素以及土霉素。中风险物质集中在 QNs，其 5 种都是中风险；另外，磺胺嘧啶、甲砜霉素和克拉霉素也为中风险。高风险物质同样为磺胺甲恶唑和罗红霉素。

枯水期抗生素风险空间分布见图 4-18。在枯水期，汾河流域所有区域均存在风险，杨兴河为高风险区域，其他均为中风险区域。风险最高的物质类别为 MLs，其高风险区域占比达 35%，其他区域全部为中风险区域；其次，QNs 在全流域除杨兴河为高风险区域外，其他均为中风险区域；SAs 的高风险区域占 9%，分别分布在杨兴河和太榆退水渠，中风险区域占 61%，基本分布在各支流及中下游区域；TCs 和 CAs 风险相对较低，仅四环素在杨兴河、太榆退水渠存在中风险区域，其他均为低风险区域。

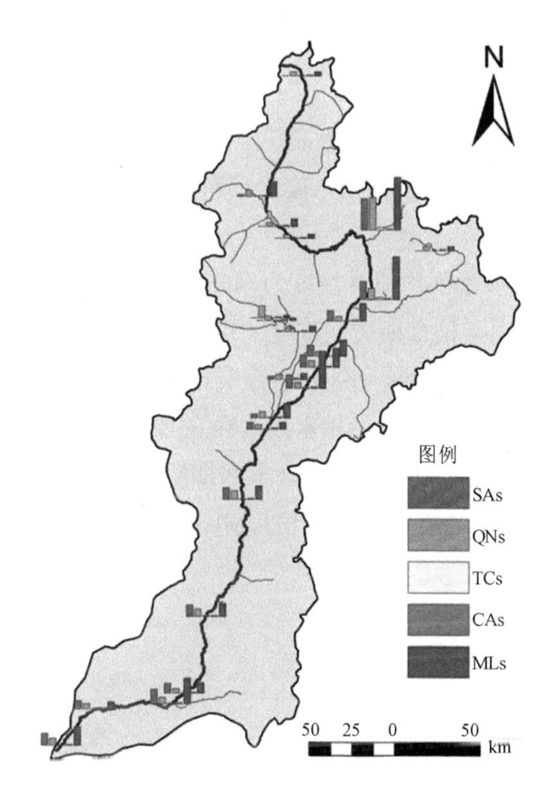

图 4-18 汾河流域枯水期抗生素风险空间分布

汾河流域抗生素在丰水期检出 23 种，质量浓度范围为 114～1 106 ng/L，枯水期检出 25 种，质量浓度范围为 130～1 615 ng/L。其中，SAs 为浓度最高的类别。中游区域、杨兴河和太榆退水渠中抗生素浓度均较高，下游区域及其他支流浓度次之，支流上游和干流上游的浓度均为最低。汾河流域抗生素在枯水期的风险总体高于丰水期，其中磺胺甲恶唑和罗红霉素达到高风险。

4.6 小结

16 种 PAHs 在汾河流域的浓度处于中等偏上污染水平，中游较高，相对较高的区域主要位于汾河流域中游太榆退水渠和祥云桥西暗渠退水渠，2 环和 3 环占其总量的 31.7%～64.8%，总体为 3 环>2 环>4 环>5 环>6 环。7 种 PCBs 的浓度属于中等污染水平，相对较高的区域主要集中在中游地区的干流和支流；这些区域分布了大量的工业企业及工业园区，说明 PCBs 组分主要受当地污染排放的影响。6 种 PAEs 的浓度均处于中等偏下污染水平，空间分布表现为支流污染程度高于干流，DBP 和 DEHP 是主要污染物。

汾河流域雌激素单体 E1 的检出浓度水平和检出率均为最高，丰水期的浓度低于枯水期，干流上游的浓度低于中游、下游，支流浓度要普遍高于其在附近干流中的浓度；E2在干流中游的浓度高于上游和下游；E3 在下游的浓度高于上游和中游。雌激素结合体E1-3S 和 E2-3S 在干流中游和下游的浓度高于上游，干流 E2-3S 的浓度普遍高于 E1-3S的浓度；类雌激素活性物质 BPA 的检出浓度水平和检出率较高，丰水期的浓度低于枯水期，中游干流的浓度总体较高。

汾河流域地表水中抗生素平均质量浓度为 466 ng/L，与其他地区相比，处于中等偏高的水平。总体而言，抗生素枯水期质量浓度（531 ng/L）高于丰水期（401 ng/L），丰枯两期主要类别均为 SAs，其次为 QNs 和 MLs，三类抗生素基本占到两期抗生素总量的 80%以上，为汾河流域的主要抗生素类别。但枯水期 SAs 的质量浓度（304 ng/L）和占比（57.2%）都明显高于丰水期（118 ng/L，29.5%）；QNs 丰水期质量浓度和占比（107 ng/L，26.6%）比枯水期（69.7 ng/L，13.1%）高出将近 1 倍；MLs 与 QNs 类似，丰水期均比枯水期高出 1 倍。

第 5 章　汾河流域水生生物调查

为进一步了解汾河流域水生生物分布情况，根据环境保护部发布的《水质　采样技术指导》（HJ 494—2009）、《水质　采样方案设计技术规定》（HJ 495—2009），水利部发布的《水库渔业资源调查规范》（SL 167—2014）以及《流域生态健康评估技术指南》（2014年修订）等，并结合水库及河流实际情况，对汾河流域水生生物进行丰、枯两期采样。调查内容包括浮游植物、底栖动物和鱼类，在定性、定量采样分析的基础上，计算其丰度、生物量等指标，并进一步计算生物多样性指数等指标，以评估汾河流域水生生物健康状况。

5.1　浮游植物组成及分布特征

5.1.1　布点及采样

分别于 2018 年丰水期和 2018 年枯水期，对河流水生生物进行现场监测与调查，选取具有代表性的汾河上中游流域为采样区域，长度为 484.5 km。根据实际情况设置浮游植物采样点 14 个（见表 5-1），浮游植物采样点都分布在研究区一级支流、干流以及支流汇入处、水库等典型区域。

表 5-1　浮游植物采样点

点位		H'	
		丰水期	枯水期
S1	雷鸣寺	中污染	中污染
S2	头马营引黄汇前	中污染	中污染
S3	头马营引黄汇后	中污染	中污染
S4	洪河汇口	中污染	中污染
S5	静乐	中污染	中污染
S6	河岔	中污染	中污染
S7	汾河水库库首	中污染	重污染

点位		H'	
		丰水期	枯水期
S8	汾河水库库中	中污染	中污染
S9	汾河水库库尾	中污染	重污染
S10	洪河支流	轻污染	中污染
S11	鸣水河支流	中污染	中污染
S12	东碾河支流	轻污染	中污染
S13	岚河支流	轻污染	轻污染
S14	涧河支流	中污染	中污染

5.1.2 试验材料和分析方法

采集浮游植物定量样品时，使用有机玻璃采水器采集混合水样 1 L，装入 1 L 样品瓶中，立即使用鲁哥氏液（Lugol's solution）固定采集所得水样，比例为 1 L 水加约 10 mL 鲁哥氏液。为便于长期保存，加入终浓度约为 1%的甲醛溶液。水样经两次 24 h 沉淀、浓缩，定容至 30～50 mL。定性样品的采集方法为：用 25 号浮游生物网在水面划“∞”形捞取样品，收集网内过滤后留存的样品至 100 mL 标本瓶，加 10%甲醛保存[44-46]。

浮游植物标本的采集及处理依据《内陆水域渔业自然资源调查手册》、《淡水生物资源调查方法》（中国科学院水生生物研究所）、《中国生态系统研究网络观测与分析标准方法——湖泊生态调查观测与分析》以及《湖泊采样技术指导》（GB/T 14581—93）进行[47-49]。

使用浮游生物计数框对浮游植物细胞数进行计数。计数采用视野法。预先测定所使用光学显微镜在 40×物镜下的视野直径，如 D=505 μm，则视野面积 $S = \pi D^2/4$=192 442 μm^2。

对每个浮游植物种类，测量足够数量的个体（一般 30 个）的长、宽、厚，根据相应几何形状计算出平均体积。因藻类的比重接近 1，所以由体积可直接换算为湿重。然后将计数所得细胞密度（10^6 个/L）换算为生物量（mg/L）。

种类鉴定主要参考《中国淡水藻类——系统、分类及生态》、《中国淡水藻类志》、《中国西藏硅藻》和《淡水浮游生物研究方法》[50,51]。

5.1.3 浮游植物组成及分布特征

（1）浮游植物组成

丰水期调查期间，共鉴定出蓝藻门、绿藻门、硅藻门、甲藻门、隐藻门、裸藻门、金藻门 7 个门类，共计 54 种，以硅藻的种类数最多，有 26 种，占 48.1%；其次为绿藻，有 17 种，占 31.5%；隐藻 4 种，占 7.4%；蓝藻 3 种，占 5.6%；甲藻 2 种，占 3.7%；裸藻、金藻各 1 种，均占 1.9%。见图 5-1（a）。

枯水期调查期间，共鉴定出蓝藻门、绿藻门、硅藻门、甲藻门、隐藻门、金藻门 6 个门类，共计 40 种，以硅藻的种类数最多，有 22 种，占 55.0%；其次为绿藻，有 11 种，占 27.5%；蓝藻、甲藻、隐藻各 2 种，均占 5.0%；金藻 1 种，占 2.5%。见图 5-1（b）。

丰水期浮游植物种类多于枯水期，主要门类构成相似，种类占绝对优势的均为硅藻，其次为绿藻。绿藻喜欢较温暖的水体，硅藻喜欢较冷的环境，故枯水期中硅藻门的种类占比（55%）和生物量（9.433 1 mg/L）均大于丰水期中硅藻门的种类占比（48%）和生物量（7.314 1 mg/L）。

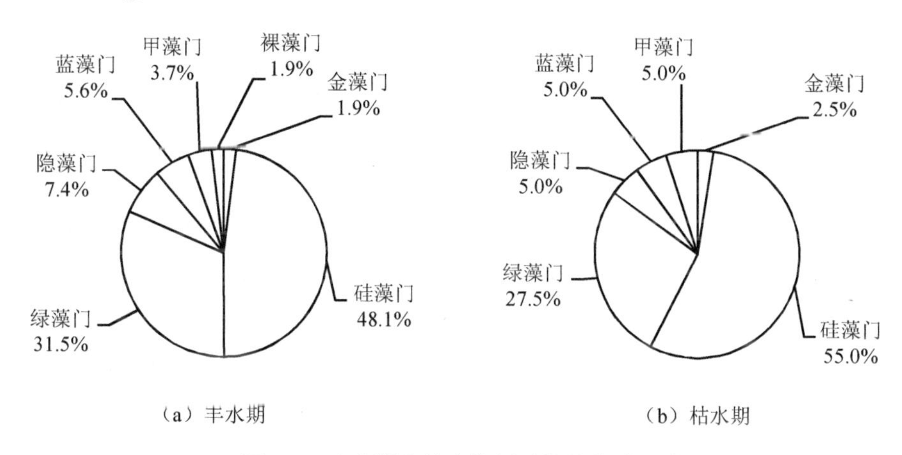

图 5-1 丰水期和枯水期浮游植物物种组成

（2）浮游植物细胞丰度、生物量

所有采样点丰水期、枯水期的浮游植物细胞丰度和生物量见图 5-2。

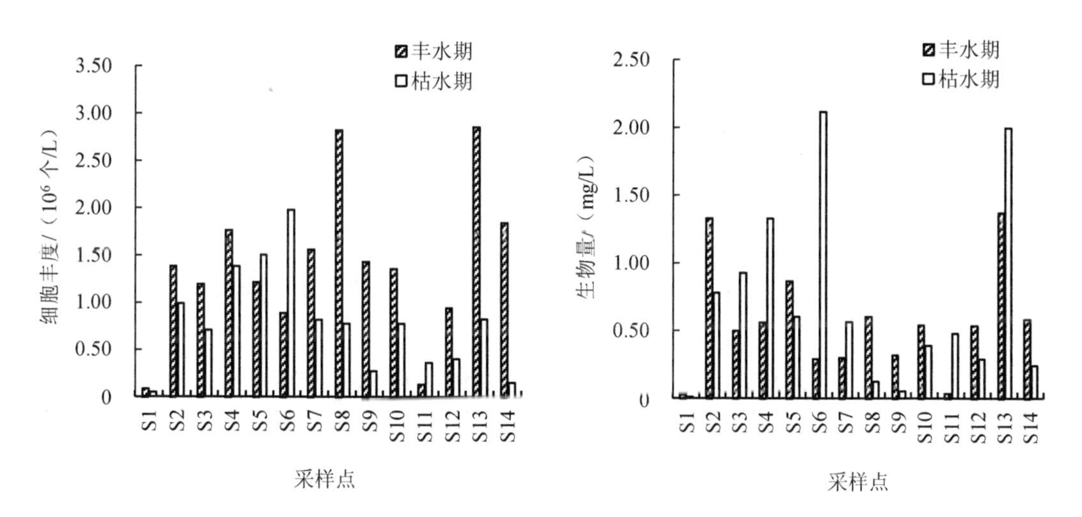

图 5-2 丰水期、枯水期浮游植物细胞丰度和生物量分布

表 5-2 丰水期、枯水期浮游植物细胞丰度、生物量范围

类型	丰水期		枯水期	
	细胞丰度/(10^6 个/L)	生物量/(mg/L)	细胞丰度/(10^6 个/L)	生物量/(mg/L)
最大值	2.860 6	1.373 6	1.979 8	2.119 0
最小值	0.086 7	0.026 2	0.048 0	0.012 0
均值	1.392 7	0.562 7	0.784 0	0.707 5

由表 5-2 可知，丰水期浮游植物细胞丰度变化范围为 0.0867×10^6～2.8606×10^6 个/L，平均值为 1.3927×10^6 个/L。细胞丰度居于前 3 位的依次为硅藻门、绿藻门、蓝藻门。空间上表现为 S8 采样点（汾河水库库中）、S13 采样点（岚河）、S14 采样点（涧河）的细胞丰度高，S1 采样点（雷鸣寺）、S11 采样点（鸣水河）、S6 采样点（河岔）、S12 采样点（东碾河）的细胞丰度低。

枯水期浮游植物细胞丰度变化范围为 0.0480×10^6～1.9798×10^6 个/L，平均值为 0.7840×10^6 个/L。细胞丰度居于前 3 位的依次为硅藻门、绿藻门、蓝藻门。空间上表现为 S6 采样点（河岔）、S5 采样点（静乐）、S4 采样点（洪河汇口）的细胞丰度高，S1 采样点（雷鸣寺）、S14 采样点（涧河）、S9 采样点（汾河水库库尾）的细胞丰度低。

丰水期调查中，浮游植物生物量变化范围为 0.026 2～1.373 6 mg/L，平均值为 0.562 7 mg/L。最低的生物量出现在 S1 采样点（雷鸣寺）；最高的生物量出现在 S12 采样点（东碾河）。硅藻门的生物量占绝对优势。

枯水期调查中，浮游植物生物量变化范围为 0.012 0～2.119 0 mg/L，平均值为 0.707 5 mg/L。最低的生物量出现在 S1 采样点（雷鸣寺）；最高的生物量出现在 S6 采样点（河岔）。硅藻门的生物量占绝对优势。

（3）浮游植物多样性指数分析比较

Shannon-Wiener 多样性指数（H'）计算公式为：

$$H' = \sum_{i=1}^{S} P_i \ln P_i \tag{5-1}$$

式中：P_i——i 物种个体数占总个体数比例。

丰水期、枯水期 Shannon-Wiener 多样性指数（H'）计算结果见表 5-3。

表 5-3 浮游植物 Shannon-Wiener 多样性指数范围

类型	H'	
	丰水期	枯水期
最大值	2.303 3	2.287 9
最小值	1.172 4	0.849 2
均值	1.763 3	1.377 8

Shannon-Wiener 多样性指数介于 0.849 2～2.303 3，平均值为 1.570 6。就不同时期而言，丰水期 Shannon-Wiener 多样性指数在 1.172 4～2.303 3，平均值为 1.763 3；枯水期 Shannon-Wiener 多样性指数在 0.849 2～2.287 9，平均值为 1.377 8。丰水期 Shannon-Wiener 多样性指数大于枯水期，说明丰水期污染程度较枯水期轻。就各采样点而言，S1～S6 采样点位于汾河水库上游干流，水质波动较小；S10～S14 采样点位于汾河支流，除鸣水河外，其他支流在枯水期的水质明显劣于丰水期，可能是因为支流水流量小，水质受降水稀释影响较大。

汾河水库的点源污染主要包括汾河上游宁武、静乐、岚县、娄烦 4 个县城的城市污水处理厂出水以及上游干流、支流一些企业的排污口排放的工业废水。面源污染主要包括在水库汇水范围内的水土流失、农业面源污染以及水库上游畜禽养殖业排放的废水。

（4）优势度指数

优势度 Y 的计算公式为：

$$Y = f_i \cdot n_i / N \tag{5-2}$$

式中：N ——样品所有物种的总丰度；

n_i ——样品中第 i 个物种的总丰度；

f_i ——该物种在所有样品中出现的频率。若某物种 $Y \geqslant 0.02$，则认定为优势种。

通过计算得出，丰水期优势种包括小环藻、菱形藻、短小舟形藻、细小桥弯藻、扁圆卵形藻、纤细等片藻、短小曲壳藻，枯水期优势种包括小环藻、菱形藻、细小桥弯藻、纤细等片藻、短小曲壳藻。丰水期和枯水期共有的优势种为小环藻、菱形藻、细小桥弯藻、纤细等片藻、短小曲壳藻，优势种更替不明显。

5.2 底栖动物组成及分布特征

5.2.1 布点及采样

底栖动物采样点见表 5-4。

表 5-4　底栖动物采样点

序号	采样点名称	序号	采样点名称
1	雷鸣寺	6	岚河
2	洪河汇口	7	曲立
3	东碾河汇口	8	涧河大桥
4	静乐	9	寨上
5	河岔	10	柴村桥

序号	采样点名称	序号	采样点名称
11	晋阳湖	16	尹回水库
12	蔡庄水库	17	文峪河上游
13	子洪水库	18	文峪河汇口
14	乌马河	19	义棠
15	平遥铁桥		

5.2.2　试验材料和分析方法

底栖动物样品采集及处理依据《生物多样性观测技术导则　淡水底栖大型无脊椎动物》（HJ 710.8—2014）。使用索伯网（30 cm×30 cm，网孔直径 500 μm）在长 100 m 的采集区域内采集 3 个样，筛洗后将残渣和碎屑置于白瓷盘中，将底栖动物逐一拣出。用 10%甲醛溶液固定拣出的动物，回到实验室后再进行种类鉴定和计数。底栖动物的种类鉴定和摄食功能类群划分参考 Plafkin 等的方法（EPA 44414-89-001）。底栖动物标本的采集及处理依据《水生生物监测手册》《淡水浮游生物研究方法》《水质　样品的保存和管理技术规定》等。

5.2.3　底栖动物组成与分布特征

汾河流域典型底栖动物见图 5-3，底栖动物种类组成见图 5-4。

丰水期监测中，底栖动物密度平均值为 497.03 个/m^2。其中，乌马河密度值最高，为 2816 个/m^2；其次为文峪河汇口、静乐、岚河、义棠，密度分别为 1 392 个/m^2、1 248 个/m^2、896 个/m^2、816 个/m^2；其余采样点的密度值均低于义棠。底栖动物生物量平均值为 41.78 g/m^2。最大值出现在蔡庄水库，为 311.28 g/m^2；其次为子洪水库、文峪河上游、晋阳湖，生物量分别为 167.69 g/m^2、151.63 g/m^2、130.74 g/m^2；其余采样点的生物量均低于晋阳湖。

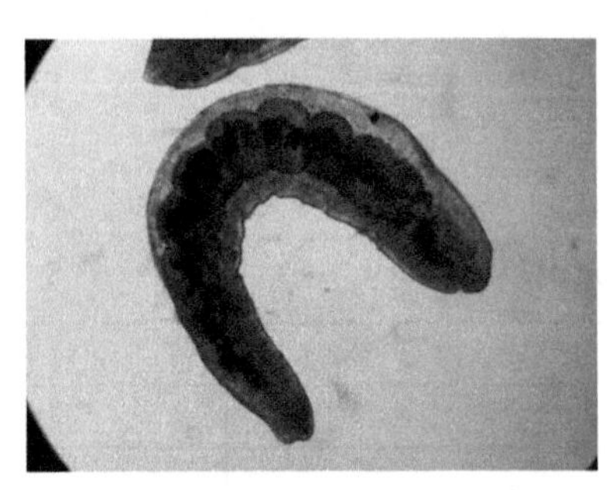

豹行仙女虫

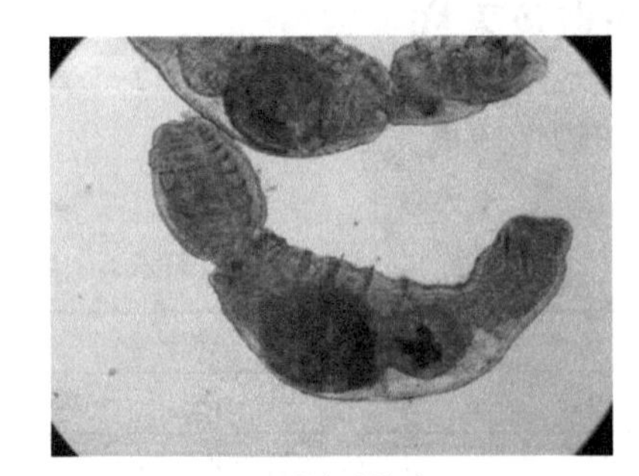

透清毛腹虫

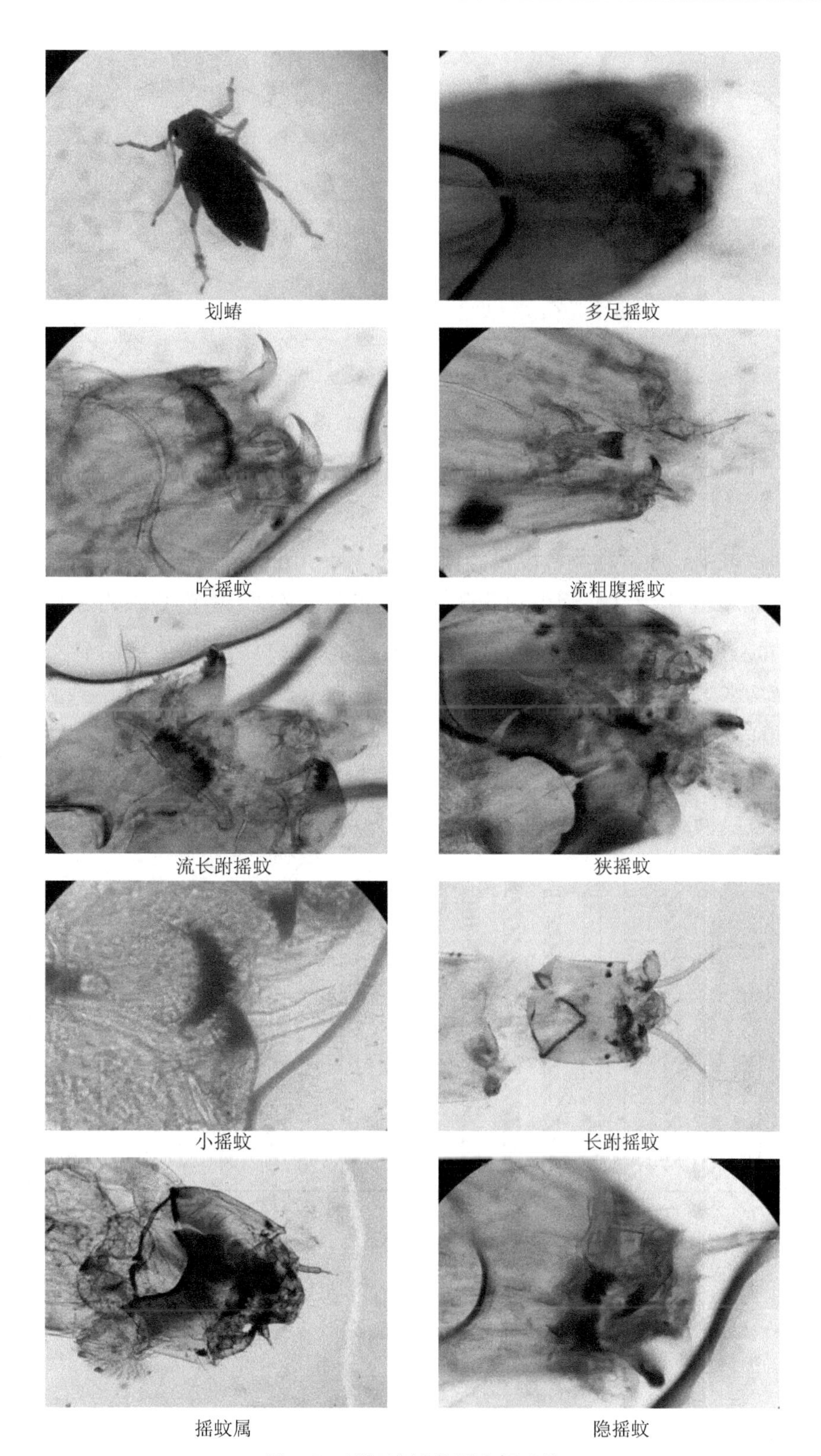

图 5-3 汾河流域典型底栖动物

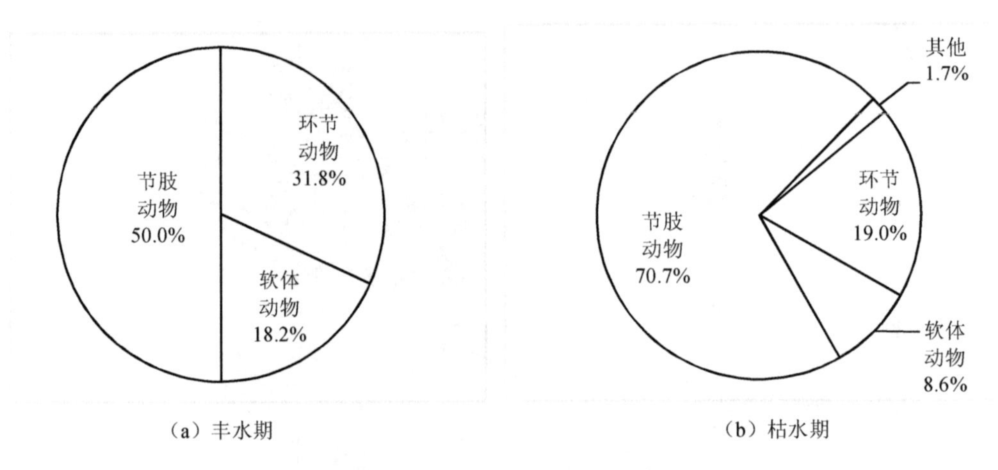

（a）丰水期　　（b）枯水期

图 5-4　底栖动物种类组成

枯水期监测中，底栖动物密度平均值为 10 499 个/m^2。其中，曲立密度值最高，为 $1.12×10^5$ 个/m^2，其次为文峪河汇口、乌马河、寨上、义棠，密度分别为 $3.1×10^4$ 个/m^2、$2.5×10^4$ 个/m^2、$2.2×10^4$ 个/m^2 和 $3.5×10^3$ 个/m^2；其余采样点的密度值均低于义棠。底栖动物生物量平均水平为 30.17 g/m^2。最大值也出现在曲立，为 213.33 g/m^2；其次为乌马河，其生物量同样处于较高水平，为 169.22 g/m^2；此外，文峪河汇口和义棠的生物量处于中间水平，分别为 69.61 g/m^2 和 29.91 g/m^2；其余采样点的生物量均低于义棠。丰水期、枯水期各采样点底栖动物密度占比和生物量占比分别见图 5-5 和图 5-6。

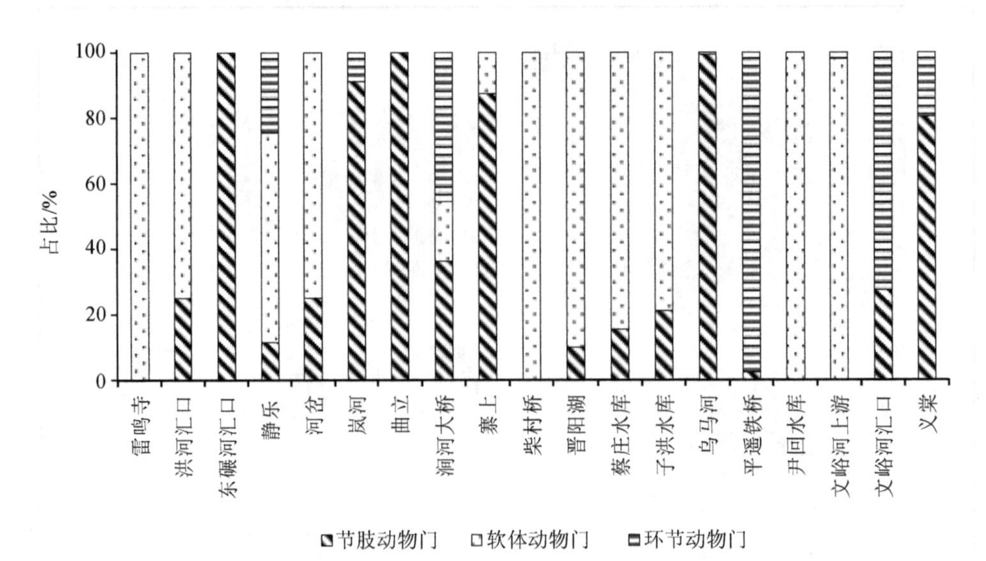

（a）丰水期

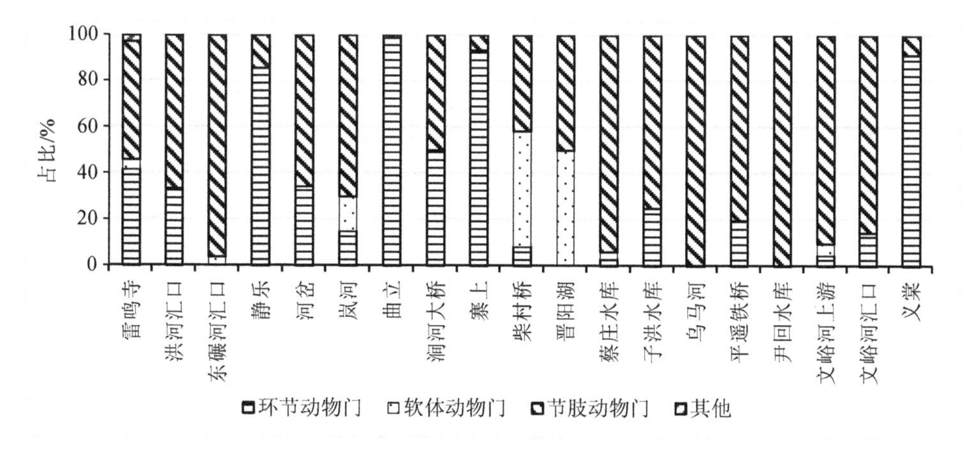

（b）枯水期

图 5-5　丰水期、枯水期底栖动物密度占比

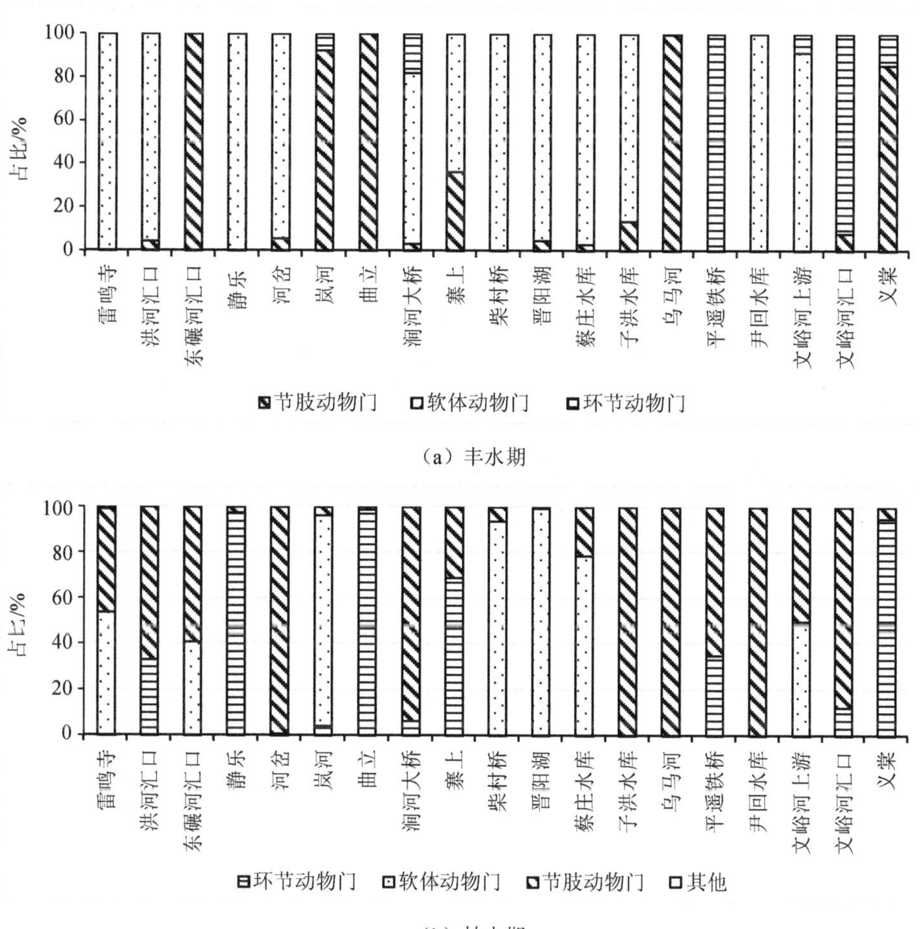

（b）枯水期

图 5-6　丰水期、枯水期底栖动物生物量占比

丰水期各采样点的底栖动物群落 Shannon-Wiener 多样性指数（H'）的平均值为 0.65。其中，涧河大桥的底栖动物 H'最高，为 1.47；其次为文峪河汇口，为 1.23。

枯水期各采样点的底栖动物群落 Shannon-Wiener 多样性指数（H'）的平均值为 1.04。其中，文峪河上游的底栖动物 H'最高，为 2.27；其次为岚河，为 1.85（见图 5-7）。

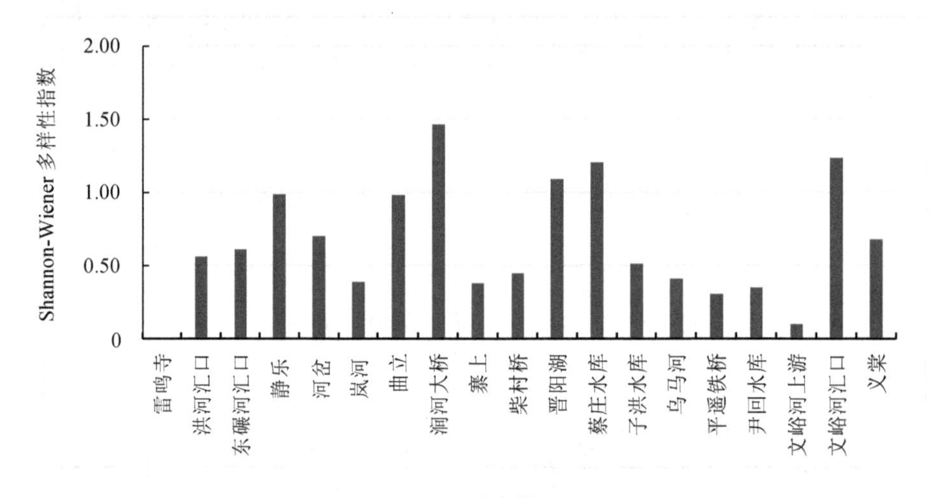

（a）丰水期

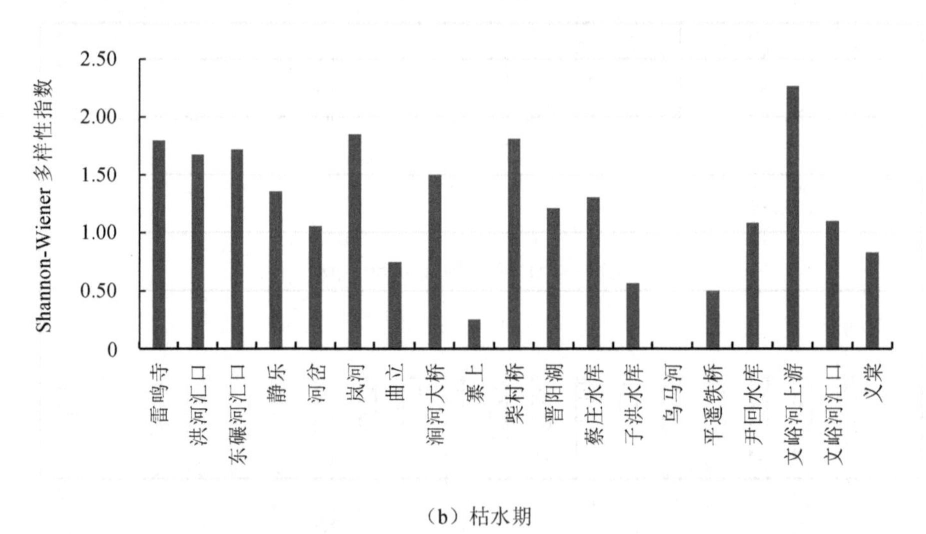

（b）枯水期

图 5-7 丰水期、枯水期底栖动物 Shannon-Wiener 多样性指数

综上可知，共采集到底栖动物 65 种，其中丰水期采集到 22 种、枯水期采集到 44 种，隶属于 3 门 4 纲 41 科。其中，环节动物 13 种，占 20.0%；软体动物 7 种，占 10.8%；节肢动物 44 种，占 67.7%；其他 1 种，占 1.5%。EPT（E 指 Ephemeroptera，P 指 Plecoptera，T 指 Trichoptera）类水生昆虫共 8 种，常见种为蜉蝣（*Ephemera* sp.）、四节蜉（*Baetis* sp.）、假二翅蜉（*Pseudocloeon* sp.）、细蜉（*Caenis* sp.）、扁蜉（*Heptagenia* sp.）、沼石蛾

（*Limnephilidae* sp.）、纹石蛾（*Hydropsyche* sp.）、多距石蛾（*Polycentropodidae* sp.）。摇蚊幼虫共 17 种，常见种为直突摇蚊 sp.1（*Orthocladius* sp.1）、直突摇蚊 sp.2（*Orthocladius* sp.2）、小摇蚊（*Microchironomus* sp.）、哈摇蚊（*Harnischia* sp.）、多足摇蚊 sp.1（*Polypedilum* sp.1）、多足摇蚊 sp.2（*Polypedilum* sp.2）。软体动物常见种为环棱螺（*Bellamya* sp.）、纹沼螺（*Parafossarulus striatulus*）、光滑狭口螺（*Stenothyra glabra*）、椭圆萝卜螺（*Radix swinhoei*）、圆扁螺（*Hippeutis* sp.）。

5.3 鱼类组成及分布特征

5.3.1 布点及采样

鱼类采样点见表 5-5。

表 5-5 鱼类采样点

序号	采样点名称	序号	采样点名称
1	雷鸣寺	13	寨上
2	头马营汇口	14	杨兴河上游
3	洪河汇口	15	杨兴河下游
4	鸣水河上游	16	柴村桥
5	鸣水河中游	17	潇河上游
6	东碾河上游	18	义棠
7	静乐	19	南关
8	岚河上游	20	段纯河上游
9	曲立	21	文峪河上游
10	涧河上游	22	文峪河汾阳段
11	涧河大桥	23	文峪河文水段
12	古交		

5.3.2 试验材料和分析方法

鱼类调查分可涉水河流和不可涉水河流。可涉水河流鱼类样品采集采用电鱼法，在每个采样点，1 人以背负式捕鱼器电捕，2 人手持捞网跟随，以“之”字形路线在可涉水区域进行捕捞。采集时间为 30 min，采样长度为 200 m，捕捞区域包括可涉水的深潭、浅滩、急流等不同生境。对鱼类采集后的标本在新鲜状态下进行鉴定，并统计不同物种的个体数和重量（精确到 0.1 g）。对于疑难种类，用 10%甲醛溶液固定后带回实验室鉴定。不可涉水河流采用电鱼法和问询法。鱼类标本的采集及处理依据《水生生物监测手册》《淡水浮游生物研究方法》《水质样品的保存和管理技术规定》等。

5.3.3 鱼类组成及分布特征

本研究在枯水期进行了鱼类监测，共调查到鱼类 25 种，隶属于 3 目 5 科，渔获物总数量为 2 627 尾，总重量为 19 570.73 g。

所有种类中，鲤科鱼类种类数最多为 18 种；其次是鳅科，为 4 种；鲇科、塘鳢科和鰕虎鱼科均仅为 1 种。23 个定量采样点中，种类最多的是静乐，为 13 种；而在杨兴河上游、杨兴河下游、段纯河上游、文峪河文水段 4 个采样点均未采集到鱼类。就 6 个定性采样点而言，在几个水库和晋阳湖均存在人工放养情况，养殖对象以鲢（*Hypophthalmichthys molitrix*）、鳙（*Aristichthys nobilis*）等四大家鱼为主。汾河流域典型鱼类及部分断面监测情况见图 5-8，鱼类标准化多样性指数见表 5-6。

鲫
小黄黝鱼
棒花鱼
陕西高原鳅
达里湖高原鳅
泥鳅
似铜鮈
马口鱼
鲇
细鳞斜颌鲴
麦穗鱼
洛氏鲅
中华鳑鲏
棒花鮈
鰕虎鱼

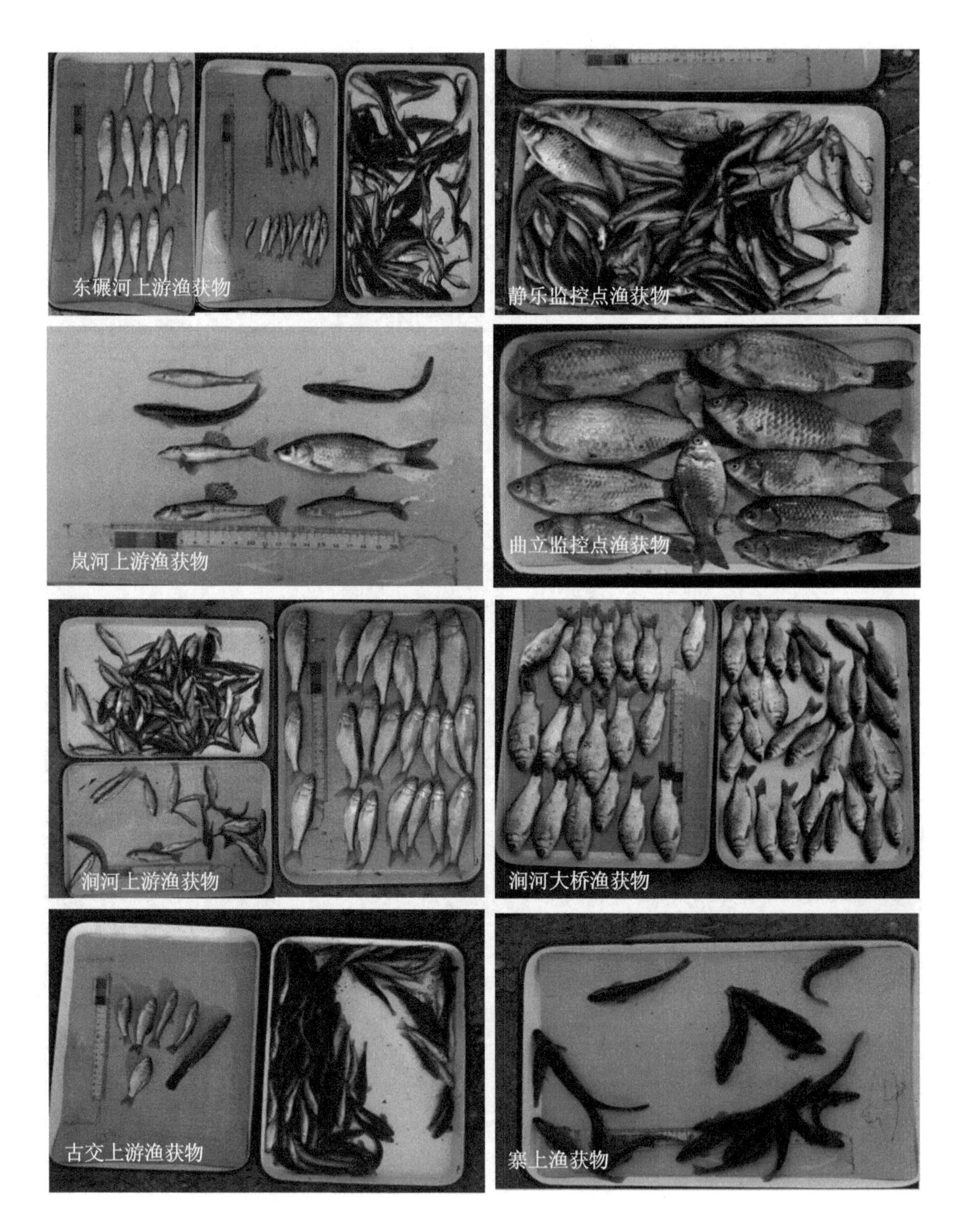

图 5-8 汾河流域典型鱼类及部分断面监测情况

表 5-6　鱼类标准化多样性指数

采样点	标准化多样性指数		
	总分类单元数	Shannon-Wiener 多样性指数	优势度指数
雷鸣寺	0.25	0.32	0.33
头马营汇口	0.42	0.44	0.27
洪河汇口	0.67	0.75	0.59
鸣水河上游	0.17	0.09	0.05
鸣水河中游	0.17	0.33	0.43
东碾河上游	0.75	0.81	0.58
静乐	1.08	0.95	0.56
岚河上游	0.50	0.64	0.55
曲立	0.17	0.32	0.40
涧河上游	0.58	0.86	0.78
涧河大桥	0.67	0.80	0.71
古交	0.42	0.17	0.07
寨上	0.17	0.10	0.05
杨兴河上游	0.00	0.00	1.00
杨兴河下游	0.00	0.00	1.00
柴村桥	0.42	0.57	0.50
潇河上游	0.42	0.26	0.14
义棠	0.08	0.00	0.00
南关	0.08	0.00	0.00
段纯河上游	0.00	0.00	1.00
文峪河上游	0.33	0.39	0.27
文峪河汾阳段	0.17	0.10	0.06
文峪河文水段	0.00	0.00	1.00

5.4　小结

汾河流域水生生物调查结果表明丰水期浮游植物为 7 门 54 种，优于枯水期的 6 门 40 种，两期都以硅藻门为主要优势群体，其次为绿藻门。底栖动物调查中，枯水期鉴定出 58 种，隶属于 4 门 6 纲 38 科。其中，环节动物 11 种，占 19.0%；软体动物 5 种，占 8.6%；节肢动物 41 种，占 70.7%；其他 1 种，占 1.7%。丰水期鉴定出 22 种，隶属于 3 门 4 纲 15 科。其中，环节动物 7 种，占 31.8%；软体动物 4 种，占 18.2%；节肢动物 11 种，占 50.0%。共采集到鱼类 25 种，渔获物总数量为 2 627 尾，总重量为 19 570.73 g，隶属于 3 目 5 科。其中，鲤科鱼类种类数最多，为 18 种；其次是鳅科，为 4 种。

第 6 章　汾河流域生态系统健康状况评估

6.1　流域健康评估指标体系建立

长期以来，在汾河流域的开发建设中，由于忽略了经济建设与环境协调发展的关系，致使汾河水体受到污染，植被破坏、水土流失加剧、土地退化等已严重影响流域生态系统的健康和流域经济的健康发展。如何通过调整人类对汾河的行为方式，逐步恢复和维持汾河健康，支撑流域经济社会的可持续发展，是人们关注和思考的焦点。为此，构建汾河流域健康评估指标体系，定期开展汾河健康状况评估，科学判断汾河健康状况及存在的问题，制定科学合理的汾河健康保障措施，对维持汾河健康生命、建设流域生态文明具有十分重要的意义。本章选择具有代表性的汾河上中游流域开展了生态系统健康状况评估，各类数据来源于遥感数据解译计算和实际布点采样监测。

6.1.1　基于《流域生态健康评估技术指南（试行）》的指标体系的建立

依据《流域生态健康评估技术指南（试行）》，通过调查汾河流域的地理概况、社会经济概况、流域生态系统、流域水环境质量和污染负荷，并统计收集汾河流域社会经济、历史、生态、水文等资料，使用环境监测以及遥感等技术手段，了解流域概况和存在的主要问题，以水域和陆域为评估对象分析评估汾河流域的健康状况。数据来源为现场调查、实测，各类统计公报及相关统计信息。

（1）水域生态系统

水域生态健康状态指标包括水质状况指数、枯水期径流量占同期年均径流量比例和河道连通性等生境结构指标，大型底栖动物多样性综合指数、鱼类物种多样性综合指数和特有性或指示性物种保持率等水生生物指标。

①水质状况指数。

指标解释：流域Ⅲ类及以上等级水质监测断面占流域全部监测断面数的比例。湖泊水库型流域需增加富营养化指标。

2015 年研究区自行监测中，Ⅲ类水断面为 6 个，总监测断面数为 24 个；从 2015 年水文公报查得汾河水库富营养化指数为 57.1，汾河二库富营养化指数为 58.8。计算结果为 41.3，一般。

②枯水期径流量占同期年均径流量比例。

指标解释：反映流域（调洪）补枯的功能，衡量河流生态需水量的满足程度。

从水文部门获取 2015 年枯水期以及年均径流量值，数据见表 6-1。计算结果为 89.18，优秀。

表 6-1 2015 年研究区干流水利站点平均流量统计 单位：m^3/s

水利站点	3 月平均	4 月平均	5 月平均	年均值
宁化	1.47	15.7	17.3	9.41
静乐	3.29	17.0	19.1	11.9
汾河水库	40.0	30.7	16.9	11.9
寨上	39.9	31.0	17.4	12.4
兰村	26.9	25.2	12.8	9.18
二坝	9.55	15.8	14.9	8.32
义棠	2.12	23.7	25.0	16.4
赵城	3.20	21.1	27.2	14.5
均值	19.05			11.75

③河道连通性。

指标解释：河道连通性是指自然河道的连通状况。受人类活动尤其是水电站、大坝及其他水利工程的干扰，河流上下游的纵向连续性中断，对其自净能力以及生物洄游通道产生不利影响。利用每百公里河道的闸坝个数评估河道的连通性。研究区内有闸坝 3 个、水电站 2 个。计算结果为 89.18，优秀。

④大型底栖动物多样性综合指数。

指标解释：选取反映大型底栖动物多样性的多个指标进行综合评估，表征大型底栖动物的物种完整性状况。利用指标包括：a. 大型底栖动物分类单元数（S）；b. 大型底栖动物 EPT 科级分类单元比（EPTr-F）；c. 大型底栖动物 BMWP 指数（BMWP）；d. 大型底栖动物 Berger-Parker 优势度指数（D）。首先进行指标的标准化，然后计算 4 个指标的算术平均值。

数据来源：实地监测。结果见表 6-2。计算结果为 31.15，较差。

表6-2 研究区大型底栖动物多样性综合评估

采样点	S	EPTr-F	BMWP	D	综合指数
雷鸣寺	0.820	0.10	0.27	0.80	0.50
头马营汇口下游	0.492	0.36	0.23	0.54	0.41
洪河汇流下游	0.492	0.36	0.10	0.85	0.45
鸣水河上游	0.328	0.23	0.14	0.20	0.22
鸣水河污染源	0.246	0.36	0.09	0.32	0.25
东碾河上游	0.738	1.00	0.31	0.66	0.68
静乐监控点	0.492	0.36	0.09	0.81	0.44
河岔	0.328	0.36	0.09	0.56	0.33
岚河上游	0.574	0.17	0.22	0.96	0.48
曲立	0.246	0.04	0.04	0.51	0.21
涧河上游	0.410	0.23	0.16	0.53	0.33
涧河大桥	0.410	0.04	0.10	0.69	0.31
古交上游	0.246	0.77	0.09	0.25	0.34
寨上	0.082	0.04	0.04	0.09	0.06
阳曲上游	0.164	0.04	0.02	0.23	0.11
柴村桥	0.574	0.04	0.11	0.80	0.38
小店桥	0.246	0.04	0.04	0.20	0.13
晋阳湖	0.246	0.04	0.02	0.69	0.25
蔡庄水库	0.574	0.04	0.28	0.50	0.35
晋中上游	1.557	1.00	0.59	0.43	0.89
温南社	0.000	0.04	0.01	0.00	0.01
庞庄水库	0.410	0.04	0.02	0.51	0.25
子洪水库	0.082	0.04	0.01	0.34	0.12
祁县下游	0.000	0.04	0.02	0.00	0.02
平遥铁桥	0.082	0.04	0.04	0.27	0.11
尹回水库	0.328	0.04	0.02	0.73	0.28
文峪河上游	0.902	0.77	0.41	0.98	0.76
文水上游	0.656	0.04	0.10	1.10	0.47
文水下游	0.328	0.04	0.10	0.57	0.26
汾阳上游	0.656	0.77	0.21	0.72	0.59
汾阳下游	0.246	0.04	0.04	0.78	0.27
孝义下游	0.328	0.04	0.04	0.43	0.21
义棠	0.492	0.04	0.04	0.38	0.24
灵石下游	0.328	0.04	0.10	0.32	0.19
段纯河上游	0.410	0.04	0.09	0.43	0.24
南关	0.082	0.04	0.02	0.19	0.08
均值	40.53	21.13	11.93	51.01	31.15

⑤鱼类物种多样性综合指数。

指标解释：选取反映鱼类物种多样性的多个指标进行综合评估，表征鱼类的物种完整性状况。利用指标包括：a. 鱼类总分类单元数（*S*）；b. 鱼类 Shannon-Wiener 多样性指数（*H*）；c. 鱼类 Berger-Parker 优势度指数（*D*）。首先进行指标的标准化，然后计算 3 个指标的算术平均值。

数据来源：实地监测，详见表 6-3。计算结果为 36.66，较差。

表 6-3 研究区鱼类物种多样性综合评估

采样点	*S*	*H*	*D*	综合指数
柴村桥	0.417	0.565	0.500	0.494
雷鸣寺	0.250	0.323	0.328	0.300
头马营汇口	0.417	0.435	0.265	0.372
鸣水河上游	0.167	0.091	0.047	0.102
鸣水河中游	0.167	0.328	0.429	0.308
洪河汇流后	0.667	0.745	0.590	0.667
东碾河上游	0.750	0.808	0.577	0.712
静乐监控点	1.083	0.947	0.563	0.864
岚河上游	0.500	0.640	0.548	0.563
曲立监控点	0.167	0.324	0.400	0.297
涧河上游	0.583	0.864	0.777	0.741
涧河大桥	0.667	0.800	0.714	0.727
古交上游	0.417	0.168	0.072	0.219
寨上	0.167	0.095	0.050	0.104
阳曲河上游	0.000	0.000	1.000	0.333
阳曲河下游	0.000	0.000	1.000	0.333
灵石南关	0.083	0.000	0.000	0.028
段纯河上游	0.000	0.000	1.000	0.333
义棠	0.083	0.000	0.000	0.028
汾阳下游	0.167	0.103	0.056	0.108
文水下游	0.000	0.000	1.000	0.333
文峪河上游	0.333	0.394	0.273	0.333
潇河上游	0.417	0.257	0.135	0.269
潇河下游	0.167	0.270	0.250	0.229
标准化均值	31.94	33.99	44.05	36.66

⑥特有性或指示性物种保持率。

指标解释：反映河流特有性或指示性物种以及珍稀濒危物种的保护状况。以历史数据为基准，进行比对分析。

监测结果中底栖动物优势物种及鱼类优势物种分别见表 6-4 和表 6-5。

表 6-4　研究区底栖动物优势物种

门	纲	科	属或种
环节动物门（Annelida）	寡毛纲（Oligochaeta）	仙女虫科（Naididae）	豹行仙女虫（*Nais pardalis*）
			哑口仙女虫（*Nais elinguis*）
			双齿钩仙女虫（*Uncinais uncinata*）
			费氏拟仙女虫（*Paranais frici*）
		颤蚓科（Tubificidae）	霍甫水丝蚓（*Limnodrilus hoffmeisteri*）
			中华河蚓（*Rhyacodrilus sinicus*）
			苏氏尾鳃蚓（*Branchiura sowerbyi*）
		扁蜷螺科（Pianorbidae）	圆扁螺（*Hippeutis* sp.）
节肢动物门（Arthropoda）	甲壳纲（Crustacea）	长臂虾科（Palaemonidae）	沼虾（*Macrobrachium* sp.）
	昆虫纲（Insecta）	摇蚊科（Chironomidae）	流粗腹摇蚊（*Rheopelopia* sp.）
			摇蚊属（*Chironomus* sp.）

表 6-5　研究区鱼类优势物种

目	科	亚科	种
鲤形目（Cypriniformes）	鲤科（Cyprinidae）	鲤亚科（Cyprininae）	鲫（*Carassius auratus*）
		鱊亚科（Acheilognathinae）	中华鳑鲏（*Rhodeus sinensis*）
	鳅科（Cobitidae）	—	泥鳅（*Misgurnus anguillicaudatus*）
			达里湖高原鳅（*Triplophysa dalaica*）
			陕西高原鳅（*Triplophysa shaanxiensis*）

由于缺乏汾河流域水生生物历史资料，本研究主要通过实地监测和专家咨询等方式对此进行总结，结果显示汾河上游底栖动物以仙女虫科为优势种，中游则以颤蚓科及摇蚊亚科等耐污种为优势种。汾河流域暂无特有性鱼类，陕西高原鳅、达里湖高原鳅、洛氏鲅、宽鳍鱲、马口鱼等典型溪流鱼类可作为汾河中上游的指示性物种。调查中发现，由于流域煤炭开采，大量污水排放入河，山区溪流的水质状况已经发生严重改变，加上人类建闸筑坝等，在汾河中上游流域，陕西高原鳅和达里湖高原鳅稍有减少，而洛氏鲅、马口鱼、宽鳍鱲等指示性物种大量减少。计算结果为 20.00，差。

⑦水资源开发利用强度。

指标解释：反映流域水资源的开发利用程度，根据区域工业、农业、生活、环境等用水量占评估区域的水资源总量比值进行评估。根据国际惯例，通常认为一条河流的开发利用量不能超过其水资源量的40%。由于我国水资源分布极不平衡，水资源开发利用率的地区差异显著，具体流域可根据当地水资源特征对分级标准进行适当调整，并给出相应依据。

从水文部门获取的水资源总量及工业、农业、生活环境等用水量指标结果为 80.74%。计算结果为 7.20，差。

⑧水生生境干扰指数。

指标解释：反映水域生境遭人为挖沙、航运、旅游等活动破坏的状况。

通过现场调查，2015 年研究区内挖沙极少，航运交通、涉水旅游也极少，网箱养殖在部分区域可见。计算结果为 60.00，良好。

（2）陆域生态系统

通过对汾河流域陆域生态系统组分构成及其变化、景观格局等的调查，掌握流域生态系统演变特征，辨识影响陆地生态系统状况的主要压力源和人类活动干扰因素。调查内容包括陆域土地利用状况；森林、草地、湿地、农田和城镇等生态系统的组成、面积、空间格局分布及时空演变特征；陆域生态系统的植被覆盖度；沿河（湖）重要自然生境保持率；水土流失面积、强度和空间分布；陆域范围内的各类（级）自然保护区、风景名胜区、森林公园、地质公园、生态功能保护区、水源保护区、封山育林地、各级主体功能区规划中的禁止开发区等。陆地生态系统调查以遥感解译数据为准。

陆域生态健康状态指标包括森林覆盖率、景观破碎度等生态格局指标，水源涵养功能指数、土壤保持功能指数和受保护地区面积比例等生态功能指标。

①森林覆盖率。

指标解释：森林覆盖率是指单位面积内森林的垂直投影面积所占百分比。森林覆盖率是衡量地表植被及生态系统的重要参数，森林覆盖率越高，生态系统的物理结构稳定性越好，越有利于流域生态系统保护。在荒漠、高寒区或草原区以林草覆盖率替代森林覆盖率。

研究区陆域各地类遥感数据解译结果见表 6-6。计算结果为 51.72，一般。

表 6-6 2015 年陆域各地类面积 单位：km^2

地类	面积
耕地	8 491.13
林地	7 875.35
草地	7 132.41
工矿仓储、住宅及交通运输用地	2 017.71
其他	3.03
合计	25 519.63

②景观破碎度。

指标解释：反映陆域自然生态系统的完整性状况和景观格局条件，是生态系统稳定性的一个方面。

研究区斑块数遥感数据解译结果为 29 167，陆域面积为 25 519.63 km^2，C_i 为 0.56。计算结果为 34.20，一般。

③水源涵养功能指数。

指标解释：水源涵养功能是生态系统多个水文过程及水文效应的综合表现，反映生态系统拦储降水或调节河川径流的能力。水源涵养功能的强弱是流域生态健康程度的重要表现之一。水源涵养功能保持越好，流域生态健康程度就越高，反之则低。

研究区植被覆盖度为 66.5%，植被类型以森林、草地为主，城镇面积为 2 017.71 km^2，研究区总面积为 26 210 km^2，由此可知不透水面积占比为 7.70%。计算结果为 60.76，良好。

④土壤保持功能指数。

指标解释：土壤侵蚀是植被、土壤、地形、土地利用以及气候等因素共同作用的结果。土壤侵蚀导致水土流失加剧、土壤退化、农业生产受损，加剧洪涝灾害的发生，从而威胁流域的生态健康。利用水土流失方程 USLE 进行土壤侵蚀模数预测，计算中度及以上程度土壤侵蚀面积比例。

通过遥感解译，研究区中度及以上程度土壤侵蚀面积为 1 500.42 km^2。计算结果为 80.12，优秀。

⑤受保护地区面积比例。

指标解释：受保护地区指各类（级）自然保护区、风景名胜区、森林公园、地质公园、生态功能保护区、水源保护区、封山育林地等，是流域生态系统功能健康评估的重要内容之一。本研究用受保护地区面积与研究区陆域总面积比值表示流域的受保护程度。

研究区受保护地区面积为 6 321.4 km^2（见表 6-7），占研究区陆域总面积比例为 32.0%，计算结果为 81.86，优秀。

表 6-7 2015 年研究区受保护地区面积 单位：km^2

受保护地区名称		面积
生态功能区	管涔山生物多样性保护与水源涵养生态功能区	2 001.5
	汾河上游水质污染控制与水源涵养生态功能区	745.5
	静乐旱作农业水土保持生态功能区	778.5
	岚县及娄烦汾河上游水库调蓄与水土保持生态功能区	2 258.2
	娄烦南部山地水源涵养与生物多样性保护生态功能区	537.7

受保护地区名称		面积
保护区	八缚岭	168.4
	超山	175.1
	汾河上游	426.0
	韩信岭	77.4
	凌井沟	237.6
	绵山	118.7
	云顶山	230.4
	四县垴	154.7
	天龙山	32.2
	铁桥山	191.6
	药林寺冠山	0.5
	云中山	28.2
合计		8 162.4

⑥工矿仓储、住宅及交通运输用地比例。

指标解释：工矿仓储、住宅及交通运输用地是受人类直接影响和长期作用而使自然面貌发生明显变化的人为景观。工矿仓储、住宅及交通运输用地比例反映陆域人为景观空间组成及格局状况，对陆域以及流域的自然生态系统物质循环和能量流动产生较大阻碍。

研究区工矿仓储、住宅及交通运输用地面积为 2 017.71 km^2，陆域总面积为 25 519.63 km^2，由此可知工矿仓储、住宅及交通运输用地比例为 7.91%。计算结果为 80.16，优秀。

⑦点源污染负荷排放指数。

指标解释：流域人类活动排放的污染物是影响河流生态系统健康的重要因素之一。

通过研究区的污染普查以及目标排放量分解数据，计算结果为 18.34，差。

⑧面源污染负荷排放指数。

指标解释：陆域面源污染负荷排放指数反映人类活动农业生产和畜禽养殖过程中排放的污染负荷对流域生态系统的压力。

通过研究区的污染普查以及目标排放量分解数据，计算结果为 16.83，差。

6.1.2 基于汾河流域水体理化特征和水生生物特性的指标体系的建立

在汾河上中游流域健康评估工作过程中，研究者逐步认识到河湖健康评估工作是一项需要长期探索的工作。由于汾河本身的独特性和复杂性，全国统一的河湖健康评估体系中的某些指标及标准并不完全适用于汾河。随着汾河治理开发和保护工作不断取得新的成效以及汾河生态环境方面的新问题和矛盾不断显现，健康评估的方向和重点也应随之不断调整。因此，亟待在已有工作的基础上，完善汾河健康评估指标体系和评价方法，建立符合汾河实际、可操作性强的汾河健康评估指标体系显得尤为必要。

基于汾河流域自身的特点，根据实地调研、采样监测等的调查结果，建立适合汾河流域生态系统健康评估的特定指标体系和评估方法。

（1）候选指标的确定

从水体理化特征和河流生态系统状况两个方面选取了27个反映河流特征的状态指标作为河流健康评价的候选指标。其中，反映水体理化特征的指标共有25个，包括电导率、pH、DO、氧化还原电位、BOD_5、石油类、氟化物、氰化物、六价铬、TP、NH_3-N、TN、NO_2^--N、NO_3^--N、阴离子表面活性剂、PAHs、COD_{Cr}、Hg、As、Zn、Cr、Cd、Pb、Cu、Ni；反映河流生态系统状况的指标有 2 个，为底栖动物多样性综合指数、鱼类物种多样性综合指数。

候选指标中，底栖动物多样性综合指数和鱼类物种多样性综合指数需要通过计算获得，具体计算方法参见《流域生态健康评估技术指南（试行）》。

（2）指标筛选方法

指标筛选遵循 3 个原则：指标可以明显响应人类活动干扰；指标间相互独立、信息不重复；能够全面反映河流健康的不同特征属性。具体筛选过程如下：①分析指标对河流健康等级判别的能力，将不敏感或有歧义的指标删除。②分析指标对河流生态系统的特征贡献率。利用 PCA 法对 27 个指标进行统计分析，按照累计方差超过 70%的原则提取主成分，通过最大方差旋转法选择载荷值大于 0.6 的指标，进入下一轮筛选。③分析指标的独立性。首先对余下的候选指标进行正态分布检验，然后分别采用 Pearson 相关性分析及 Spearman 秩相关性分析，分析符合与不符合正态分布的候选指标，依据显著性水平确定各指标间的信息重叠程度。④最后，结合专家以及实际经验，选取其中相对独立且重要的指标作为评价指标。在 SPSS 19.0 统计软件中完成上述全部分析过程。

（3）结果与分析

汾河流域中游表现出典型的有机污染和营养物超标，主要污染物为NO_3^--N、NH_3-N、BOD_5、COD_{Cr}、阴离子表面活性剂、TN 和 TP 等，这些指标的最大值均属于劣Ⅴ类。其中 TN 超标最多，均值是劣Ⅴ类等级值的 7.3 倍，详见表 6-8。

表 6-8　候选指标信息

指标		最大值	最小值	平均值	标准偏差
河流生态系统状况	底栖动物多样性综合指数	0.890	0	0.300	0.200
	鱼类物种多样性综合指数	0.863	0.026	0.350	0.210
水体理化特征	石油类/（mg/L）	0.240	0	0.080	0.070
	NO_3^--N/（mg/L）	10.3	0.020	2.85	2.32
	NO_2^--N/（mg/L）	1.73	0.003	0.290	0.470
	NH_3-N/（mg/L）	46.4	0.033	6.72	11.46
	COD_{Cr}/（mg/L）	205	0	46.9	50.3
	阴离子表面活性剂/（mg/L）	0.530	0	0.130	0.140
	BOD_5/（mg/L）	45.2	0	5.45	8.61
	TP/（mg/L）	3.77	0.010	0.720	1.00
	TN/（mg/L）	53.2	0	14.6	12.2
	氰化物/（mg/L）	0.015	0	0.00	0.00
	氟化物/（mg/L）	1.35	0.080	0.650	0.320
	六价铬/（mg/L）	0.073	0	0.010	0.010
	PAHs/（μg/L）	2.086	0.230	0.860	0.390
	Hg/（μg/L）	1.79	0.110	0.510	0.370
	Cr/（μg/L）	18.2	2.39	5.29	3.00
	Ni/（μg/L）	29.7	0.230	4.97	5.93
	Cu/（μg/L）	86.6	1.23	12.3	17.9
	Zn/（μg/L）	12.7	0.070	1.03	2.82
	As/（μg/L）	25.1	0.310	3.99	4.55
	Cd/（μg/L）	0.770	0	0.060	0.190
	Pb/（μg/L）	9.63	0.490	2.58	2.24
	pH	9.53	7.83	8.57	0.340
	电导率/（μS/cm）	4 540	329	1 169	819
	DO/（mg/L）	14.8	0.9	6.67	2.78
	氧化还原电位/mV	281	23	213	62.2

由于氰化物和六价铬浓度在所有采样点中的变化范围较小，较难直接反映河流健康状况，故判定其不具备对河流健康状况的响应能力，将其从候选指标中删除。

采用 PCA 法分析余下 25 个指标，得到 KMO 值为 0.623，Bartlett 球度检验值为 753.158，相伴概率为 0，故认为基于 37 个样本的 25 个候选指标体系适用于进行 PCA 分析。结果显示，按照特征值大于 1 且累计方差大于 70%的原则，提取到 6 个主成分（见表 6-9）。

表 6-9 候选指标主成分分析结果

指标	第一主成分	第二主成分	第三主成分	第四主成分	第五主成分	第六主成分
底栖动物多样性综合指数	−0.524	−0.204	−0.283	0.063	−0.314	−0.054
鱼类物种多样性综合指数	−0.176	−0.305	−0.184	0.230	0.116	−0.433
石油类	0.071	0.038	0.188	−0.142	−0.030	0.748
NO_3^--N	−0.001	0.861	0.045	0.199	0.147	0.104
NO_2^--N	0.224	0.831	0.143	0.211	0.245	−0.016
NH_3-N	0.805	0.345	0.199	−0.079	0.083	−0.075
COD_{Cr}	0.205	0.082	0.779	0.165	0.054	−0.001
阴离子表面活性剂	0.807	−0.099	−0.044	0.226	0.340	0.123
BOD_5	0.222	−0.017	0.796	−0.054	0.277	0.004
TP	0.742	0.167	0.582	−0.072	0.071	0.041
TN	0.790	0.474	0.181	−0.063	0.046	0.020
氟化物	0.432	0.665	0.032	−0.252	0.156	0.050
PAHs	0.227	0.117	0.476	−0.024	0.568	0.068
Hg	0.435	0.413	0.642	−0.008	0.146	0.039
Cr	0.143	0.846	0.221	−0.024	−0.103	−0.087
Ni	0.255	0.405	0.296	0.145	0.542	−0.058
Cu	0.287	0.609	−0.326	−0.123	0.069	−0.094
Zn	−0.109	−0.023	−0.033	0.929	−0.151	0.085
As	0.816	0.121	0.330	−0.087	−0.174	0.082
Cd	−0.005	0.060	0.039	0.936	−0.082	−0.125
Pb	0.159	0.423	0.327	0.666	0.176	0.081
pH	−0.013	−0.120	−0.186	0.174	0.126	0.817
电导率	0.527	0.477	0.389	0.070	0.202	0.025
DO	−0.029	−0.191	−0.187	0.388	−0.744	−0.070
氧化还原电位	0.132	0.183	0.143	−0.121	0.014	0.149
方差贡献率/%	35.058	11.620	9.315	6.419	6.192	5.162
累计方差贡献率/%	35.058	46.678	55.993	62.412	68.604	73.766

第一主成分包含底栖动物多样性综合指数、NH_3-N、阴离子表面活性剂、TP、TN、As、电导率，综合反映了汾河流域河流水环境特征组成要素，即营养物、生物要素、重金属等，是汾河河流生态系统特征变化的主要限制因子，其中营养盐和重金属的贡献率较大；第二主成分包含 NO_3^--N、NO_2^--N、氟化物，Cr 和 Cu；第三主成分包含 COD_{Cr}、BOD_5、Hg；第四主成分包含 Zn、Cd、Pb；第五主成分包含 PAHs、Ni、DO，代表重金属污染和有机污染；第六主成分包含石油类、pH。

根据上述分析，筛选出了 23 个指标，这些指标都是对河流生态特征贡献率较大的指标。鱼类物种多样性综合指数载荷值较低，但考虑到鱼类是汾河流域生态系统的重要组成，同时也是国内外河流健康评价的常用指标，因此保留该指标，并与上述 23 个指标一并进入下一步筛选过程。

对 24 个指标进行正态分布检验。鱼类物种多样性综合指数、NO_2^--N、NH_3-N、TP、Cr、Cu、Zn、As、Cd、Pb、pH 符合正态分布（$P<0.05$），其余指标均不符合。分别采用 Pearson 相关和 Spearman 秩相关检验，分析指标的相关性，结果见表 6-10。结果表明，鱼类物种多样性综合指数、石油类和 Zn 与其他指标间的相关性较差，说明这 3 个指标相对独立，可以保留。底栖动物多样性综合指数是能够反映河流生态系统特征的极为重要的指标，因此也予以保留。在水体物理指标中，DO 与底栖动物多样性综合指数、BOD_5 等显著相关，保留该指标。在水体化学指标中，TN 与 NH_3-N、BOD_5 等显著相关；NO_3^--N 与 NO_2^--N、Cr 等显著相关；COD_{Cr} 与 TP、电导率等显著相关；鉴于 TN、TP、NO_3^--N、COD_{Cr}、BOD_5 能够较为全面地反映有机污染和营养物方面的特征，因此保留这些指标。阴离子表面活性剂与 NH_3-N、TP 等显著相关；氟化物与 NO_2^--N、Hg 等显著相关，主要反映生活污染的特征。此外，污染指标中重金属 Cr、Cu、Cd 与其他重金属之间的相关性较高，保留这些指标，参与下一步综合评价。根据上述筛选过程，得到底栖动物多样性综合指数、鱼类物种多样性综合指数、石油类、DO、NO_3^--N、COD_{Cr}、BOD_5、TN、TP、氟化物、阴离子表面活性剂、Zn、Cr、Cu、Cd 等 15 个指标进入河流健康综合评价。

基于上述筛选结果，结合主成分分析和权重计算的结果，同时考虑指标能够覆盖农业、工业和生活排放的来源，结合专家分析，对已筛选出的 15 个指标开展了进一步的筛选，最后确定了底栖动物多样性综合指数、鱼类物种多样性综合指数、石油类、DO、COD_{Cr}、TN、TP、Cd 等 8 个指标。然而，这 8 个指标的筛选中有人为因素，存在一定的局限性，所以在各方面条件允许的情况下，还是应该运用 15 个指标进行流域的健康评估。

表 6-10 Pearson 相关和 Spearman 秩相关分析结果

指标	底栖动物多样性综合指数	鱼类物种多样性综合指数	石油类	NO_3^--N	NO_2^--N	NH_3-N	COD_{Cr}	阴离子表面活性剂	BOD_5	TP	TN	氟化物	PAHs	Hg	Cr	Ni	Cu	Zn	As	Cd	Pb	pH	电导率	DO
底栖动物多样性综合指数	1.000																							
鱼类物种多样性综合指数	0.264	1.000																						
石油类	−0.038	−0.149	1.000																					
NO_3^--N	−0.293	0.036	0.237	1.000																				
NO_2^--N	−0.586**	0.053	0.245	0.762**	1.000																			
NH_3-N	−0.622**	0.036	0.226	0.517**	0.810**	1.000																		
COD_{Cr}	−0.420**	0.033	0.170	0.255	0.529**	0.459**	1.000																	
阴离子表面活性剂	−0.456**	0.074	0.196	0.277	0.526**	0.619**	0.389*	1.000																
BOD_5	−0.601**	−0.240	0.110	0.272	0.447**	0.560**	0.441**	0.451**	1.000															
TP	−0.698**	−0.090	0.245	0.404*	0.771**	0.802**	0.599**	0.637**	0.661**	1.000														
TN	−0.594**	−0.339a*	0.158	0.488**	0.656**	0.709**	0.308	0.542**	0.546**	0.799**	1.000													
氟化物	−0.544**	−0.368a*	0.198	0.415*	0.575**	0.556**	0.441**	0.311	0.356*	0.565**	0.578**	1.000												
PAHs	−0.400*	−0.034	0.223	0.248	0.368*	0.435**	0.397a*	0.469**	0.543a**	0.391*	0.478**	0.181	1.000											
Hg	−0.653**	−0.039	0.253	0.480**	0.833**	0.832**	0.632**	0.502**	0.559**	0.856**	0.667**	0.577**	0.360*	1.000										
Cr	−0.318	0.067	0.114	0.623**	0.551**	0.504**	0.107	0.144	0.351*	0.463**	0.499**	0.501a**	0.339*	0.420**	1.000									
Ni	−0.661**	−0.077	0.109	0.616**	0.816**	0.781**	0.548**	0.529**	0.690**	0.862**	0.753**	0.570**	0.386*	0.796**	0.538**	1.000								
Cu	−0.269	−0.233	0.031	0.359*	0.401*	0.345*	0.244	0.303	0.190	0.398*	0.438**	0.428**	0.256	0.250	0.475a**	0.464**	1.000							
Zn	−0.115	−0.015	−0.071	0.149	0.188	0.158	0.090	0.116	0.144	0.122	0.116	−0.069	0.084	0.137	0.186	0.146	−0.017	1.000						
As	−0.547**	−0.179	0.266	0.301	0.647**	0.744**	0.381*	0.491**	0.649**	0.867**	0.796**	0.499**	0.315	0.779**	0.466**	0.711**	0.253	0.140	1.000					
Cd	−0.117	0.111	−0.069	0.209	0.251	0.192	0.208	0.198	0.329*	0.220	0.174	0.042	−0.015	0.247	0.192	0.243	−0.072	0.504**	0.213	1.000				
Pb	−0.551**	−0.163	0.013	0.439**	0.510**	0.521**	0.291	0.355*	0.456**	0.564**	0.477**	0.350*	0.222	0.564**	0.395*	0.585**	0.400*	0.436**	0.458**	0.542**	1.000			
pH	0.341*	−0.087	0.377a*	−0.226	−0.227	−0.267	0.181	−0.222	−0.173	−0.254	−0.283	−0.228	−0.078	−0.129	−0.394*	−0.365*	−0.120	0.047	−0.113	0.019	−0.295	1.000		
电导率	−0.637**	−0.166	0.201	0.538**	0.789**	0.784**	0.622**	0.473**	0.595**	0.828**	0.682**	0.580**	0.486a**	0.828**	0.366*	0.880**	0.349*	0.122	0.700**	0.167	0.510**	−0.123	1.000	
DO	0.498**	0.114	−0.049	−0.183	−0.271	−0.368*	−0.212	−0.177	−0.390*	−0.308	−0.284	−0.427**	−0.477**	−0.365*	−0.129	−0.399*	−0.311	0.401a*	−0.218	0.347a*	−0.287	0.121	−0.320	1.000

注：**P<0.01；*P<0.05。

a 表示 Pearson 相关分析，其余为 Spearman 秩相关分析。

6.1.3　结论

本节分别基于《流域生态健康评估技术指南（试行）》与汾河流域水体理化特征和水生生物特性开展了流域健康评估指标体系的建立。根据《流域生态健康评估技术指南（试行）》建立的指标体系比较宏观，所代入的数据由统计得来，用于评估流域健康时精确度较低，但应用时相对简单、费用较少。

根据汾河流域水体理化特征和水生生物特性建立的指标体系是基于实地调研、采样、实验室分析得出的数据，通过主成分分析法及相关性分析方法，从25个候选指标中筛选出15个指标，最后基于各种判断提取出8个指标。该方法所建立的综合评估指标体系能够从水体理化特征、生态系统、水生生物生存环境等方面整体反映汾河流域生态系统的自然属性，精确度很高，但筛选过程比较复杂，所耗费的人力、财力和时间较多。

因此，在实际应用时，应该根据实际情况采用合适的指标体系。

6.2　评估结果

6.2.1　基于《流域生态健康评估技术指南（试行）》评价等级的生态系统健康状况评估

（1）基于《流域生态健康评估技术指南（试行）》指标体系的生态系统健康状况评估

根据6.1建立的评估体系，汾河流域生态系统健康状况评估结果见表6-11。

表6-11　汾河流域生态系统健康状况评估结果

评估对象	指标类型	评估指标	指标权重	测值	分级	终值	计算结果			评价等级
水域 0.4	生境结构 0.4	水质状况指数（%）或水库湖泊富营养化指数	0.4	41.30	一般	16.52	71.62	48.06	49.11	一般
		枯水期径流量占同期年均径流量比例（%）	0.3	89.18	优秀	26.75				
		河道连通性	0.3	94.49	优秀	28.35				
	水生生物 0.3	大型底栖动物多样性综合指数	0.4	31.13	较差	12.45	31.10			
		鱼类物种多样性综合指数	0.4	36.63	较差	14.65				
		特有性或指示性物种保持率（%）	0.2	20.00	差	4.00				
	生态压力 0.3	水资源开发利用强度（%）	0.5	7.20	差	3.60	33.60			
		水生生境干扰指数	0.5	60.00	良好	30.00				

评估对象	指标类型	评估指标	指标权重	测值	分级	终值	计算结果			评价等级
陆域 0.6	生态格局 0.3	森林覆盖率（%）	0.6	51.72	一般	31.03	44.75	49.81	49.11	一般
		景观破碎度	0.4	34.20	一般	13.72				
	生态功能 0.3	水源涵养功能指数	0.4	60.76	良好	24.30	72.90			
		土壤保持功能指数（%）	0.3	80.12	优秀	24.04				
		受保护地区面积比例（%）	0.3	81.86	优秀	24.56				
	生态压力 0.4	工矿仓储、住宅及交通运输用地比例（%）	0.4	80.16	优秀	24.05	36.28			
		点源污染负荷排放指数	0.3	18.34	差	5.50				
		面源污染负荷排放指数	0.3	16.83	差	6.73				

水域和陆域的生态系统健康状况采用雷达图的形式表示（见图 6-1；当有消落带评估时，增加消落带生态系统健康状况评估结果雷达图），以直观反映流域生态系统健康的主要限制因子。评估等级见图 6-2，采用颜色计分卡的形式表示，以快捷、直观地反映流域或评估单元的生态系统健康状况。

综上所述，汾河流域生态系统健康状况评估汇总见表 6-11，汾河流域水生态系统整体健康状况为一般水平。

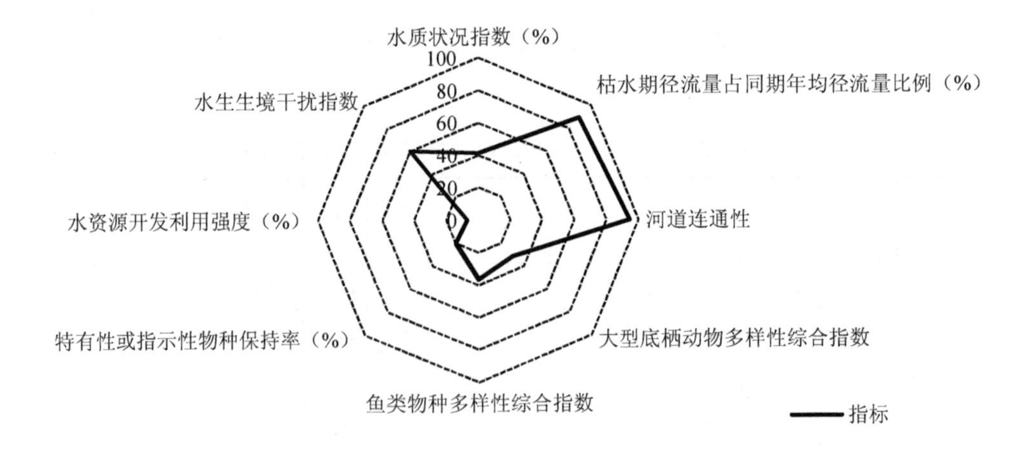

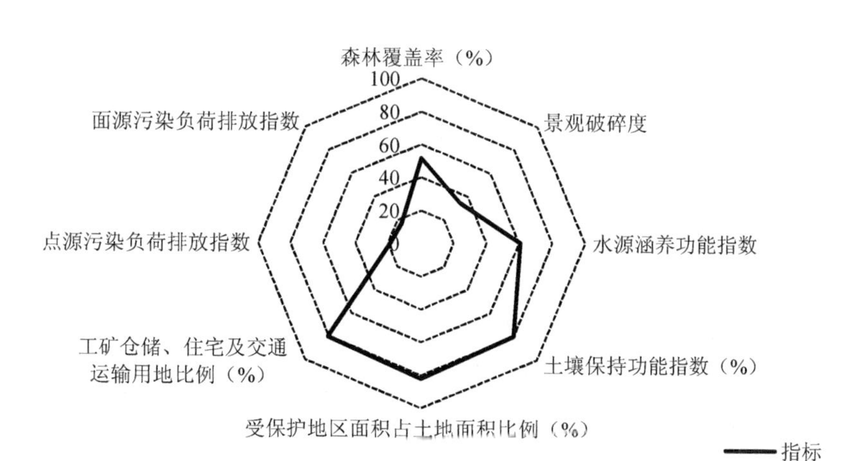

图 6-1　流域生态系统健康状况评估结果示意图

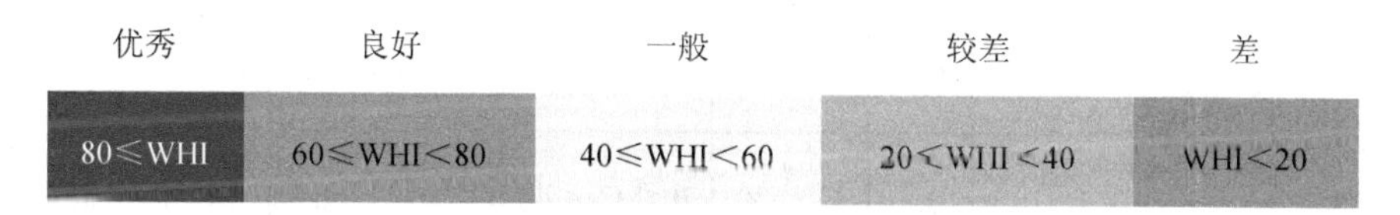

图 6-2　流域生态系统健康状况评估颜色计分卡示意图

（2）基于汾河上中游流域特定评价等级的生态系统健康状况评估——物元法

物元分析是蔡文等于 20 世纪 80 年代初创立的新学科，其理论支柱是物元理论和可拓集合，可拓论以物元为逻辑细胞，建立了解决矛盾问题的可拓模型。物元可拓模型通过界定评价指标经典域的区间，利用单指标的关联函数获取单指标状态，再通过模型集成得到多指标综合水平，提高了评价的科学性。物元可拓模型目前已经广泛地应用于水质综合评价、生态安全评价、土地适宜性评价等。

①模糊物元的河流健康评价模型。

可拓学利用目的物元、条件物元、对象物元等概念及关系，给出问题的形式化模型，利用物元可拓集合和关联函数给出矛盾问题的定量分析方法，即利用关联度的大小来描述各种特征参数与所研究对象的从属关系，从而把属于或不属于的定性描述扩展为定量描述。基于可拓学的河流生态系统健康诊断方法即根据河流生态系统健康指标体系各指标的实测值，计算综合关联度，从而根据综合关联度的大小诊断河流生态系统健康所属的状态。表 6-12 为汾河河流健康评价指标体系及评价标准。

表 6-12 汾河河流健康评价指标体系及评价标准

评估对象	指标类型	评估指标	指标权重	差	较差	一般	良好	优秀
水域 0.4	生境结构 0.4	水质状况指数 C_1	0.4	$C_1<20$	$20\leqslant C_1<40$	$40\leqslant C_1<60$	$60\leqslant C_1<80$	$80\leqslant C_1$
		枯水期径流量占同期年均径流量比例 C_2（%）	0.3	$C_2<20$	$20\leqslant C_2<40$	$40\leqslant C_2<60$	$60\leqslant C_2<80$	$80\leqslant C_2$
		河道连通性 C_3	0.3	$C_3<20$	$20\leqslant C_3<40$	$40\leqslant C_3<60$	$60\leqslant C_3<80$	$80\leqslant C_3$
	水生生物 0.3	大型底栖动物多样性综合指数 C_4	0.4	$C_4<20$	$20\leqslant C_4<40$	$40\leqslant C_4<60$	$60\leqslant C_4<80$	$80\leqslant C_4$
		鱼类物种多样性综合指数 C_5	0.4	$C_5<20$	$20\leqslant C_5<40$	$40\leqslant C_5<60$	$60\leqslant C_5<80$	$80\leqslant C_5$
		特有性或指示性物种保持率 C_6（%）	0.2	$C_6<20$	$20\leqslant C_6<40$	$40\leqslant C_6<60$	$60\leqslant C_6<80$	$80\leqslant C_6$
	生态压力 0.3	水资源开发利用强度 C_7（%）	0.5	$C_7<20$	$20\leqslant C_7<40$	$40\leqslant C_7<60$	$60\leqslant C_7<80$	$80\leqslant C_7$
		水生生境干扰指数 C_8	0.5	$C_8<20$	$20\leqslant C_8<40$	$40\leqslant C_8<60$	$60\leqslant C_8<80$	$80\leqslant C_8$
陆域 0.6	生态格局 0.3	森林覆盖率 C_9（%）	0.6	$C_9<20$	$20\leqslant C_9<40$	$40\leqslant C_9<60$	$60\leqslant C_9<80$	$80\leqslant C_9$
		景观破碎度 C_{10}	0.4	$C_{10}<20$	$20\leqslant C_{10}<40$	$40\leqslant C_{10}<60$	$60\leqslant C_{10}<80$	$80\leqslant C_{10}$
	生态功能 0.3	水源涵养功能指数 C_{11}	0.4	$C_{11}<20$	$20\leqslant C_{11}<40$	$40\leqslant C_{11}<60$	$60\leqslant C_{11}<80$	$80\leqslant C_{11}$
		土壤保持功能指数 C_{12}（%）	0.3	$C_{12}<20$	$20\leqslant C_{12}<40$	$40\leqslant C_{12}<60$	$60\leqslant C_{12}<80$	$80\leqslant C_{12}$
		受保护地区面积比例 C_{13}（%）	0.3	$C_{13}<20$	$20\leqslant C_{13}<40$	$40\leqslant C_{13}<60$	$60\leqslant C_{13}<80$	$80\leqslant C_{13}$
	生态压力 0.4	工矿仓储、住宅及交通运输用地比例 C_{14}（%）	0.4	$C_{14}<20$	$20\leqslant C_{14}<40$	$40\leqslant C_{14}<60$	$60\leqslant C_{14}<80$	$80\leqslant C_{14}$
		点源污染负荷排放指数 C_{15}	0.3	$C_{15}<20$	$20\leqslant C_{15}<40$	$40\leqslant C_{15}<60$	$60\leqslant C_{15}<80$	$80\leqslant C_{15}$
		面源污染负荷排放指数 C_{16}	0.3	$C_{16}<20$	$20\leqslant C_{16}<40$	$40\leqslant C_{16}<60$	$60\leqslant C_{16}<80$	$80\leqslant C_{16}$

基于可拓学的生态健康诊断的步骤如下：

a. 确定经典域，即：

$$\boldsymbol{R}_{0,j}=(N_{0j},C_i,x_{0ji})=N_{0j}\begin{bmatrix}C_1 & x_{0j0}\\ C_2 & x_{0j1}\\ \vdots & \vdots\\ C_n & x_{0jn}\end{bmatrix}=N_{0j}\begin{bmatrix}C_1 & \langle a_{0j1},b_{0j1}\rangle\\ C_2 & \langle a_{0j2},b_{0j2}\rangle\\ \vdots & \vdots\\ C_n & \langle a_{0jn},b_{0jn}\rangle\end{bmatrix} \tag{6-1}$$

式中：N_{0j}——评价对象 N 的第 j 个安全等级，j=1，2，…，n；

C_i——第 i 个评价指标，i=1，2，…，n；

x_{0ji}——安全等级 N_{0j} 关于指标 C_i 所规定的量值范围。

b. 确定节域，即：

$$\boldsymbol{R}_p=(P,C_i,x_{0pi})=\begin{bmatrix}P & C_1 & x_{0p1}\\ & C_2 & x_{0p2}\\ & \vdots & \vdots\\ & C_n & x_{0pn}\end{bmatrix}=\begin{bmatrix}P & C_1 & \langle a_{0p1},b_{0p1}\rangle\\ & C_2 & \langle a_{0p2},b_{0p2}\rangle\\ & \vdots & \vdots\\ & C_n & \langle a_{0pn},b_{0pn}\rangle\end{bmatrix} \tag{6-2}$$

式中：P——安全等级的全体；

x_{0pi}——P 关于指标 C_i 所规定的量值范围。

c. 确定待评物元。

与评价对象有关的数据或分析结果用物元表示为：

$$\boldsymbol{R}=\begin{bmatrix}P' & C_1 & x_1\\ & C_2 & x_2\\ & \vdots & \vdots\\ & C_n & x_n\end{bmatrix} \tag{6-3}$$

式中：P'——待评价对象；

x_i——待评价对象 P' 关于指标 C_i 的量值。

②待评指标关于各等级的关联度。

在河流健康评价中，可通过专家咨询及类比等方法构建左、右两个基点，代替最小算子和最大算子来建立关联函数。左基点代表评价指标的“不容许值”，右基点代表评价指标的“理想值”，设 a_i 和 b_i 为指标集 P 的左、右两个基点值，其中 $a_i<b_i$。由于河流生态健康状况各评价因子的量纲不尽相同，且有的因子期望值越大越好，而有的因子期望值越小越好，因而计算关联度的关联函数形式也不一样。

$$K(x_i)=\begin{cases}\dfrac{x_i-a_i}{b_i-a_i} & \text{当}x_i\text{为正向指标且}x_i\in(a_i,b_i)\\ 1 & \text{当}x_i\text{为正向指标且}x_i\geqslant b_i\\ 0 & \text{当}x_i\text{为正向指标且}x_i\leqslant a_i\end{cases} \tag{6-4}$$

$$K(x_i)=\begin{cases}\dfrac{b_i-x_i}{b_i-a_i} & \text{当}x_i\text{为负向指标且}x_i\in(a_i,b_i)\\ 1 & \text{当}x_i\text{为负向指标且}x_i\leqslant a_i\\ 0 & \text{当}x_i\text{为负向指标且}x_i\geqslant b_i\end{cases} \tag{6-5}$$

③计算河流健康综合指数各等级的阈值范围。

用各详细指标的关联度乘以各自权重，求和后再乘以上一级指标层的权重，最后求和即可得到河流健康综合指数。将表 6-13 中各指标的各等级阈值代入该评价模型，即可得到河流生态系统各健康等级对应的综合关联度范围。通过计算，结果如下。

表 6-13　河流健康综合指数各等级的阈值范围

等级	差	较差	一般	良	优
关联度 $K(x_i)$	$K(x_i)=0$	$0<K(x_i)\leqslant0.333$	$0.333<K(x_i)<0.667$	$0.667\leqslant K(x_i)<1$	$K(x_i)=1$

④研究区健康状况综合指数。

以研究区各评价指标的值建立的待评价物元 **R** 为：

$$\boldsymbol{R}=\begin{bmatrix} P & C_1 & 40.00\\ & C_2 & 19.75\\ & C_3 & 95.00\\ & C_4 & 31.00\\ & C_5 & 37.00\\ & C_6 & 20.00\\ & C_7 & 10.00\\ & C_8 & 76.00\\ & C_9 & 55.00\\ & C_{10} & 60.00\\ & C_{11} & 33.00\\ & C_{12} & 72.00\\ & C_{13} & 15.00\\ & C_{14} & 40.00\\ & C_{15} & 90.00\\ & C_{16} & 70.00\\ & C_{17} & 50.00 \end{bmatrix} \tag{6-6}$$

通过建立的物元可拓评价模型，计算得出研究区的综合关联度为 0.491，属于（0.333，0.667），因此研究区生态系统健康状况为一般。

6.2.2 基于汾河流域多指标体系的生态系统健康状况评估——灰色关联法

（1）研究方法

生态系统健康状况评估使用改进的灰色关联度方法。灰色关联度方法是一种多指标分析方法，依据各指标的样本数据，利用灰色关联度来描述样本与评价标准间的相似程度，关联度越大，说明样本越接近所表征的健康状态，反之亦然。鉴于河流健康评价中评价标准不是一个具体数值，而是一个区间，因此本次评价采用点到区间距离关联系数公式的灰色关联度方法。

计算过程中，将河流健康具体分为 5 个等级：健康、亚健康、一般、较差和极差。将各采样点实测数据标准化后作为参考数列，评价标准值作为比较区间，利用灰色关联度方法分别计算各采样点数值与 5 个健康等级标准间的灰色关联度值，依据最大隶属度的原则选择最大关联度值所属健康等级，便可确定所评价采样点的河流生态健康综合状况。该方法最大的特色在于能够分别对各采样点进行健康评估，灵活性强，管理者可依据各采样点情况提出相应的治理措施，治理效率高；而按照《流域生态健康评估技术指南（试行）》中提出的方法，只能对整个流域的健康状况给出评价，针对性不强。

采用熵值赋权法确定各指标的权重。计算方法如下。

①原始数据标准化。

由 n 个评价对象、m 个评价指标构成判断矩阵 $\boldsymbol{R}=(X_{ab})$（其中 $a=1, 2, \cdots, n$；$b=1, 2, \cdots, m$）。当指标值越大越好时，有

$$r_{ab}=[X_{ab}-\min(X_{ab})]/[\max(X_{ab})-\min(X_{ab})] \tag{6-7}$$

当指标值越小越好时，有

$$r_{ab}=[\max(X_{ab})-X_{ab}]/[\max(X_{ab})-\min(X_{ab})] \tag{6-8}$$

式中：X_{ab} ——第 a 个评价对象第 b 个评价指标的值；

$\max(X_{ab})$ ——第 a 个评价对象第 b 个评价指标的最大值；

$\min(X_{ab})$ ——第 a 个评价对象第 b 个评价指标的最小值。

②定义熵。

n 个评价对象的 m 个指标中，第 b 个指标的熵定义为

$$H_b=-k\sum_{a=1}^{n} f_{ab}\ln f_{ab} \tag{6-9}$$

式中：H_b——第 b 个指标的熵；

f_{ab}——第 a 个评价对象第 b 个评价指标标准值的比重，$f_{ab}=r_{ab}/\sum_{a=1}^{n}r_{ab}$；$k=1/\ln n$。

当 $f_{ab}=0$ 时，则 $f_{ab}\ln f_{ab}=0$。

③定义熵权。

在定义了第 b 个指标熵的条件下，可以求得第 b 个指标的熵权（W_b）。

$$W_b=\left(1-H_b\right)/\left(m-\sum_{b=1}^{m}H_b\right) \tag{6-10}$$

式中：W_b——第 b 个指标的权重值，$0\leqslant W_b\leqslant 1$，$\sum_{b=1}^{m}W_b=1$。

（2）评价结果

根据 6.1.2 建立的指标体系，按照熵值赋权法确定各指标权重，结果见表 6-14。

表 6-14　研究区生态系统健康状况评估体系及各指标权重

类型	指标	权重	等级				
			Ⅰ	Ⅱ	Ⅲ	Ⅳ	Ⅴ
生物指标	底栖动物多样性综合指数	0.17	0.8～1	0.6～0.8	0.4～0.6	0.2～0.4	0～0.2
	鱼类物种多样性综合指数	0.14	0.8～1	0.6～0.8	0.4～0.6	0.2～0.4	0～0.2
有机污染指标	石油类/（mg/L）	0.08	≤0.05	≤0.05	≤0.05	0.05～0.5	0.5～1.0
	COD_{Cr}/（mg/L）	0.05	≤15	≤15	15～20	20～30	30～40
	BOD_5/（mg/L）	0.03	≤3	≤3	3～4	4～6	6～10
其他污染指标	阴离子表面活性剂/（mg/L）	0.06	≤0.2	≤0.2	≤0.2	0.2～0.3	0.2～0.3
	氟化物/（mg/L）	0.09	≤1.0	≤1.0	≤1.0	1.0～1.5	1.0～1.5
营养物指标	TP/（mg/L）	0.05	≤0.02	0.02～0.1	0.1～0.2	0.2～0.3	0.3～0.4
	TN/（mg/L）	0.05	≤0.2	0.2～0.5	0.5～1.0	1.0～1.5	1.5～2.0
	NO_3^--N/（mg/L）	0.05	≤10	≤10	≤10	≤10	≤10
重金属污染指标	Cr/（mg/L）	0.03	≤0.01	0.01～0.05	0.01～0.05	0.01～0.05	0.05～0.1
	Cu/（mg/L）	0.04	≤0.01	0.01～1.0	0.01～1.0	0.01～1.0	0.01～1.0
	Zn/（mg/L）	0.03	≤0.05	0.05～1.0	0.05～1.0	1.0～2.0	1.0～2.0
	Cd/（mg/L）	0.04	≤0.001	0.001～0.005	0.001～0.005	0.001～0.005	0.005～0.01
生物生存指标	DO/（mg/L）	0.09	≥7.5	6.0～7.5	5.0～6.0	3.0～5.0	2.0～3.0

依据《地表水环境质量标准》（GB 3838—2002）确定水体理化指标；依据《流域生态健康评估技术指南（试行）》中的分级标准确定底栖动物多样性综合指数和鱼类物种多样性综合指数。根据灰色关联分析法进行生态系统健康状况评估。在评估过程中，灰色关联评价结果受分辨系数的影响，分辨系数高对应分辨率低。本次计算分辨系数取 0.05，建立采样点相对于 5 个健康等级的关联度矩阵，按照最大隶属度原则确定各采样点生态系统健康状况评估等级。见表 6-15，汾河上中游流域“健康”与“亚健康”等级的采样点为 13 个，占 35%；“一般”等级的采样点为 7 个，占 19%；“较差”和“极差”等级的采样点为 17 个，占 46%。

表 6-15　汾河上中游流域生态系统健康状况评估结果

等级	采样点数量/个	采样点
健康	12	S1，S6，S9，S11，S16，S20，S21，S23，S24，S28，S29，S31
亚健康	1	S5
一般	7	S2，S3，S7，S10，S13，S18，S19
较差	6	S4，S8，S12，S22，S30，S36
极差	11	S14，S15，S17，S25，S26，S27，S32，S33，S34，S35，S37

多指标评价结果中，“健康”和“亚健康”等级的采样点均位于汾河支流上游地区，这些区域离城区较远且处于城市上游，人类活动较弱，河流本身受工业废水和生活污水排放影响较小，但是受到农业非点源污染的潜在威胁，表现为总氮含量较高，但从整体上看河流生态系统完整性较好，水体自净能力较强，健康状况良好。

在“较差”和“极差”等级的采样点中，大部分采样点位于汾河流域水系的支流上，受附近的工业企业排污影响较大。其中，位于祁县、孝义、平遥、介休、义棠和灵石的 S25、S26、S27、S32、S33、S34、S35、S37 采样点污染最重，上游污染源的不断汇入造成污染物逐渐累积，入河排污口的散乱分布加上养殖场、造纸厂、化肥厂及焦化厂等的废水的混合排污，导致汾河上中游地区的南部污染严重。

S8 虽位于汾河上游区，受人类活动影响相对较少，但该地区的水体有机污染严重，导致水中 COD 值很高，高 COD 值引起水体中溶解氧含量降低，继而导致水生生物缺氧以至于死亡，水质腐败变臭，水生生物的生存环境和食物来源受到严重影响，河流健康状况极差。与此同时，S15、S17、S25、S26 也呈现不同程度的水体富营养化趋势，总氮和总磷含量均偏高。造成营养盐富集的因素有很多，包括自然环境、工矿业及农业的影响，治理时需要分区域对待，并大力遏制营养盐排放。

6.3 小结

汾河上中游流域北部采样点属于“健康”和“亚健康”等级，这些区域离城区较远且处于城市上游，人类活动较弱，河流本身受工业废水和生活污水排放影响相对较小，除总氮含量稍高外，整体上河流生态系统健康状况良好。

汾河上中游流域南部呈不同程度的水体富营养化趋势，总氮和总磷含量均偏高。造成营养盐富集的因素有很多，包括自然环境、工矿业及农业的影响，治理时需要分区域对待，并大力遏制营养盐排放。

从整体来看，汾河上中游流域生态系统总体状况较差，大多数采样点都属于“一般”、“较差”和“极差”等级，尤其是各支流水体污染严重。集中分布的养殖、工业企业及生活混合排污，是导致汾河上中游地区生态健康退化的主要原因。建议对其周边污染负荷排放的控制予以关注和重视，从生态系统健康的角度对流域环境进行综合整治，以实现流域健康状况的改善。

河流生态系统是一个不断变化的动态系统，所涉及的多种不确定性都会直接影响最终的评估结果，生态系统的动态性特征和生物多样性带来了生态系统健康评估中的不确定性。在评估过程中，制定监测方案、筛选指标、选择评估方法及评估标准等也都会对评估结果的准确性造成影响。

汾河上中游流域生态系统健康评估结果的不确定性主要来源于两个方面：指标的筛选和评估标准的选择。在评估指标筛选过程中，鱼类物种多样性综合指数这个比较重要的指标会因为载荷较小而被排除。这说明单纯使用统计学方法进行指标筛选可能会缺失某些重要的指标信息，从而导致最终的评估结果存在不确定性，虽然可以借助专家经验来辅助进行指标筛选、尽量减少这种不确定性，但无法完全避免。

评估指标的健康等级沿用了现有的地表水环境质量标准以及相关科技文献中已有的评估标准，具有一定的局限性。需综合考虑河流的区域性特点、河流所属类型以及人类对河流的社会期望等多个角度，单纯采用现行标准或其他文献中提供的标准虽具较强的可操作性，但无法综合并客观地反映河流生态系统实际健康状况，这也会导致流域生态系统健康状况评估结果的不确定性。加上基础数据的采集只涉及某一个时期，从而无法对河流的长期变化作出准确的判断，因此综合评价中仍需进行长期的观测及研究。

下　篇

基于 SWAT 模型的汾河流域水环境问题识别及措施

流域内污染根据污染来源的差异性，主要划分为面源污染和点源污染，两者主要在影响机制、入河形式、产生机制等因素上具有各自的特点。为实现从目标总量控制向基于流域控制单元水质目标的总量控制技术的转变，综合考虑流域自然环境要素（包括地质、地貌、气候、水文、土壤、植被等）、社会经济条件（包括人口、经济发展、产业布局等）、人类活动及其影响（包括土地利用、城镇分布、水资源利用、污染物排放、水环境质量状况等）等因素，建立汾河流域 SWAT（Soil and Water Assessment Tool）模型，摸清面源污染状况，划分控制单元，优化水文条件参数选择，核定控制单元污染物的环境容量，估算不同控制单元非点源污染负荷，解析其污染来源及成因，在此基础上明确各控制单元的目标控制量，提出各控制单元水质达标综合技术方案。

第 7 章　模型建立及率定验证

SWAT 模型是美国农业部农业研究所（USDA-ARS）开发的一套适用于复杂大流域的物理水文模型，目前 SWAT 模型公开发布的最新版本为 SWAT2012，在此之前，有过 94.2 版、96.2 版、98.1 版、99.2 版，SWAT2000 版本、SWAT2003 版本、SWAT2005 版本、SWAT2009 版本[52-54]。

SWAT 模型可以模拟几年、几十年的过程，其输出结果可以调成以日为单位，也可以以月和年为单位，但对于某次单一的降雨事件，该模型不支持[55-57]。研究内容涉及流域的水平衡、河流流量预测和面源污染控制评价等诸多方面[58,59]。SWAT 模型的基本框架是先将所要研究的区域细分为若干个水文单元（HRUs），划分的依据是土地利用、土壤和坡度组合情况，然后在每个水文单元上构建水文物理模型。先在每个水文单元上对坡面产汇流进行计算，然后经过汇流网络演算将单元连接起来，最后将结果输出[60-62]。SWAT 模型运用 3 个子模块对面源污染进行模拟，这 3 个子模块分别是水文过程、土壤侵蚀和污染负荷。水文循环陆地阶段和水文循环演算阶段是水文过程模拟的两大主要部分[63,64]。

7.1　模型数据库构建

在 SWAT 模型建立前，需要对收集的各种原始数据进行必要的处理以达到模型建立的要求。SWAT 模型的构建和运行所需要的数据主要有以下方面：数字高程模型（DEM）数据、土地利用数据、土壤数据、气象数据、水文数据、污染源数据和农业管理数据。

7.1.1　数字高程模型（DEM）

DEM 描述的是地面高程信息。汾河流域 DEM 图见图 7-1。应用 DEM 来提取地形特征、分析流域水文等变得越来越广泛，是 SWAT 模型进行坡度、河网水系、流域边界等水文要素的提取以及子流域划分，并进而计算子流域和河道参数的基础。以 DEM 数据为基础得到的坡度等级图见图 7-2。

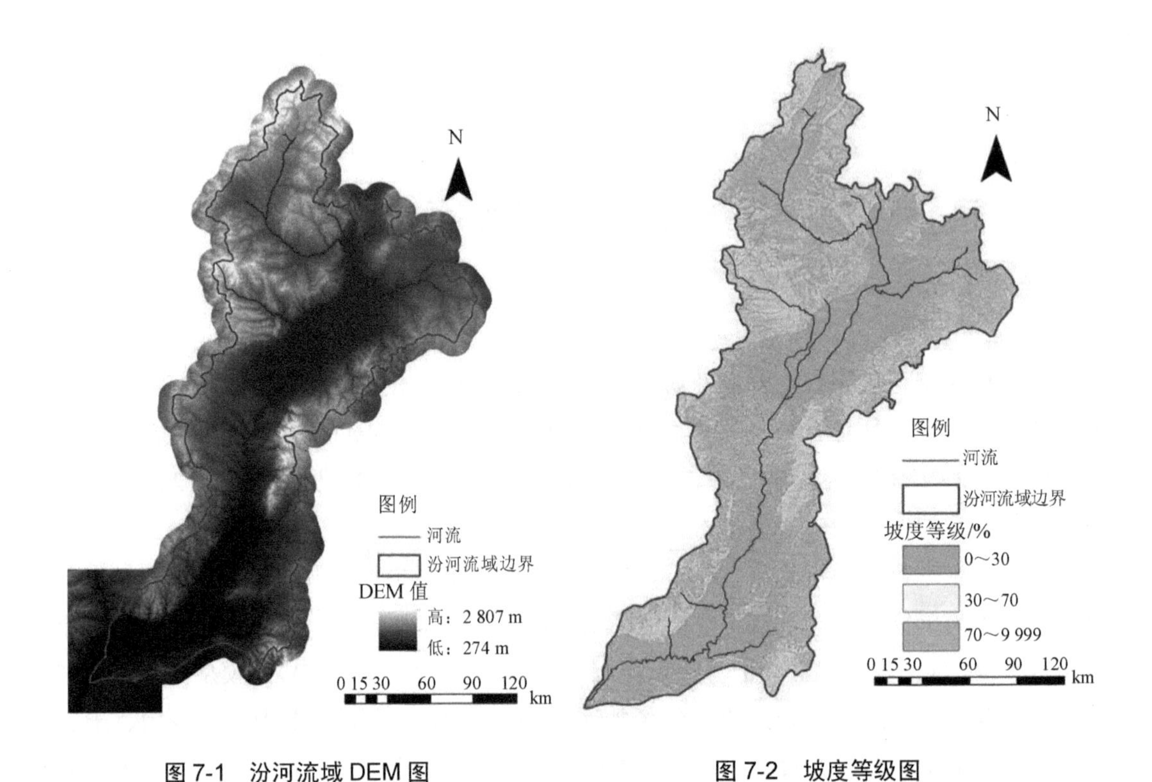

图 7-1 汾河流域 DEM 图　　图 7-2 坡度等级图

7.1.2 土地利用类型

土地利用对地面产流和汇流、泥沙输移以及营养物的输出分配等过程造成影响，是 SWAT 模型运行必需的重要数据。土地利用需要准备两种数据，即土地利用类型图和土地利用类型索引表[65]。需要准备土地利用类型索引表是因为 SWAT 模型附带有地面覆盖、植被数据库，要将空间的土地利用类型图与模型自带的作物生长数据库联系起来，即实现数据的调用，就需要建立土地利用类型索引表[66]。本研究采用的土地类型图是 2015 年更新的 LUCC 分类体系，依据 SWAT 数据库中的地类形式的要求进行重新分类。最终土地利用类型图见图 7-3，分为耕地、林地、牧草、干草、水域、居民区（高密度）、居民区（低密度）、工业用地和荒地、裸地 9 个大类，详细信息见表 7-1。在 SWAT 模型中进行土地重分类时，需要注意土地利用分类的最终结果不宜过于详细，一般不超过 10 种[67]。

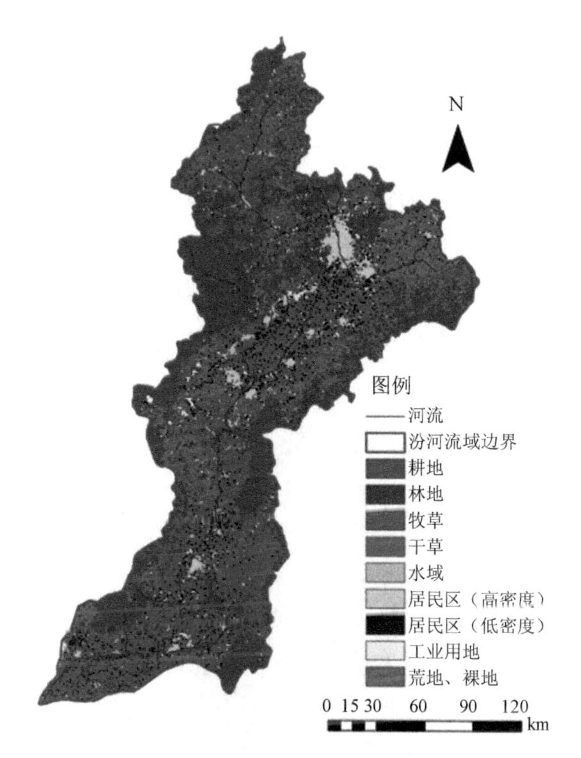

图 7-3　重分类后的土地利用类型

表 7-1　土地利用类型重分类对照表

原分类及编码		重分类及编码		
编码	名称	编码	名称	SWAT 中的代码
11	水田	1	耕地	AGRL
12	旱地			
21	有林地	2	林地	FRST
22	灌木林			
23	疏林地			
24	其他林地			
31	高覆盖度草地	3	牧草	PAST
32	中覆盖度草地			
33	低覆盖度草地	4	干草	HAY
41	河渠	5	水域	WATR
43	水库坑塘			
46	滩地			
51	城镇用地	6	居民区（高密度）	URHD
52	农村居民点	7	居民区（低密度）	URLD
53	其他建设用地	8	工业用地	UIDU
66	裸岩石质地	9	荒地、裸地	BARR

7.1.3 土壤数据库的建立

土壤数据库的数据主要包括空间的土地利用类型图和土壤属性数据库。土壤数据对模型中水文、植物生长以及营养物背景值等有着重要作用，土壤类型图和土地利用类型图对模型进行水文响应单元划分均很重要[68]。在模型运行时，为实现空间的土地利用类型图对土壤属性数据库的成功调用，需要建立土壤类型索引表。然后再加载研究区的土壤类型图，对其进行重分类，重分类后的土壤类型图见图 7-4。

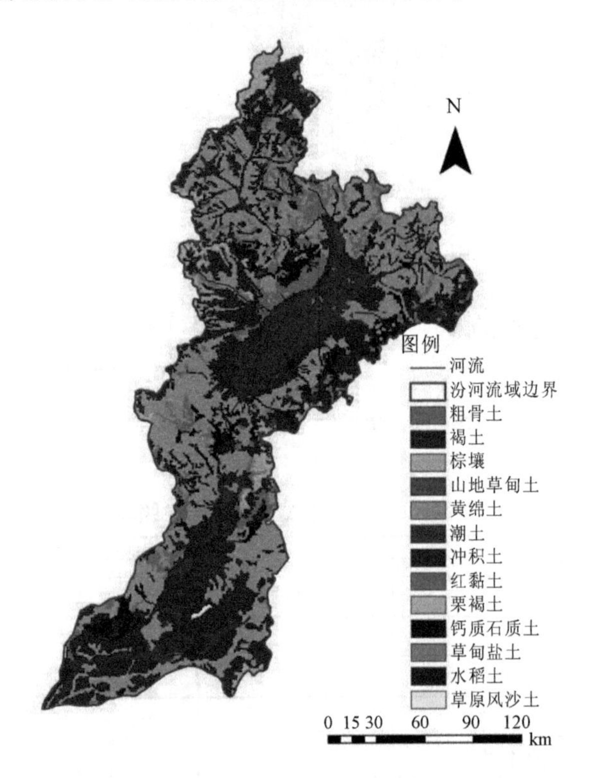

图 7-4 重分类后的土壤类型

SWAT 模型中需要的土壤属性数据主要有物理属性和化学属性[69]。由于研究区的土壤化学属性数据缺乏且难以获取，本研究建立的土壤属性数据库中的化学属性参数均采用模型默认值。本研究的土壤数据库构建主要包括 4 个关键步骤：参数获取（无关参数、默认参数及其他参数）、土壤粒径转化、SPAW 软件计算和土壤可蚀性因子 USLE_K 的计算、土壤水文组的确定。

7.1.4 气象数据库的整理

气象数据是模型模拟过程中十分重要的驱动力[70]。SWAT 模型需要降水量、气温（最高气温、最低气温）、风速、相对湿度以及太阳辐射等气象数据[71,72]。本研究使用的气象数据是从中国气象数据网下载的中国地面气候资料日值数据集（V3.0），数据尺度为 2008 年 1 月 1 日至 2018 年 12 月 31 日，共 11 年的逐日气象数据，包括日气温（最高气温、最低气温）、日降水量、日相对湿度、日平均风速和日照时数。

7.1.5　点源和水库数据

点污染源主要是工厂及城镇污水处理厂等，而农村排污口的污水排量一般非常小。各点污染源在汾河流域的分布见图 7-5。

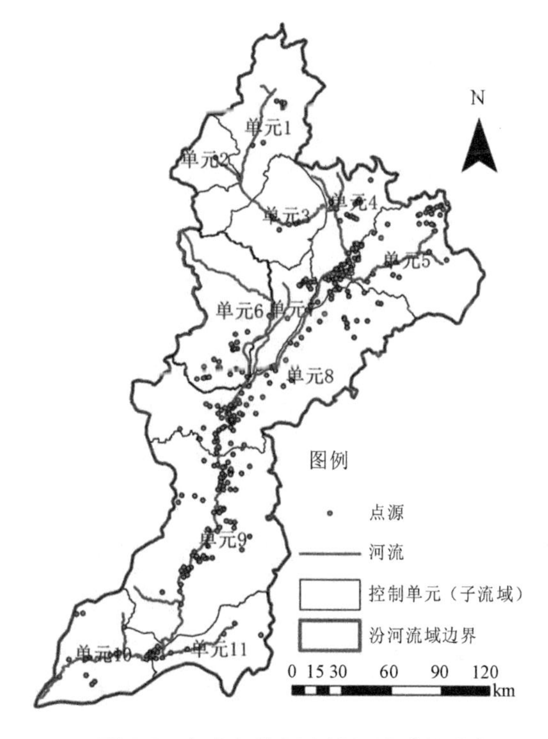

图 7-5　各点污染源在汾河流域的分布

在汾河流域分布有很多水库。本研究选取了 3 个相对大型的水库（库容在 1 亿 m^3 以上），分别是汾河水库、汾河二库、文峪河水库，这 3 个水库所在的单元分别是单元 1、单元 3 和单元 6。

汾河流域上中游和下游都有从黄河调水的情况，需要在 SWAT 模型中添加调水数据。将调水数据以添加点源的方式输入 SWAT 模型中，且输入调水数据的点源所在的子流域中不能有点污染源。上中游的调水数据添加在汾河流域最上游子流域，在本研究中是单元 1；下游的调水数据添加在单元 9 中。

7.1.6 农业管理数据

农业管理数据存储于.MGT 文件中，主要涉及作物种类、种植、施肥、灌溉、收获等过程，是研究区人类活动、畜禽养殖、化肥施用等情况的总体反映[73,74]。本研究只添加施肥这一管理措施，在数据库输入前必须首先完成施肥数据库（FERT.DAT）这一基础数据库的输入。由于研究区范围大等各方面因素，实地调查难度较大，本研究结合研究区各类统计年鉴及相关经验知识，完成施肥数据库的输入。

7.2 模型建立和运行

SWAT 模型的建立过程主要包括子流域及控制单元划分、水文响应单元（HRU）划分、气象数据加载、模型输入数据写入以及 SWAT 模型数据库编辑与运行等步骤。

7.2.1 子流域及控制单元划分

SWAT 模型建立后，需要先对子流域进行划分，该部分主要包括 DEM 设置、河网定义、进出口定义、流域总出口指定及子流域参数计算等步骤[75]。河网的定义可以基于排水面积阈值，即基于 DEM 自动生成，也可以选择输入预定义流域边界和相关的水系网络。本研究选择输入预定义流域边界和水系，流域边界划分依据为：为进一步解析汾河流域水环境及水生态问题，结合汾河流域水文、断面特征情况，对其进行控制单元划分。以汾河流域 11 个国控断面为基础，以汾河水库出口为界划为单元 1；其中以曲立断面为界，岚河单独划为单元 2；汾河水库出口到上兰断面为界划为单元 3；上兰断面到温南社断面为单元 4；以郝村断面为界，主要控制潇河流域，为单元 5；以南姚断面为界，主要控制文峪河流域，为单元 6；以桑柳树断面为界，将磁窑河单独划分为单元 7；以王庄桥南断面为界，为单元 8；以上平望断面为界，为单元 9；由上平望断面到汾河出口庙前村断面为单元 10；以西曲村断面为界，为单元 11，主要控制汾河支流浍河流域。具体见表 7-2。

表 7-2 控制单元划分列表

控制单元	面积/hm^2	控制单元的主要河流	起止断面名称	汾河干流长度/km	水系长度/km	行政区划
单元 1	407 223.22	汾河干流	源头—汾河水库出口	119.18	591.01	宁武县、静乐县、娄烦县
单元 2	115 708.58	岚河	岚河源头—曲立	0.00	172.51	岚县、娄烦县

控制单元	面积/hm^2	控制单元的主要河流	起止断面名称	汾河干流长度/km	水系长度/km	行政区划
单元3	252 689.92	汾河干流	汾河水库出口—上兰	60.34	356.03	古交市、娄烦县、静乐县、阳曲县、尖草坪区、万柏林区
单元4	253 958.92	汾河干流	上兰—温南社	74.32	472.72	杏花岭区、迎泽区、晋源区、小店区、清徐县、阳曲县、尖草坪区、万柏林区
单元5	378 726.21	潇河	潇河源头—郝村	0.00	506.88	寿阳县、榆次区、昔阳县、和顺县
单元6	401 318.56	文峪河	文峪河源头—南姚	1.72	717.66	交城县、文水县、汾阳市、孝义市
单元7	134 940.32	磁窑河	磁窑河源头—桑柳树	60.46	334.24	清徐县、交城县、文水县、汾阳市、平遥县、介休市、孝义市
单元8	695 633.17	汾河干流	温南社—王庄桥南	65.18	1 074.48	太谷县、祁县、榆次区、清徐县、交口县、灵石县、介休市、平遥县、孝义市
单元9	815 890.2	汾河干流	王庄桥南—上平望	163.65	1 367.09	汾西县、霍州市、洪洞县、古县、尧都区、襄汾县、浮山县、乡宁县、新绛县、曲沃县、沁源县
单元10	318 340.1	汾河干流	上平望—庙前村	91.23	411.44	乡宁县、河津市、稷山县、万荣县、新绛县、闻喜县
单元11	224 742.16	浍河	浍河源头—西曲村	2.00	368.95	侯马市、曲沃县、翼城县、绛县、浮山县、沁水县

预先输入的控制单元及水系见图7-6和图7-7。子流域的详细信息见表7-3。

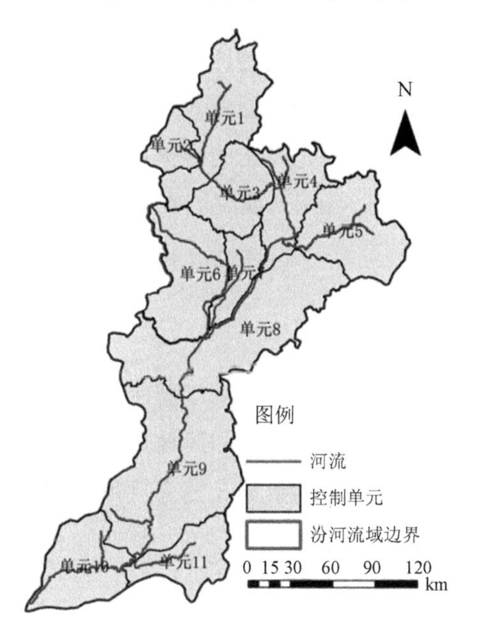

图7-6　控制单元划分图

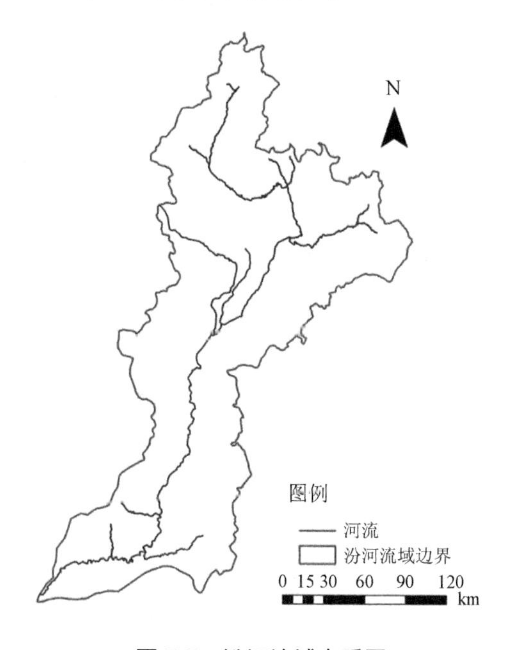

图7-7　汾河流域水系图

表 7-3 控制单元及水文响应单元的划分

子流域	水文响应单元个数/个	面积/hm²	面积占比/%	子流域	水文响应单元个数/个	面积/hm²	面积占比/%
1	93	105 904.30	2.65	17	147	226 237.29	5.66
2	53	15 400.22	0.39	18	91	211 009.69	5.28
3	111	201 629.15	5.04	19	80	190 308.87	4.76
4	92	115 708.58	2.89	20	86	134 940.32	3.37
5	80	84 289.55	2.11	21	17	4 710.42	0.12
6	126	252 689.92	6.32	22	126	230 724.86	5.77
7	47	3 039.39	0.08	23	154	598 648.83	14.97
8	56	19 342.60	0.48	24	87	89 691.53	2.24
9	52	26 023.61	0.65	25	60	33 664.05	0.84
10	108	151 901.77	3.80	26	68	93 885.79	2.35
11	71	102 863.45	2.57	27	102	224 742.16	5.62
12	86	126 409.10	3.16	28	63	70 085.11	1.75
13	109	149 453.66	3.74	29	56	27 082.35	0.68
14	5	6 333.81	0.16	30	94	221 172.64	5.53
15	75	47 141.64	1.18	31	5	176.10	0.00
16	113	233 960.60	5.85				

7.2.2 水文响应单元划分

水文响应单元的划分是将子流域中的土地利用、土壤和坡度的比例数值分别设置一定的阈值，并根据阈值组合生成水文响应单元，它代表了单一地面覆盖、单一土壤类型的研究单元。若子流域中以上三个要素中一种的占比低于预先设定的阈值，则忽略该组合，运算时不进行计算[76,77]。本研究在划分时将土地利用、土壤、坡度的阈值都设定为 0，最终将汾河流域划分为 2 513 个水文响应单元。

7.2.3 气象数据加载、模型输入数据写入

水文响应单元划分后，需要输入气象数据，本研究中的气象数据（降水量、气温、太阳辐射、相对湿度和风速）均为实测数据。太阳辐射、相对湿度和风速可以输入实测值，也可用天气发生器模拟生成，而气温和降水量一般为实测数据。定义气象数据后，就可以写入所有的 SWAT 输入文件。

7.2.4 SWAT 模型数据库编辑及运行

在以上数据都输入模型之后，模型就可以运行。区域内也可能存在外流域调水或污

染源废水排放等人为控制的水源。为了模拟与陆地区域自然生成无关的水源，SWAT 需要读取沿河网处的点源信息，点源运移量可以以逐日、逐月、逐年汇总的形式输入。因此，汾河流域存在的点污染源、水库以及在上中游和下游调入的黄河水都影响模型对水量和氮、磷等的模拟结果。因此，需要对数据库进行编辑，将点污染源、水库以及调水数据加入模型。本研究中黄河调水数据是以点源的方式添加的。

7.3 模型率定及验证

SWAT 模型包含大量描述流域特征的参数，但模型是主要针对北美洲的土壤、植被和流域水文情况开发的，在应用于我国地区时，存在不确定性和区域的适应性问题，模型模拟精度和效率难免受到影响，需要根据当地的实际状况对模型进行校准[78,79]。SWAT 模型的率定及验证包括参数敏感性分析、率定验证结果分析。

7.3.1 参数敏感性分析

在模型模拟过程中影响 SWAT 模型径流、泥沙、营养物质模拟的参数较多，确定每个参数的准确值比较困难。通常采用的方法是对参数进行敏感性分析，找出模型的敏感参数。敏感性分析是进行参数率定的前提。

SWAT-CUP（calibration and uncertainty programs）软件独立于模型，用来对 SWAT 模型进行参数敏感性分析和率定。SWAT-CUP 软件提供全局敏感性（global sensitivity）和局部敏感性（one at a time，OAT）两种敏感性分析方法。本研究选取表 7-4 所示的重要参数进行率定。

表 7-4 率定参数及其取值

名称及位置	含义	取值
v__ALPHA_BF.gw	基流α因子	0.619 667
v__GW_DELAY.gw	地下水滞后时间	386.640 198
v__GW_REVAP.gw	地下水再蒸发系数	0.198 351
v__RCHRG_DP.gw	深层含水层的渗透系数	−0.684 09
v__REVAPMN.gw	浅层地下水再蒸发的阈值	557.789 734
v__GWQMN.gw	浅层含水层产生基流的阈值	4 231.594 238
v__SHALLST_N.gw	浅层含水层的初始水深	947.148 743
v__SOL_K（1）.sol	土壤饱和水力传导系数	−487.462 646
v__SOL_AWC（1）.sol	土壤有效含水率	−0.357 632
v__SOL_ALB（1）.sol	潮湿土壤反照率	0.143 421

名称及位置	含义	取值
v__CN2.mgt	径流曲线数	49.813 4
v__USLE_P.mgt	最大林冠指数	0.365 859
v__TLAPS.sub	气温递减率	0.431 989
v__CANMX.hru	最大灌层蓄水量	110.096 413
v__SLSUBBSN.hru	平均坡长	89.242 249
v__HRU_SLP.hru	平均坡度	0.345 513
v__ESCO.hru	土壤蒸发补偿系数	0.362 94
v__EPCO.hru	植被蒸腾补偿系数	0.690 244
v__SOL_SOLP（1）.chm	土壤中可溶性磷的初始浓度	73.549 507
v__SOL_ORGN（1）.chm	土层中有机氮的初始浓度	81.781 487
v__SOL_ORGP（1）.chm	土层中有机磷的初始浓度	51.345 242
v__SOL_NO3（1）.chm	土层中硝酸盐的初始浓度	−13.662 695
v__SPCON.bsn	河道泥沙演算中计算新增的最大泥沙量的线性参数	0.001 361
v__SPEXP.bsn	河道泥沙演算中计算新增的最大泥沙量的指数参数	1.559 648
v__SURLAG.bsn	地表径流滞后系数	13.060 525
v__SMFMX.bsn	6 月 21 日最大雪融度日因子	41.597 904
v__SMFMN.bsn	12 月 21 日最小雪融度日因子	−0.495 21
v__SFTMP.bsn	降雪气温	−8.063 466
v__CDN.bsn	反硝化指数速率系数	−0.991 328
v__N_UPDIS.bsn	氮吸收分布参数	−31.073 786
v__FIXCO.bsn	固氮系数	0.608 48
v__NFIXMX.bsn	日最大固氮量	17.218 967
v__CH_ONCO_BSN.bsn	流域中河道的有机氮浓度	21.820 99
v__HLIFE_NGW_BSN.bsn	地下水中氮的半衰期	279.744 171
v__RCN_SUB_BSN.bsn	降水中的硝酸盐浓度	1.593 796
v__BC1_BSN.bsn	NH_3-N 生物氧化速率常数	0.803 356
v__BC2_BSN.bsn	从 NO_2^--N 到 NO_3^--N 的生物氧化速率常数	0.541 898
v__BC3_BSN.bsn	从有机氮到氨基的水解速率常数	0.310 086
v__RS3.swq	20℃河段中底栖生物提供 NH_3-N 的速率	0.404 631
v__RS4.swq	20℃河段中有机氮的沉降速率	0.044 75
v__WET_NO3.pnd	湿地中 NO_3^--N 的初始含量	67.177 94
v__WET_ORGN.pnd	湿地中有机氮的初始含量	23.176 971
v__AI5.wwq	单位数量 NH_3-N 氧化作用的耗氧速率	3.924 844
v__AI6.wwq	单位数量 NO_2^--N 氧化作用的耗氧速率	1.076 317
v__SDNCO.bsn	发生反硝化作用的土壤含水量阈值	0.711 388
v__NPERCO.bsn	硝酸盐的渗流系数	0.624 689
v__PPERCO.bsn	磷的渗流系数	7.003 525

名称及位置	含义	取值
v__PHOSKD.bsn	磷的土壤分配系数	131.352 707
v__CH_COV1.rte	河道侵蚀因子	0.106 521
v__CH_N2.rte	主河道曼宁系数	0.174 821
v__CH_COV2.rte	河道覆盖因子	0.475 346
v__CH_K2.rte	主河道水力传导率	25.460 192
v__HLIFE_NGW.gw	浅层含水层中硝酸盐的半衰期	159.913 757
v__CH_ONCO.rte	河道中的有机氮浓度	0.048 612
v__ERORGN.hru	泥沙运移中有机氮的富集比	6.823 953
v__RCN.bsn	降水中的氮浓度	11.322 719
v__CMN.bsn	活性有机营养物的腐殖质矿化速率因子	0.002 38

7.3.2 率定验证结果分析

SWAT-CUP 软件提供了 SUFI-2（Sequential Uncertainty Fitting）算法、PSO（粒子群）算法、GLUE（最大似然）算法、ParaSol 算法以及 MCMC 算法等多种参数率定方法，其中，SUFI-2 是目前研究者使用最多的算法。本研究选取此方法。

（1）参数率定评价标准

对于 SWAT 模型的模拟值与实测值之间拟合的程度，即模型在汾河流域的适用情况，需要通过相关评价系数的计算来判断。水文模型模拟效果的评估指标较多，本研究选用 2 个指标进行模型的适用性评价，分别为相关系数（R^2）和 Nash-sutcliffe 系数（Ens）。

Nash-sutcliffe 系数（Ens）取值范围为（$-\infty$，1]；Ens 越接近 1，模拟精度越高。根据以往经验，当 Ens＞0.75 时，模拟效果非常好；0.50≤Ens≤0.75 时，表明模拟效果令人满意；Ens＜0.50 时，表明模拟效果不好。Ens 的计算公式如下：

$$\text{Ens} = 1 - \frac{\sum_{i=1}^{n}(Q_m - Q_s)^2}{\sum_{i=1}^{n}(Q_m - Q_{\bar{m}})^2} \tag{7-1}$$

式中：Q_s——模型模拟值；

Q_m——实测值；

$Q_{\bar{m}}$——实测值平均值；

n——观测次数。

相关系数（R^2）是用来描述模拟值和实测值相关度的指标，其取值范围为［0，1］。R^2 越接近 1，表明模拟值和实测值的拟合度越高，模拟效果越好。当 R^2＜1 时，该值越小说明数据吻合程度越低。根据以往经验，R^2≥0.85，表明模拟效果非常好；0.60≤R^2<0.85，表明模拟效果令人满意；R^2<0.60，表明模拟效果不好。R^2的计算公式为：

$$R^2=\frac{\left[\sum_{i=1}^{n}(Q_m-Q_{\bar{m}})(Q_s-Q_{\bar{s}})\right]^2}{\sum_{i=1}^{n}(Q_m-Q_{\bar{m}})^2\sum_{i=1}^{n}(Q_s-Q_{\bar{s}})^2} \tag{7-2}$$

式中：$Q_{\bar{s}}$——模拟值平均值；其他值的解释见式（7-1）。

（2）径流率定及验证结果分析

本研究水量的率定及验证以河津断面2010—2019年月径流数据作为数据源。2010—2016年为率定期，2017—2019年为验证期。率定期和验证期模型模拟的适用性评价结果见表7-5。率定期和验证期月径流模拟结果见图7-8。从表7-5中可以看出，率定期Ens>0.6、R^2>0.60，模拟效果令人满意；验证期 Ens>0.5、R^2>0.6，模拟效果令人满意。率定期和验证期结果都符合模型模拟的精度要求，表明调参后的模拟结果与实测结果能够基本保持一致，能够反映汾河流域的月径流水文过程变化规律。

表7-5 径流率定及验证适用性评价结果

类型	Ens	R^2
率定期	0.64	0.68
验证期	0.70	0.79

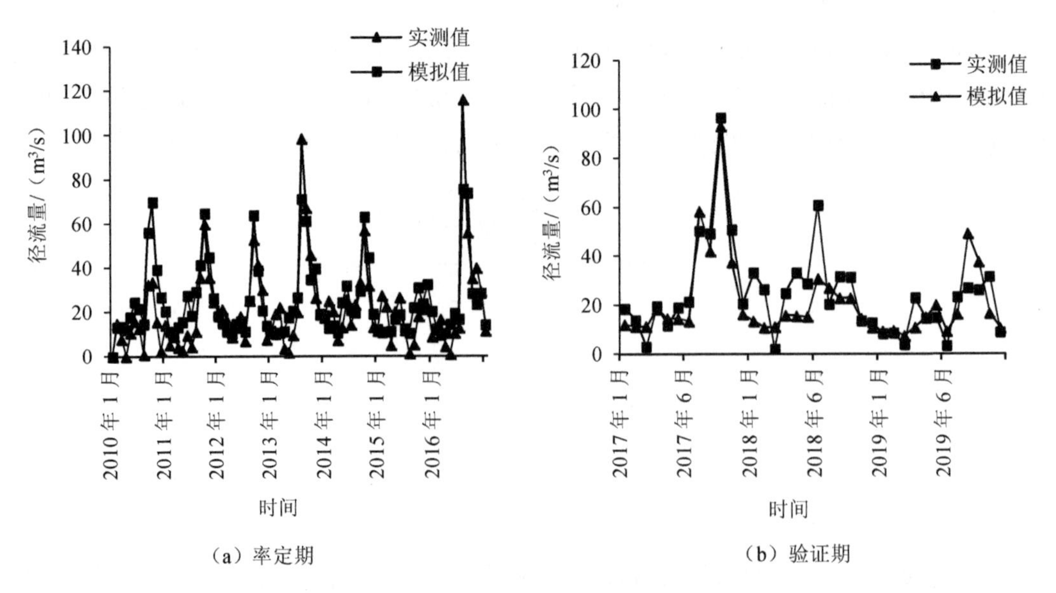

图7-8 率定期和验证期月径流实测值和模拟值的拟合曲线

（3）水质率定结果分析

在径流率定和验证完成的基础上，本研究将最后得到的最佳参数带回 SWAT 模型，然后利用此次模拟的水质值和实测值进行率定和验证，水质指标包括总磷和氨氮。本研究水质数据月份不连续，以新绛断面实测数据来对参数进行率定和验证。总磷、氨氮率定验证结果分别见表 7-6 和表 7-7，总磷、氨氮实测值和模拟值拟合曲线分别见图 7-9 和图 7-10。

验证期的 R^2 和 Ens 没有率定期好，可能是验证期时间短，人为等不确定因素对河流的影响使得实测值出现异常值的概率较大，但总体效果是可以的，因此模拟结果可以采用。

表 7-6　总磷率定验证结果

类型	Ens	R^2
率定期	0.53	0.57
验证期	0.51	0.55

表 7-7　氨氮率定结果

类型	Ens	R^2
率定期	0.54	0.59
验证期	0.53	0.51

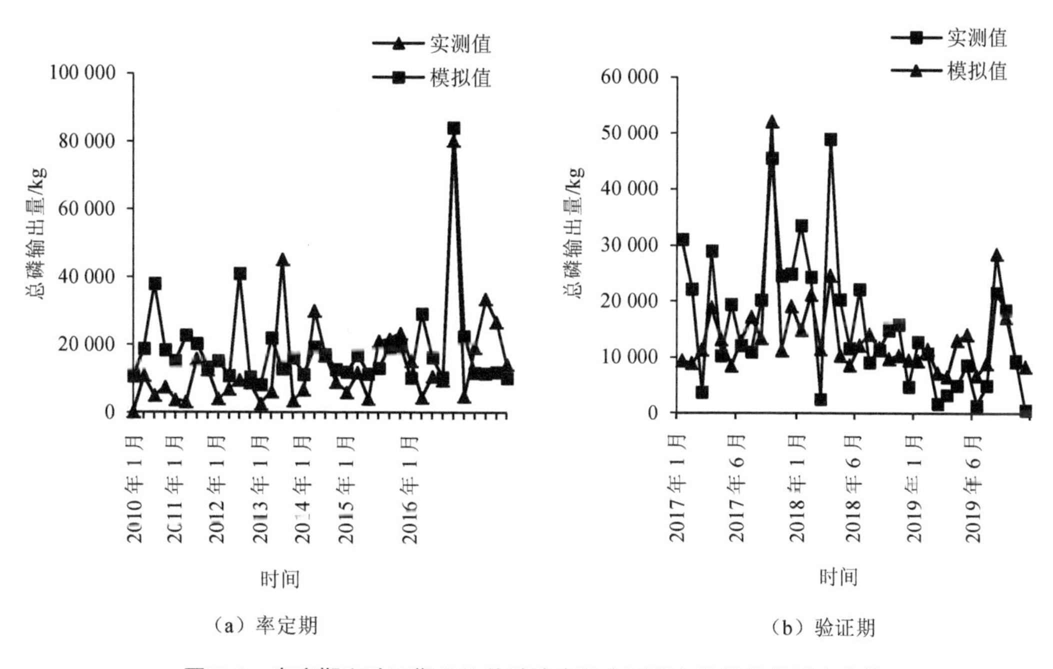

图 7-9　率定期和验证期月均总磷输出量实测值和模拟值的拟合曲线

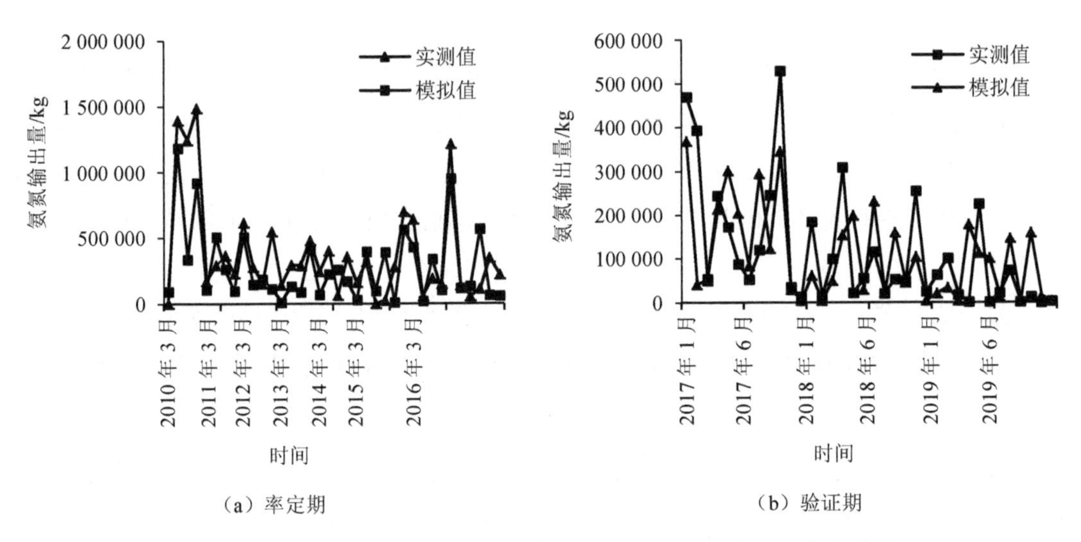

（a）率定期　　（b）验证期

图 7-10　率定期和验证期月均氨氮输出量实测值和模拟值的拟合曲线

综上所述，对 SWAT 模型的水质和水量率定验证总体效果是可以的，因此模拟结果可以采用。可以基于模型输出的水质、水量数据进行水环境状况和污染源的解析。

第 8 章　控制单元水环境质量问题识别

通过 SWAT 模型对汾河流域进行控制单元划分，基于模型结果对汾河流域各控制单元 2017—2019 年水质、水量进行分析，明确控制单元水环境质量问题，为后续对负荷、容量等的分析提供基础。

8.1　水质现状分析

对照汾河流域主要断面考核目标（见表 8-1），对各控制单元水质进行分析。

表 8-1　控制单元考核目标

控制单元	断面名称	地市	河流	水质目标
单元 1	汾河水库出口	太原市	汾河	II
单元 2	曲立	吕梁市	岚河	III
单元 3	上兰	太原市	汾河	II
单元 4	温南社	太原市	汾河	氨氮质量浓度≤6 mg/L，其他指标为V类
单元 5	郝村	晋中市	潇河	III
单元 6	南姚	吕梁市	文峪河	氨氮质量浓度≤5 mg/L，其他指标为V类
单元 7	桑柳树	晋中市	磁窑河	氨氮质量浓度≤6 mg/L，其他指标为V类
单元 8	王庄桥南	晋中市	汾河	氨氮质量浓度≤6 mg/L，其他指标为V类
单元 9	上平望	临汾市	汾河	氨氮质量浓度≤3 mg/L，其他指标为V类
单元 10	庙前村	运城市	汾河	氨氮质量浓度≤3 mg/L，其他指标为V类
单元 11	西曲村	运城市	浍河	氨氮质量浓度≤6 mg/L，其他指标为V类

8.1.1　汾河干流上游

断面 1 为汾河水库出口，位于汾河干流上游，总磷质量浓度有逐年整体减少的趋势，年内波动幅度不大，都满足II类水要求。断面 3 为上兰，位于汾河流域干流上游，三年基本满足考核目标。

单元 1 水质状况趋势见图 8-1。氨氮质量浓度三年都较稳定，没有出现大的波动，且2018年和2019年的氨氮质量浓度整体小于2017年，都满足Ⅱ类水要求。总氮质量浓度在2018年1—6月和2019年1—4月都达劣Ⅴ类，全年都较高，远超Ⅱ类水要求。总磷质量浓度有逐年整体减少的趋势，年内波动幅度不大，都满足Ⅱ类水要求。COD仅在2017年11月和2019年7月超出考核标准，其余时间都满足Ⅱ类水要求。

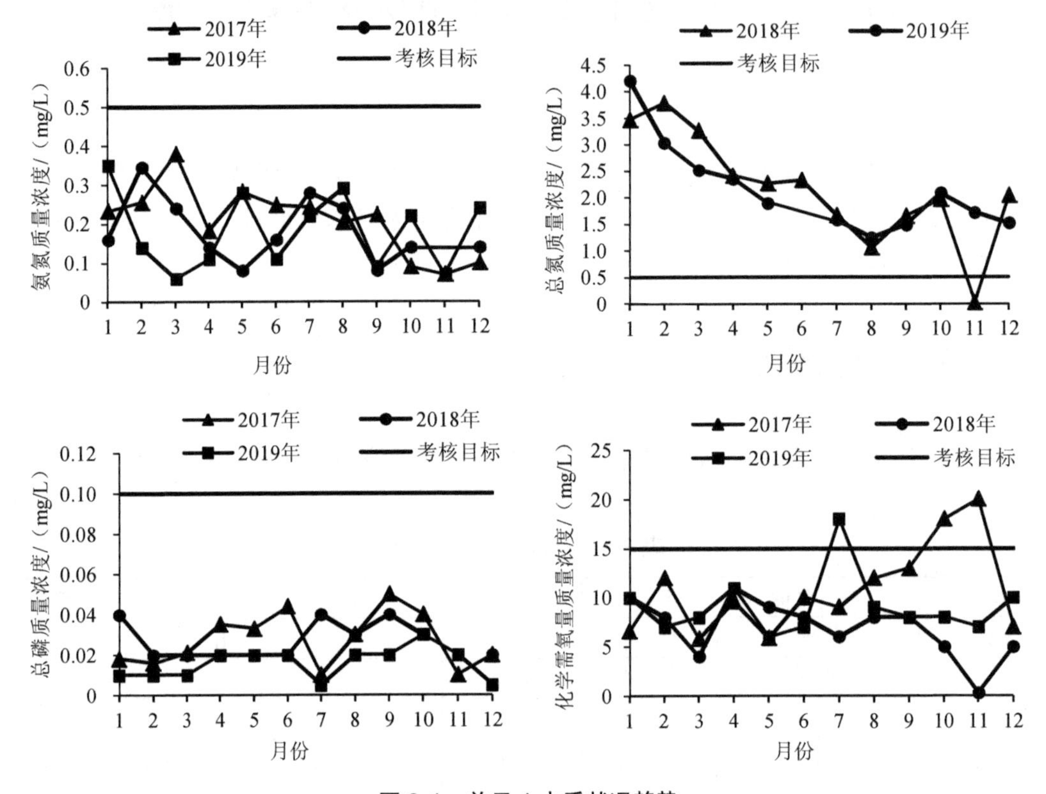

图8-1 单元1水质状况趋势

单元3水质状况趋势见图8-2。总氮质量浓度在2017、2018年1—8月都达劣Ⅴ类；除总氮质量浓度外，其他指标三年基本满足考核目标，且氨氮质量浓度整体呈逐年下降趋势。

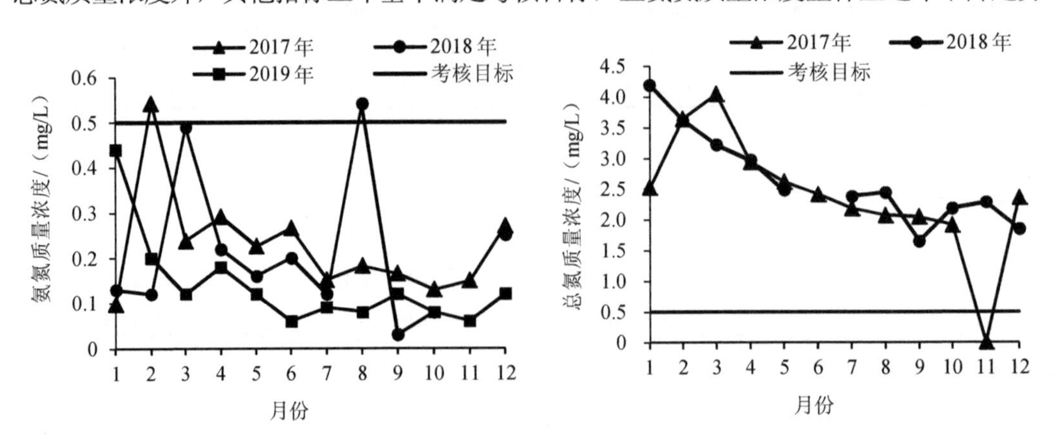

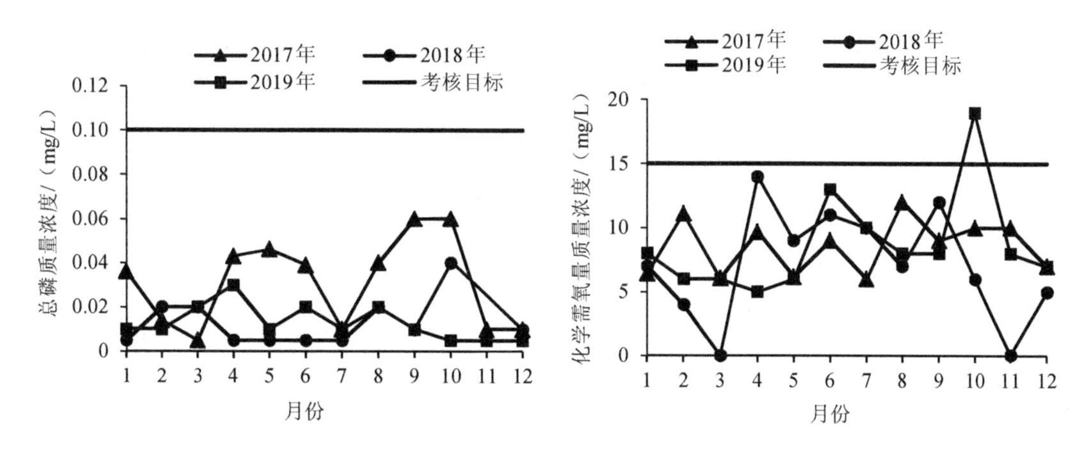

图 8-2　单元 3 水质状况趋势

8.1.2　汾河干流中游

单元 4 水质状况趋势见图 8-3。氨氮、总氮质量浓度都远高于水质考核标准；总磷质量浓度在 2018 年之后有较大改善，基本达到考核标准；化学需氧量质量浓度从 2017 年 4 月开始，基本满足考核标准，且在 2018 年、2019 年逐步改善，2019 年基本可达到Ⅳ类水标准。

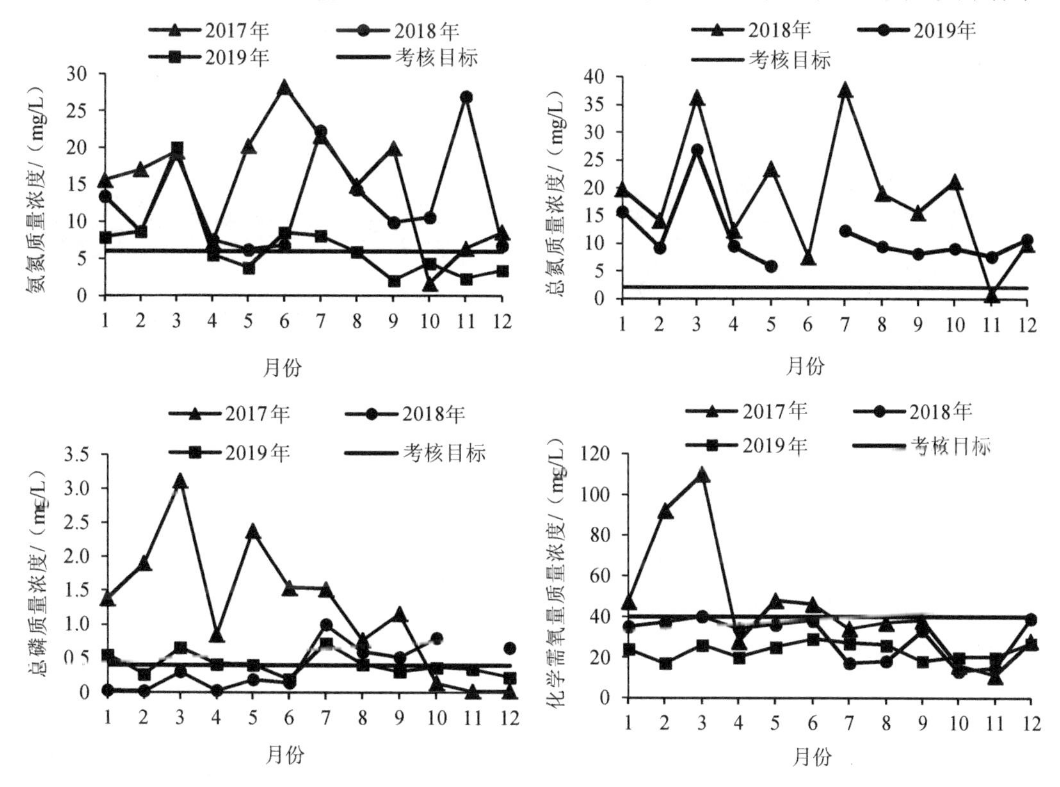

图 8-3　单元 4 水质状况趋势

8.1.3 汾河干流下游

单元 8 水质状况趋势见图 8-4。氨氮质量浓度长期处于高位值，2019 年有所好转，基本低于 6 mg/L。总氮质量浓度长期处于超标状态，2019 年有所好转。总磷质量浓度在 2017 年 7 月后，除个别月份外基本可满足考核目标。化学需氧量质量浓度在 2018 年有所好转，除个别月份外基本可满足Ⅴ类水要求。

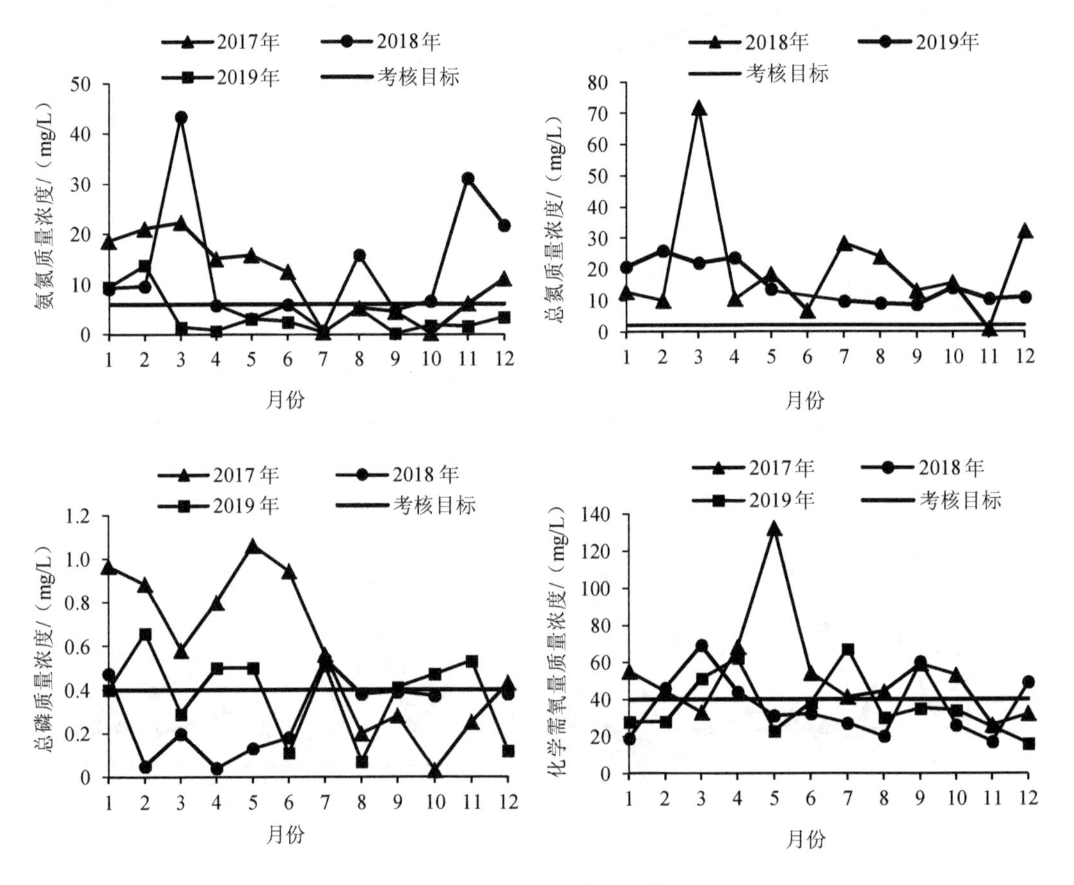

图 8-4 单元 8 水质状况趋势

单元 9 水质状况趋势见图 8-5。氨氮质量浓度在 2017 年 1—6 月、2018 年和 2019 年年初均处于超标状态，2018 年和 2019 年基本均满足考核目标。总氮浓度长期处于高位值。总磷质量浓度自 2018 年开始有较大改善，除个别月份外基本可满足Ⅴ类水要求。化学需氧量质量浓度除个别月份外基本可满足考核目标。

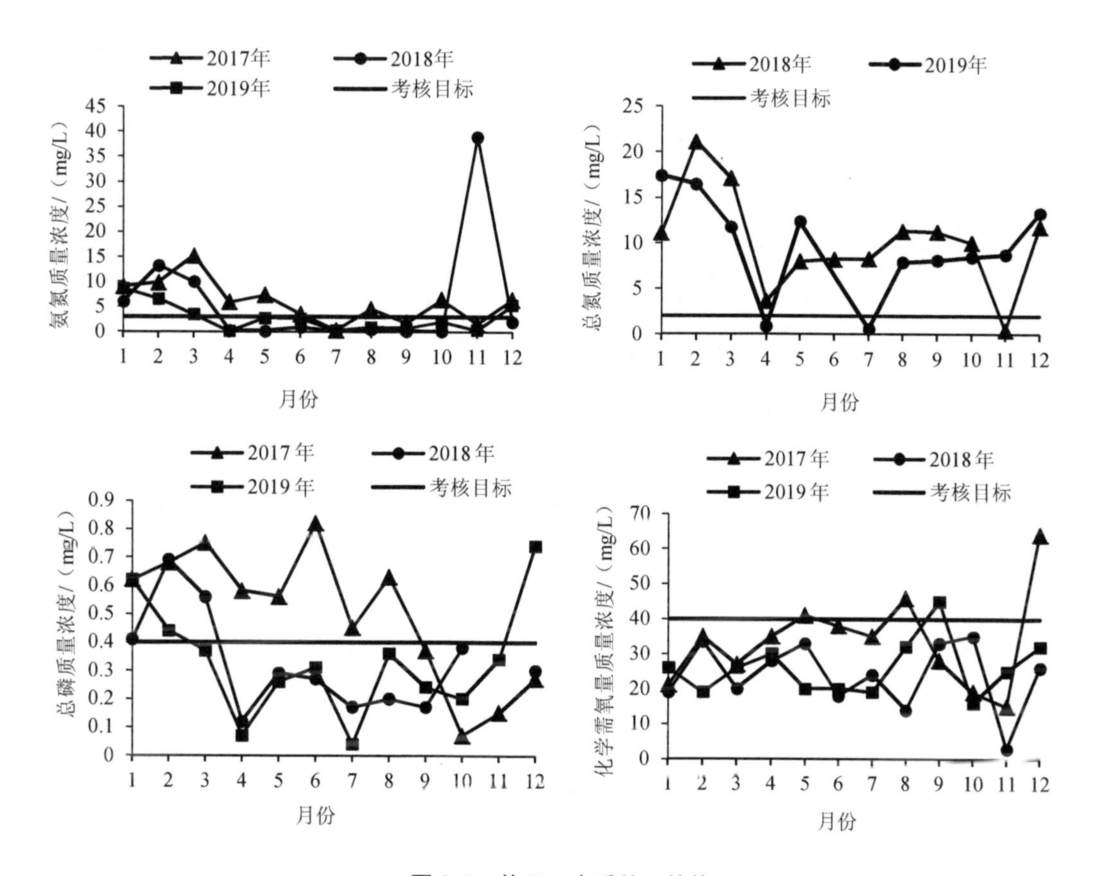

图 8-5　单元 9 水质状况趋势

单元 10 水质状况趋势见图 8-6。入黄断面氨氮质量浓度在三年年初均超过考核目标，其余时间除 2018 年 11 月外，均可满足考核目标，且 2019 年较前两年好。总氮质量浓度长期处于高位，总磷和化学需氧量质量浓度在 2018 年开始有较大改善，除个别枯水期月份外，其他时间基本可满足要求，都在逐年变好。

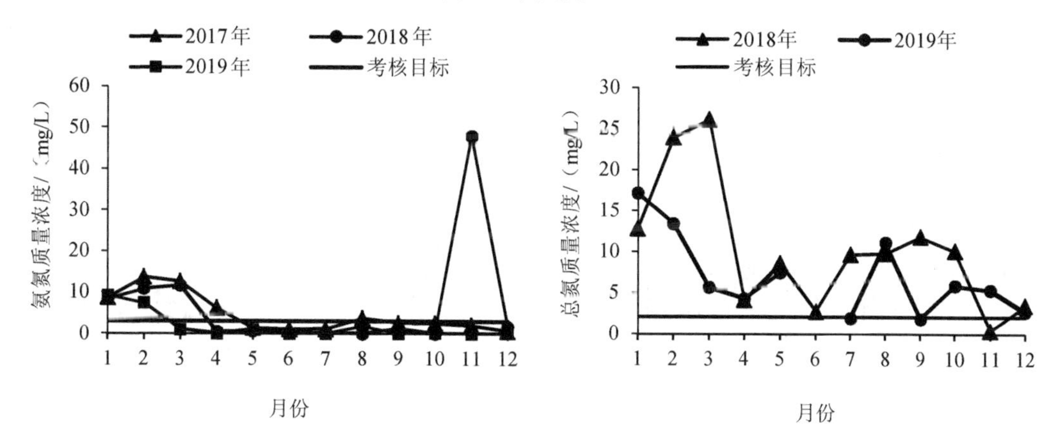

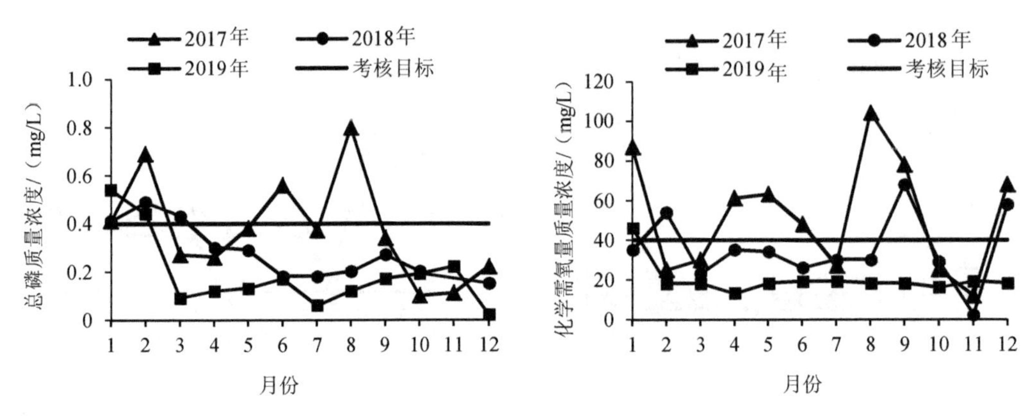

图 8-6　单元 10 水质状况趋势

8.1.4　支流

在岚河支流，考核断面 2 为曲立。单元 2 水质状况趋势见图 8-7。2019 年总磷质量浓度要高于前两年，2017 年基本满足考核目标，2018 年和 2019 年均在年初较高，尤其在 2018 年 1 月和 2019 年 4 月最高，分别超标 2.3 倍和 2.5 倍，分别从 3 月和 6 月开始好转，基本满足考核目标。氨氮质量浓度、总氮质量浓度长期处于劣Ⅴ类，但氨氮质量浓度从 2019 年 7 月开始，满足Ⅲ类水考核目标。化学需氧量质量浓度仅在个别月份超标，其余时间基本满足考核目标。

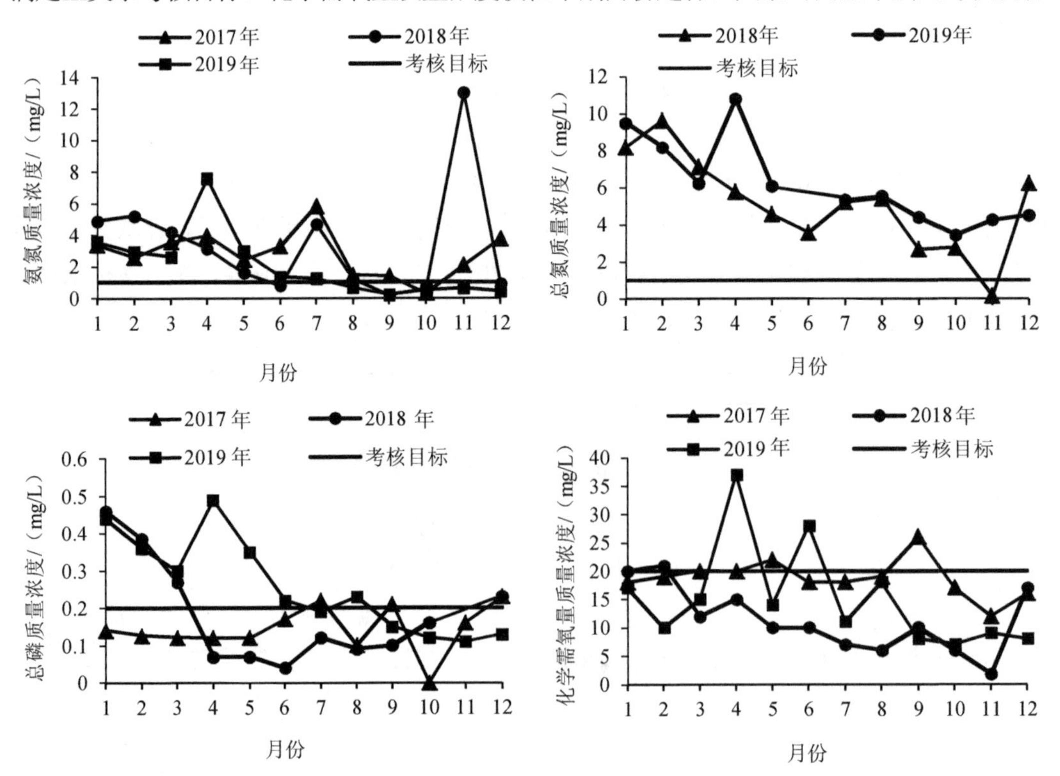

图 8-7　单元 2 水质状况趋势

在潇河支流，考核断面5为郝村。单元5水质状况趋势见图8-8。总磷质量浓度基本较低，2017年仅2月和3月略超考核标准1.2倍和1.15倍，2018年仅2月和9月略超考核标准1.15倍和1.05倍，2019年仅7月质量浓度较高，超考核标准2.7倍，其他时间均可满足III类水要求。氨氮质量浓度在三年的1—3月均超出考核标准，且在2017年最高，可达到劣V类，其余时间基本达标。总氮质量浓度长期处于超标状态，但2019年也有明显下降，较2018年稳定。化学需氧量质量浓度在2017年和2019年除个别月外，基本可满足考核目标，其余时间基本可达到IV类水标准。

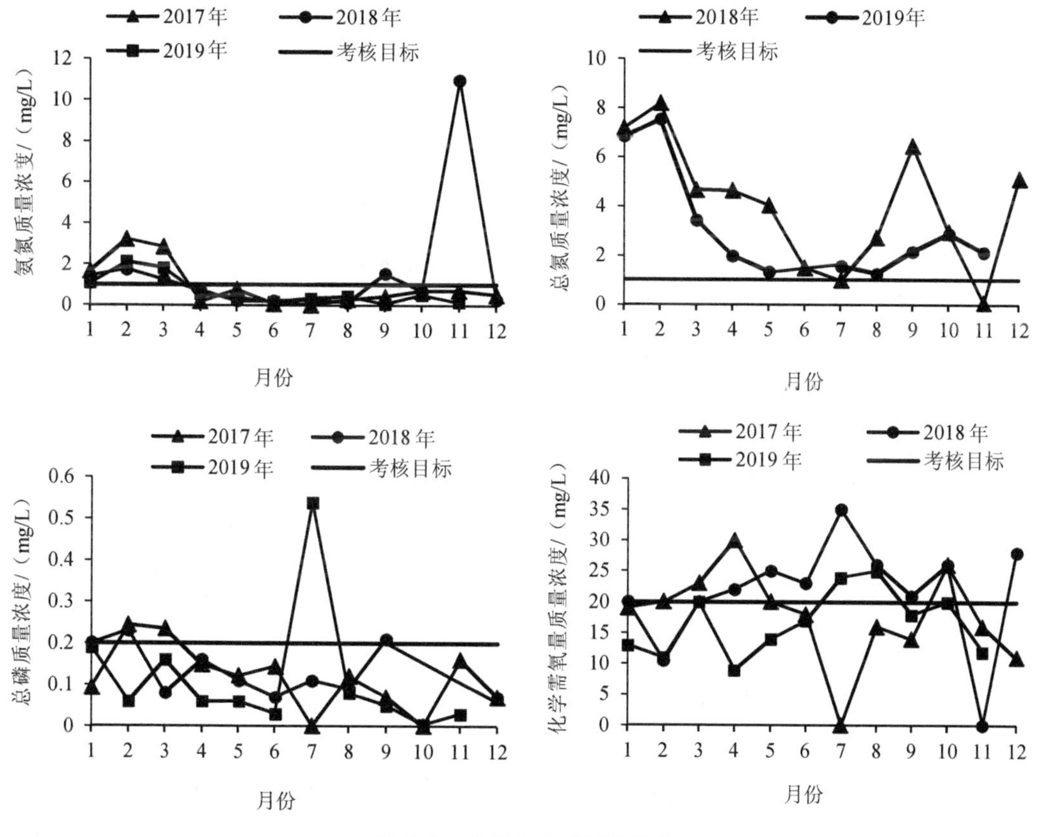

图8-8 单元5水质状况趋势

在文峪河支流，考核断面6为南姚。单元6水质状况趋势见图8-9。总磷质量浓度三年来均在前半年极高，尤其2018年和2019年，分别介于0.22～1.64 mg/L和0.1～1.84 mg/L，最高分别在3月和5月，分别超标4.1倍和4.6倍；2017年前半年仅5月、6月超标，分别超标2倍和2.3倍；但从7月开始，基本可达到考核标准，仅在2017年12月略超标准1.8倍。氨氮质量浓度在2017年7—9月、2018年7—10月、2019年7—12月满足考核目标，其余时间处于超标状态。总氮质量浓度长期处于超标状态。化学需氧量质量浓度不稳定，一直在考核标准上下波动，但2018年和2019年从7—8月开始，基本满足考核标准。

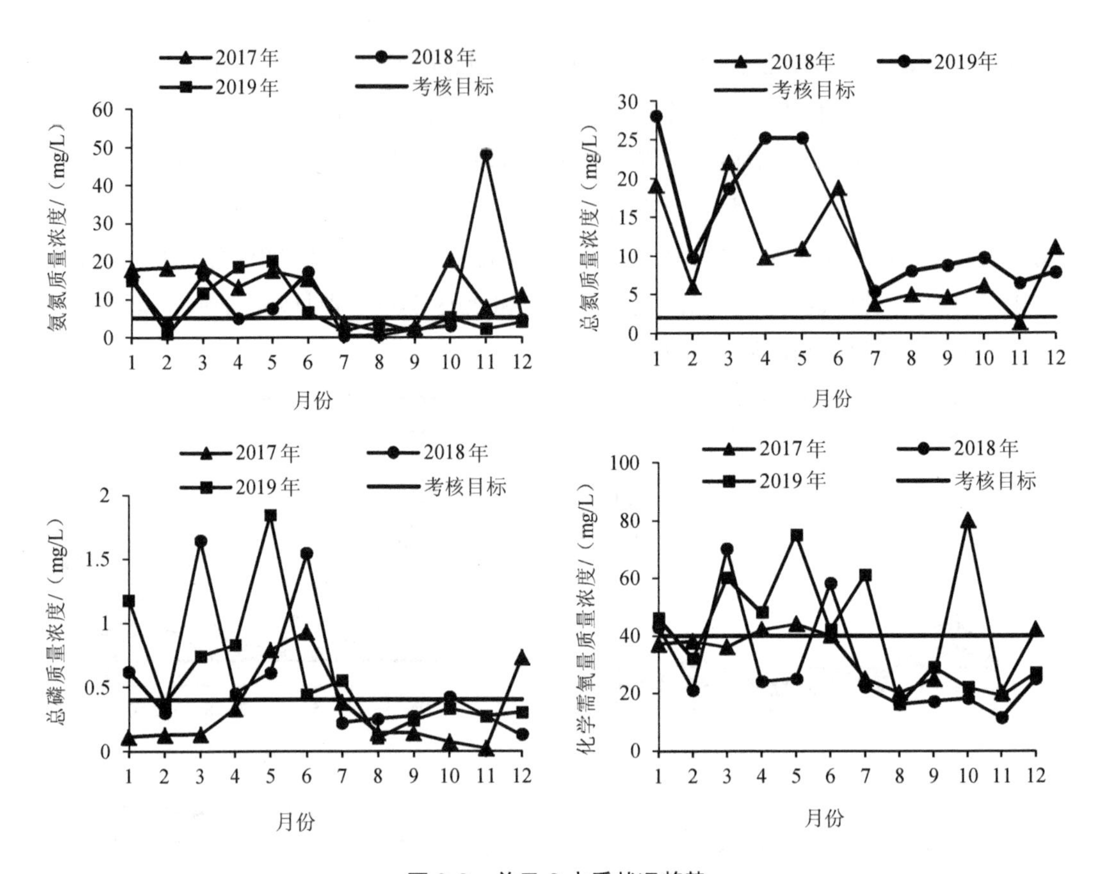

图 8-9　单元 6 水质状况趋势

在磁窑河支流，考核断面 7 为桑柳树。单元 7 水质状况趋势见图 8-10。氨氮质量浓度、总氮质量浓度长期处于高位，远高于Ⅴ类水标准，氨氮质量浓度在 2019 年 4 月下降后，除 8 月外，其余时间可达考核目标。总磷和化学需氧量质量浓度在 2019 年后半年有明显下降，基本可达到Ⅴ类水标准。

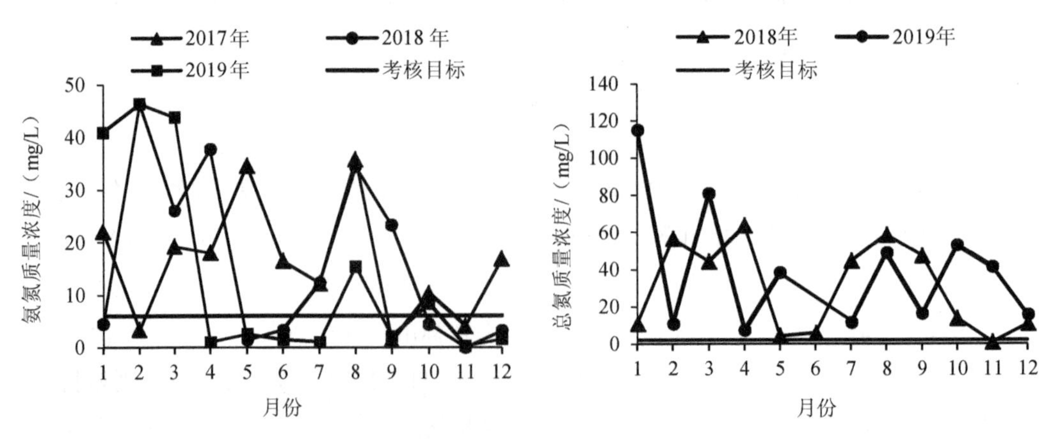

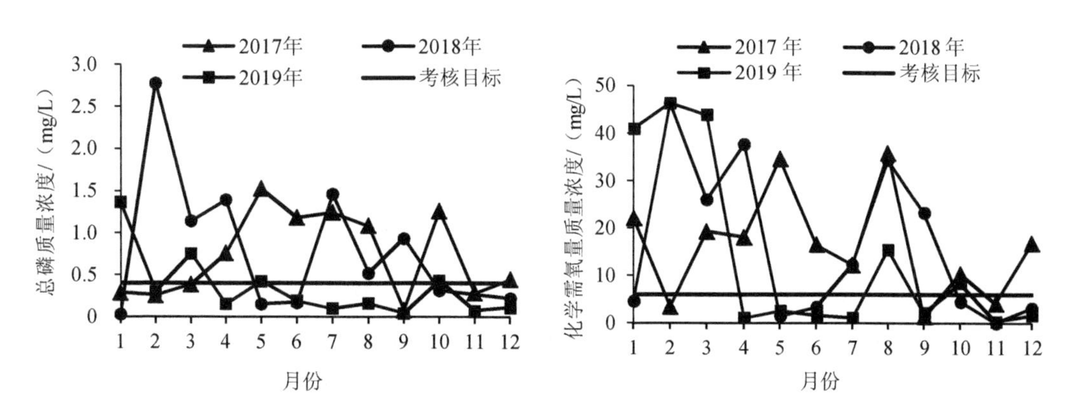

图 8-10 单元 7 水质状况趋势

在浍河支流，考核断面 11 为西曲村。单元 11 水质状况趋势见图 8-11。总磷质量浓度长期处于超标状态，仅 2019 年 3 月、7 月、9 月满足考核标准，且 2018 年和 2019 年整体要低于 2017 年，情况有所好转；分别在 2017 年 6 月和 2018 年 1 月超出考核标准最多，分别超标 6.4 倍和 3.7 倍，2019 年较高浓度值集中在 4—6 月，其中 4 月最高，超标 5.8 倍。浍河水质总体较差，氨氮质量浓度波动、不稳定。总氮质量浓度长期处于超标状态，化学需氧量质量浓度除个别月份外基本可达到Ⅴ类水标准。

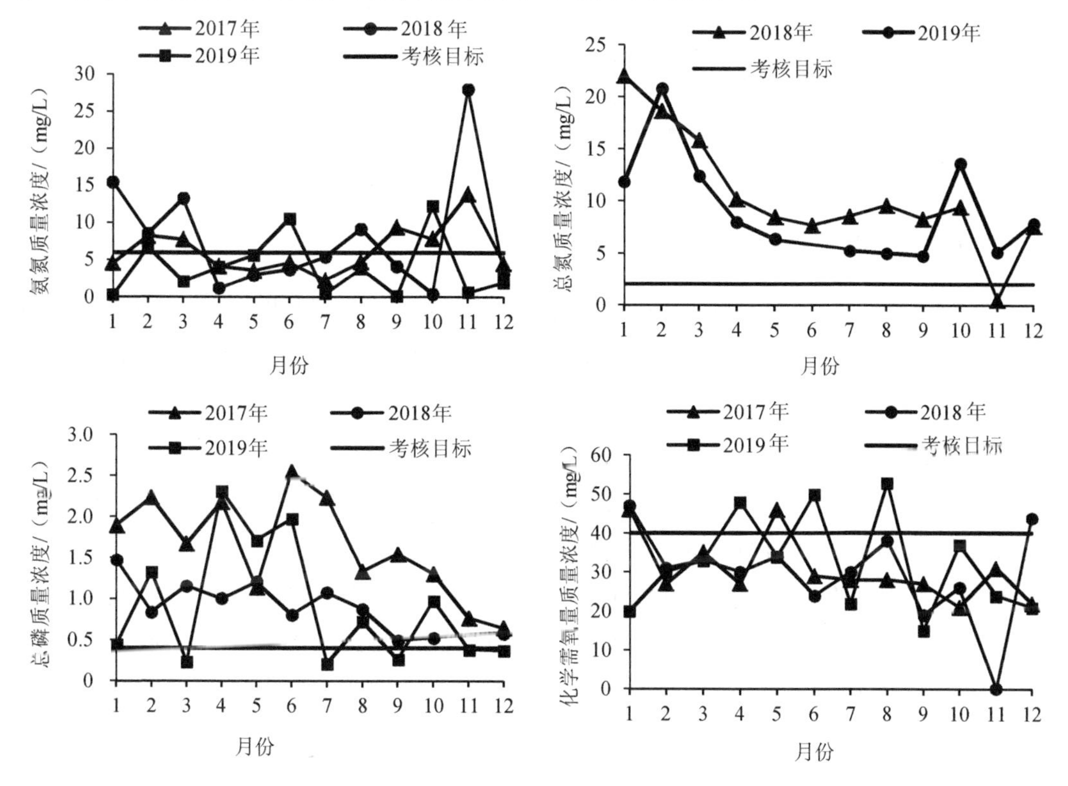

图 8-11 单元 11 水质状况趋势

8.2 水量现状分析

对2017—2019年汾河流域水量进行的分析表明，汾河出口断面2017年水量为31.8 m^3/s，2018年水量为26.9 m^3/s，2019年水量为16.9 m^3/s，逐年下降。其中，单元1水量在2018年和2019年持平，均远高于2017年；单元2、单元3、单元6、单元8水量在2018年提升后却在2019年大幅回落；单元4水量逐年增长，但单元5和单元6（分别为潇河和文峪河）水量却在逐年下降，单元9和单元10水量也呈逐年递减的趋势。具体见表8-2。

表8-2 2017—2019年各单元水量分布情况　　单位：m^3/s

年份	单元1	单元2	单元3	单元4	单元5	单元6
2017	7.4	2.0	13.7	10.1	1.7	9.7
2018	13.3	2.5	15.2	12.9	1.8	7.9
2019	13.3	1.5	11.8	15.6	—	0.2
年份	单元7	单元8	单元9	单元10	单元11	—
2017	0.7	32.6	32.8	31.8	0.5	—
2018	0.3	32.9	32.6	26.9	0.6	—
2019	—	27.9	22.1	16.9	—	—

8.2.1 汾河干流上游

单元1水量变化趋势见图8-12（a）。2017年和2018年水量波动较大，2019年水量变化幅度明显较小，且水量在枯水期较前两年偏高。整体而言，2018年水量较大，但丰枯两期波动较大，由3月的36.9 m^3/s至12月的4.33 m^3/s，2019年水量较平稳，从收集到的5—12月数据可看到6月最高，达到19.0 m^3/s，9月最低，为9.48 m^3/s。单元1出口为汾河水库出口，分析水量变化可能是水利措施调控所致，在雨季减少放水，非降雨季节增加放水，通过科学调控水量以减小枯水期对北方河流的较大影响。

单元3水量变化趋势见图8-12（b）。单元3为汾河水库出口至汾河太原段之前，包含汾河二库。2017年和2018年趋势及水量基本接近，3月达到最高值，分别为36.8 m^3/s和36.6 m^3/s，2月最低，分别仅有0.154 m^3/s和3.25 m^3/s。2019年总体波动比前两年小。

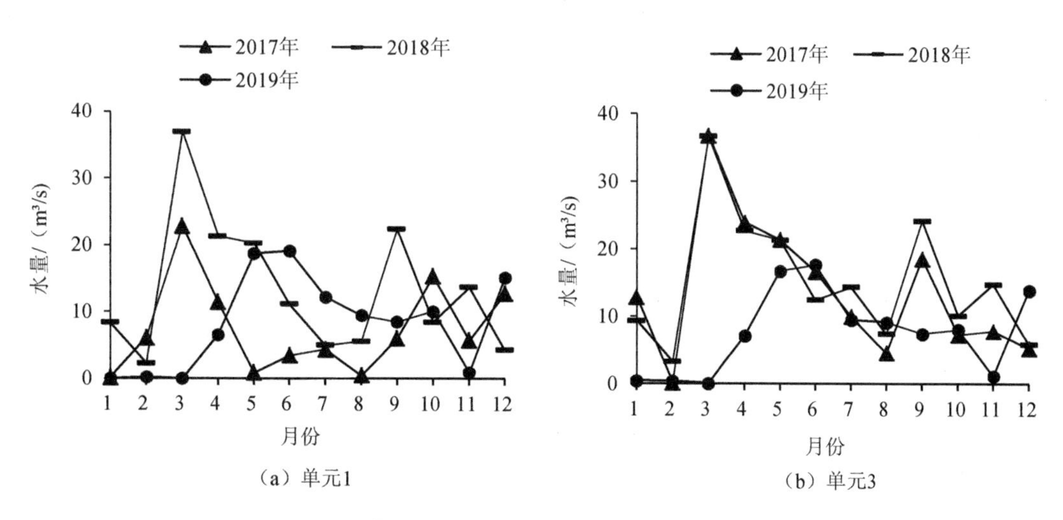

图 8-12 汾河上游水量变化趋势

8.2.2 汾河干流中游

单元 4 水量变化趋势见图 8-13。单元 4 为汾河太原段出口，2017 年水量相对较小，且波动幅度较大，为 1.91 m³/s（2 月）～33.69 m³/s（10 月）。2018 年水量较 2017 年总体有所上涨，波动也较大，最低在 12 月，仅有 0.158 m³/s，最高在 9 月，可达到 28.8 m³/s。进入 2019 年后，水量总体有所上升，且波动幅度也相对较小，基本维持在 11.0～19.9 m³/s。可能是因为 2019 年太原市出台水污染防治攻坚任务等，通过水利工程调控汾河太原段水量，保证在枯水期的正常生态需水，保护生态环境。

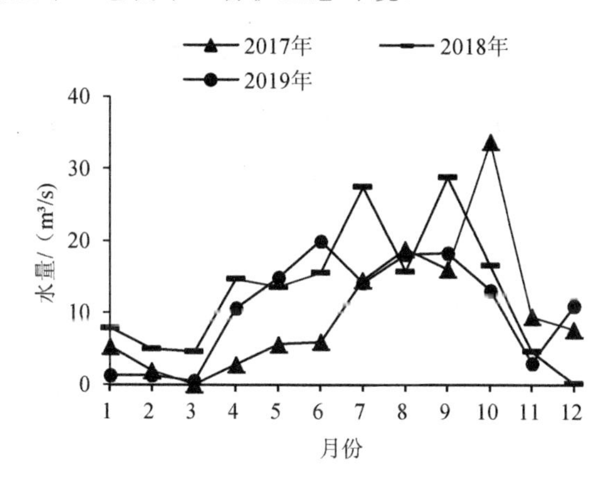

图 8-13 单元 4 水量变化趋势

8.2.3 汾河干流下游

单元 8、单元 9、单元 10，2017—2019 年水量与单元 1～4 的情况类似，变化趋势见图 8-14。进入 2019 年后水量变化幅度减小，且在 2017 年 3 个单元出口水量均可平均达到 30 m³/s 以上，但 2018 年单元 10 出口（即汾河总出口）水量平均仅达到 26.9 m³/s，2019 年 3 个单元水量均有所下降，平均仅达 17.33 m³/s。

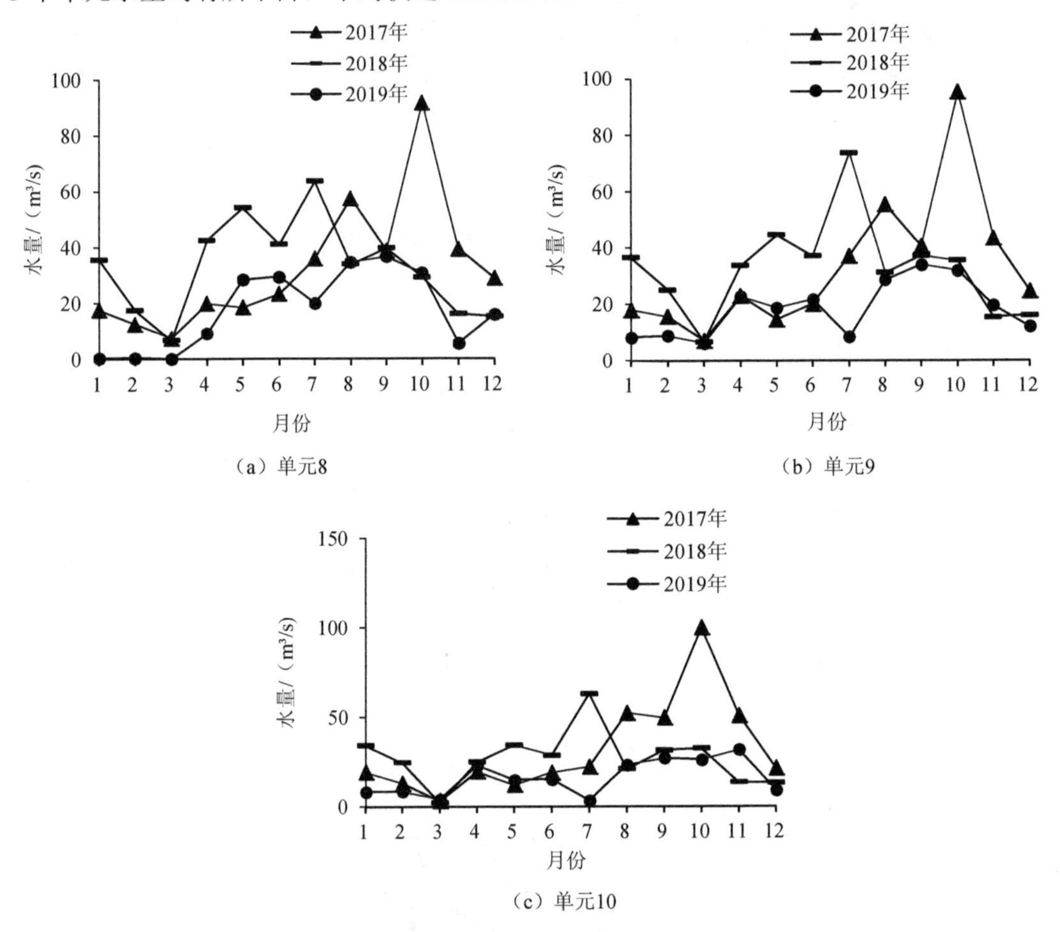

图 8-14　汾河流域下游水量变化趋势

8.2.4 支流

支流水量变化趋势见图 8-15。单元 2 为岚河，2017—2019 年年均水量变化相对较小，分别为 2.0 m³/s、2.5 m³/s、1.5 m³/s。2018 年相对较高，水量最高达到 6.35 m³/s（8 月），最低在 2 月，仅有 0.714 m³/s。2019 年变化幅度最小，介于 1.01～2.19 m³/s。整体在 1—6 月水量变化较小、水量较低，在进入雨季（7—9 月）后，水量大幅上涨，但是 2019 年波动没有这么明显，可能是2019年降水量较少或者水利调控措施所致。

单元5为潇河，2017年和2018年水量趋势基本相同，流量也大体相当，维持在1.7 m^3/s和1.8 m^3/s，高值分别出现在7月和10月，低值基本在1月和2月。2019年1—5月，除4月之外，水量较2017年和2018年小，6—10月水量较大，要高于2017年和2018年，水量最大值出现在9月，为13.48 m^3/s。

单元6为文峪河，2018年水量（7.9 m^3/s）较2017年（9.7 m^3/s）略有回落，但进入2019年却大幅减少，仅有0.20 m^3/s。由于监测断面为文峪河水库出口，故可能是因为文峪河水库水量拦截。

单元7为磁窑河，2017年和2018年水量均较小，均值分别仅为0.70 m^3/s和0.30 m^3/s，2017年11月甚至为0。2019年水量整体大于2017年和2018年，水量最大值出现在9月，为15.98 m^3/s，但11月、12月、1月、2月、3月与2017年和2018年相当。

单元11为浍河，流量总体较小，2017年和2018年水量波动较为平稳，均值分别为0.5 m^3/s和0.6 m^3/s，2019年4月和11月水量较大，分别为2.92 m^3/s和3.44 m^3/s，5—10月水量为0。故浍河水量保持问题较为严重。

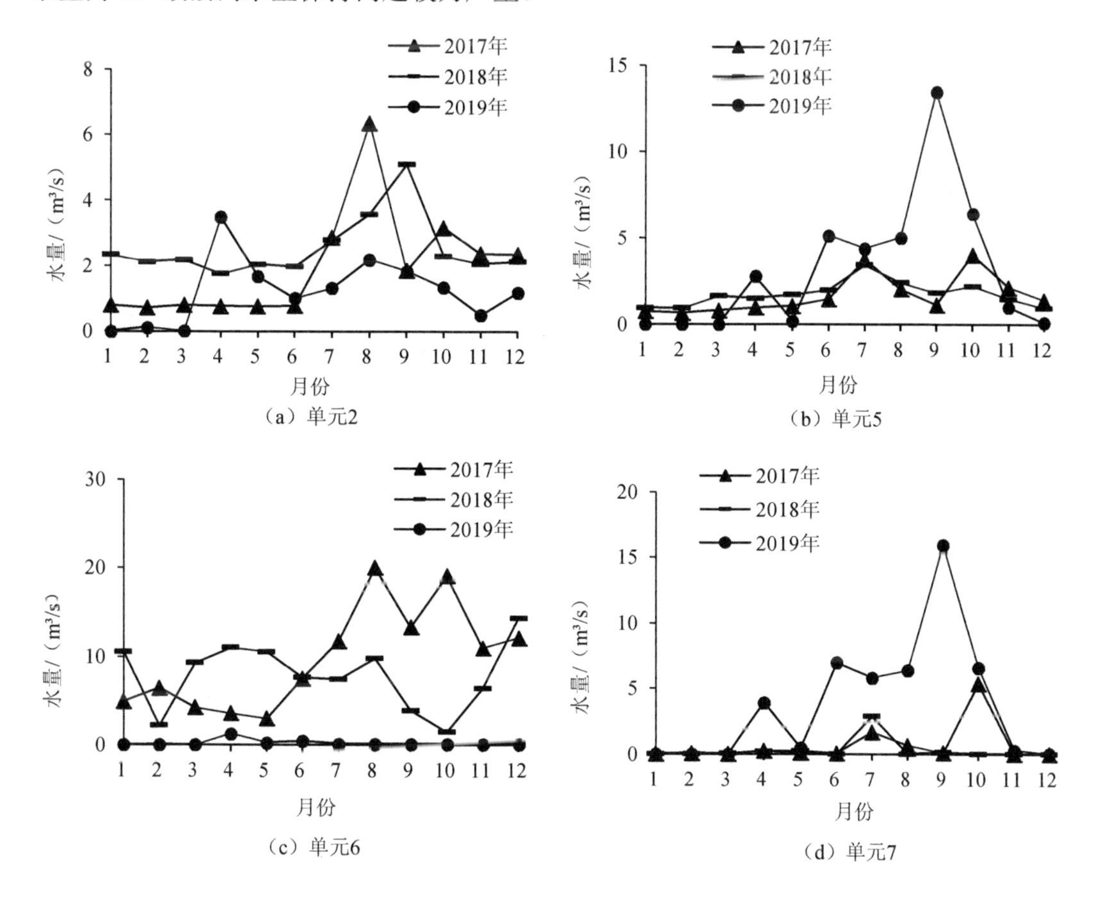

（a）单元2　（b）单元5

（c）单元6　（d）单元7

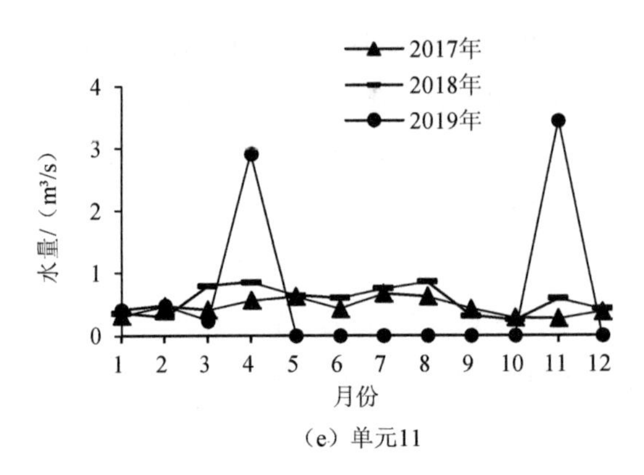

（e）单元11

图 8-15 汾河支流水量变化趋势

8.3 小结

汾河流域水量问题在支流较为严重，流量较小，在浍河和磁窑河甚至出现断流情况。汾河流域整体总氮质量浓度超标较为严重，长期处于超标状态，氨氮质量浓度次之，总磷质量浓度情况较好。干流总氮质量浓度长期超标，氨氮质量浓度在上兰断面后出现超标现象，但在 2019 年得到改善。总磷质量浓度在上兰断面之前基本可满足水质标准，出温南社断面后，个别月份出现超标现象。各支流总氮质量浓度问题最为严重，基本不达标，氨氮质量浓度问题次之，总磷质量浓度在岚河、潇河基本达标，在磁窑河 2019 年后基本可达标，在文峪河、浍河长期为劣Ⅴ类且不达标。整体而言，水质上游较中下游好。

第 9 章　控制单元污染源解析

基于构建的 SWAT 模型，输出 2017—2019 年总磷、总氮和氨氮的污染负荷结果，将模型中输出的城镇生活、农村生活、畜禽养殖和工业污染作为点源污染负荷数据，农田污染作为面源污染负荷数据。以此为基础，进一步解析各控制单元内总磷、总氮及氨氮的污染来源。由于单元 6、单元 8、单元 9 控制面积较大，为了更加精确地解析其污染来源，对其进一步进行子单元划分，见图 9-1。

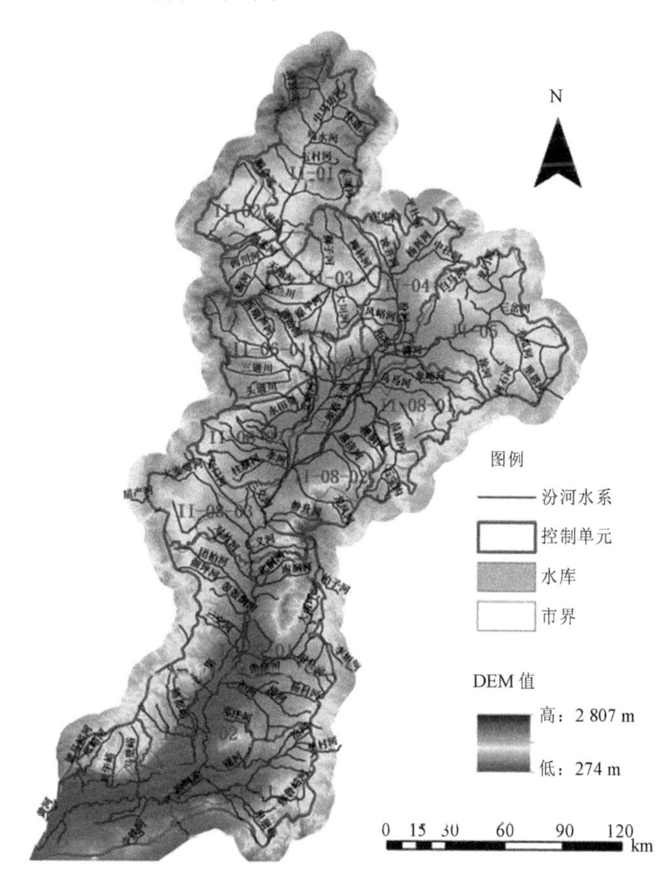

图 9-1　控制单元划分

9.1 干流上游污染源解析

单元 1 水质指标总量及各污染源贡献占比见图 9-2。总磷污染负荷在 2017—2019 年逐年减少，2018 年减幅大，2019 年减幅稍小。其中，2018 年，城镇生活和工业源污染贡献量虽略有减少，但所占比例不大，总磷污染负荷的减少主要是畜禽养殖、农田、农村生活污染减少的贡献。总氮污染负荷逐年略有增加。其中，城镇生活和工业污染负荷在 2018 年急剧减少，2019 年有所回升。畜禽养殖、农田、农村生活污染负荷变化趋势则相反，在 2018 年有所增加，2019 年略有回落。氨氮污染负荷在三年间变化不大，工业和城镇生活污染负荷先略有减少后在 2019 年增加，畜禽养殖、农田、农村生活污染负荷都在 2018 年略有增加，在 2019 年减少。

各污染源对总磷污染负荷贡献占比中，2017—2018 年以农田、畜禽养殖和农村生活为主，2017 年分别占 41.4%、16.6%、30.9%，2018 年分别占 35.0%、26.3%、14.2%；在 2019 年，城镇生活和工业占比增加，与农田一起成为主要来源，三者占比相当，都为 20%～30%。2017—2019 年，各污染源对总氮污染负荷贡献占比中，农田最大，达 50%以上，畜禽养殖次之，为 20%～30%，其余贡献占比都小于 10%。各污染源对氨氮污染负荷贡献占比中，2017—2018 年以畜禽养殖、农田和城镇生活为主，分别占 42.9%、18.3%、15.3%；2019 年，农田占比下降，畜禽养殖、城镇生活和工业成为主要来源，分别占 36.0%、21.4%、18.1%。

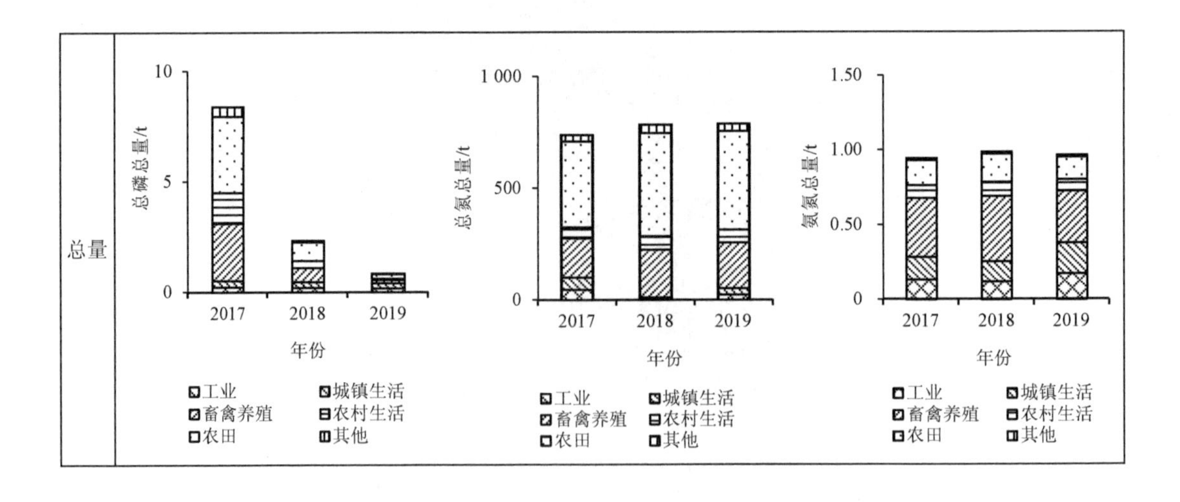

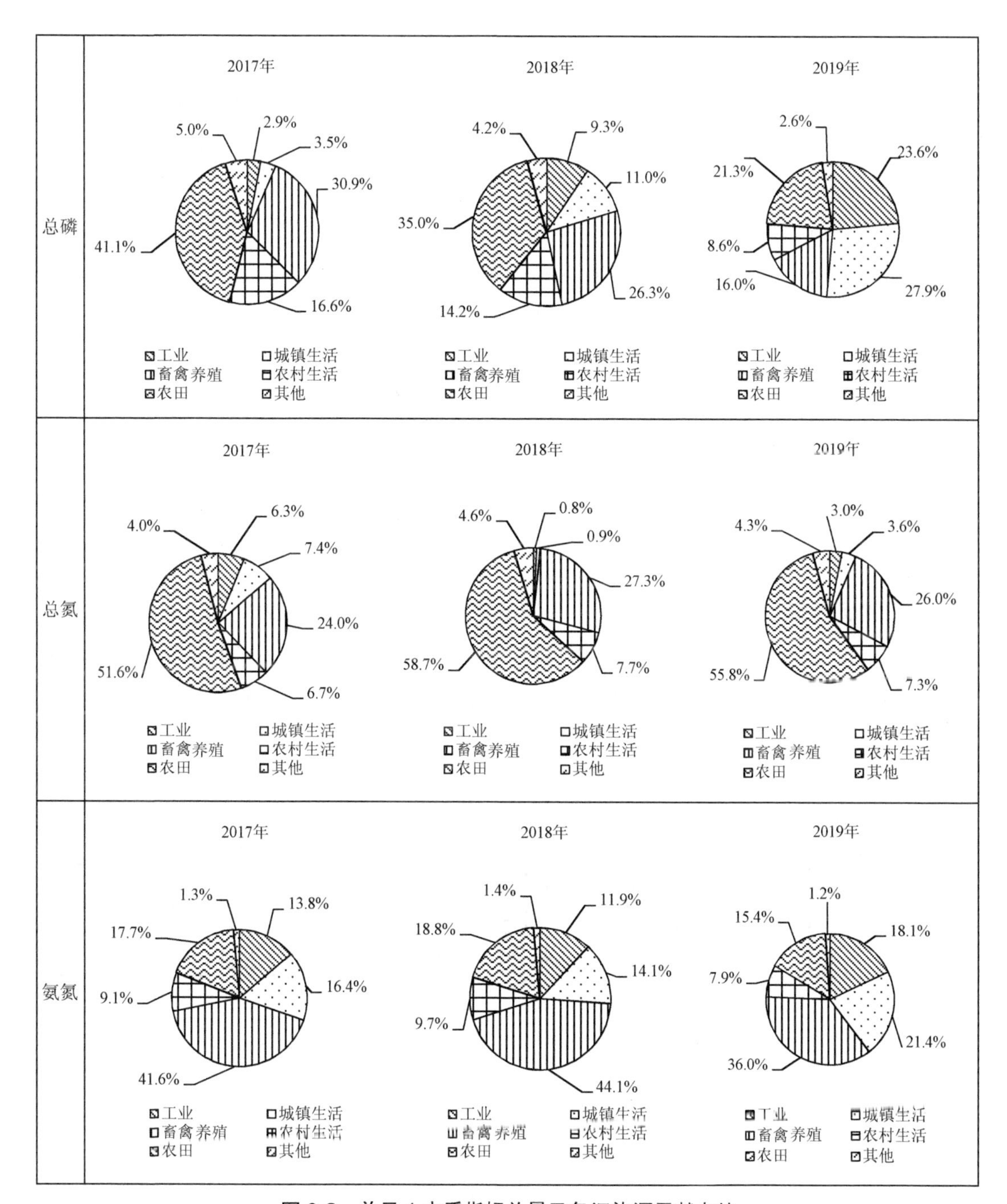

图 9-2 单元 1 水质指标总量及各污染源贡献占比

单元 3 水质指标总量及各污染源贡献占比见图 9-3。2017—2019 年，总磷总量逐年减少，每次减少近 50%。其中，城镇生活和工业贡献量在三年间变化不大。面污染源贡献量变化同总磷总量变化趋势相同。

各污染源总磷贡献占比中，2017 年为畜禽养殖＞农田＞城镇生活，占比分别为 31.1%、

26.5%、22.1%；2018 年为城镇生活＞畜禽养殖＞农田，占比分别为 36.8%、24.7%、21.0%；2019 年为城镇生活＞畜禽养殖＞农田，占比分别为 71.5%、9.6%、8.2%。2017—2019 年，城镇生活污染占比一直在增加，并在 2019 年达到 71%，工业源占比一直在微增，面污染源占比都在减少。

总氮总量在 2018 年减少，2019 年略有增加。其中，城镇生活贡献量在 2018 年大幅减少，2019 年略有增加。面污染源贡献量在逐年增加，2018 年增幅较大，2019 年增幅较小。

各污染源总氮贡献占比中，2017 年为城镇生活＞农田＞畜禽养殖，占比分别为 32.6%、31.9%、24.2%；2018 年和 2019 年为农田＞畜禽养殖＞农村生活，占比分别为 45.6%、34.9%、8.0%。2018 年，城镇生活占比较 2017 年减少 28 个百分点，畜禽养殖和农田占比有所增加，其余变化不大，2019 年较 2018 年变化不大。

2017—2019 年，氨氮总量一直在减小。2018 年，工业和城镇生活贡献量减少，面污染源贡献量增加；2019 年，工业和城镇生活贡献量略有增加，面污染源贡献量较 2018 年减少了一半多。

各污染源氨氮贡献占比中，2017 年为城镇生活＞畜禽养殖＞工业，占比分别为 71.0%、16.4%、4.9%；2018 年为城镇生活＞畜禽养殖＞农田，占比分别为 63.2%、22.1%、5.8%；2019 年为城镇生活＞畜禽养殖＞工业，占比分别为 79.4%、10.3%、5.5%。城镇生活是氨氮最大来源，畜禽养殖是氨氮第二来源。

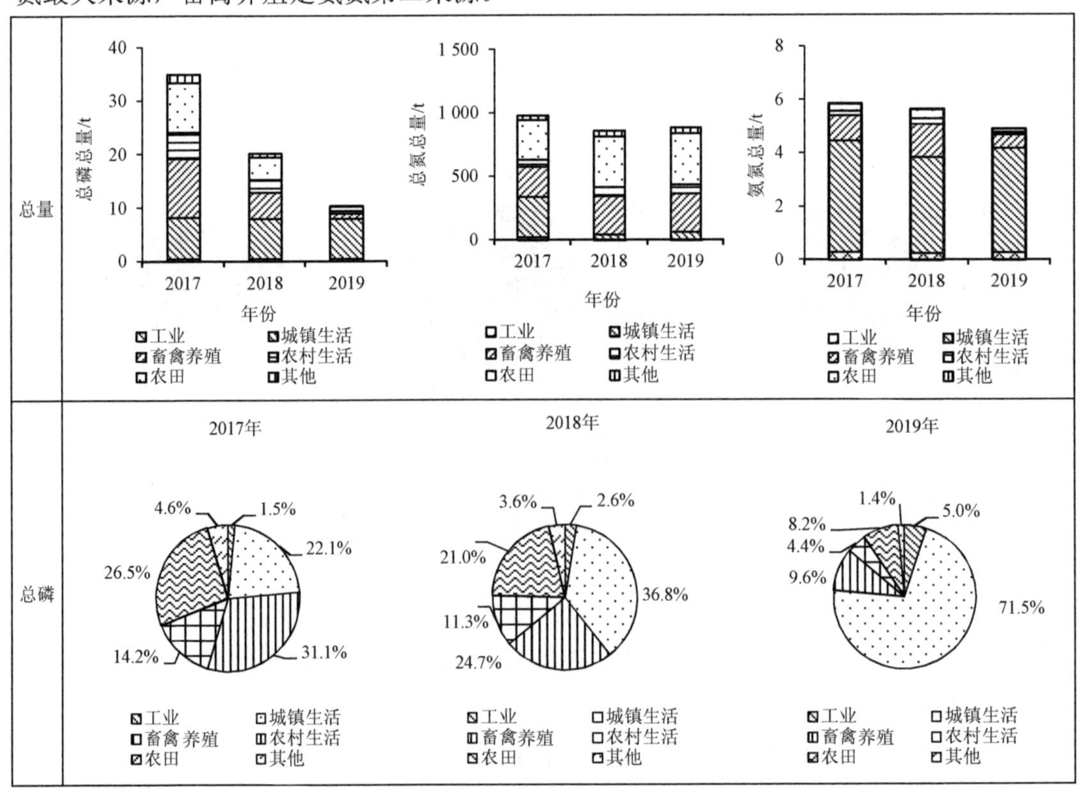

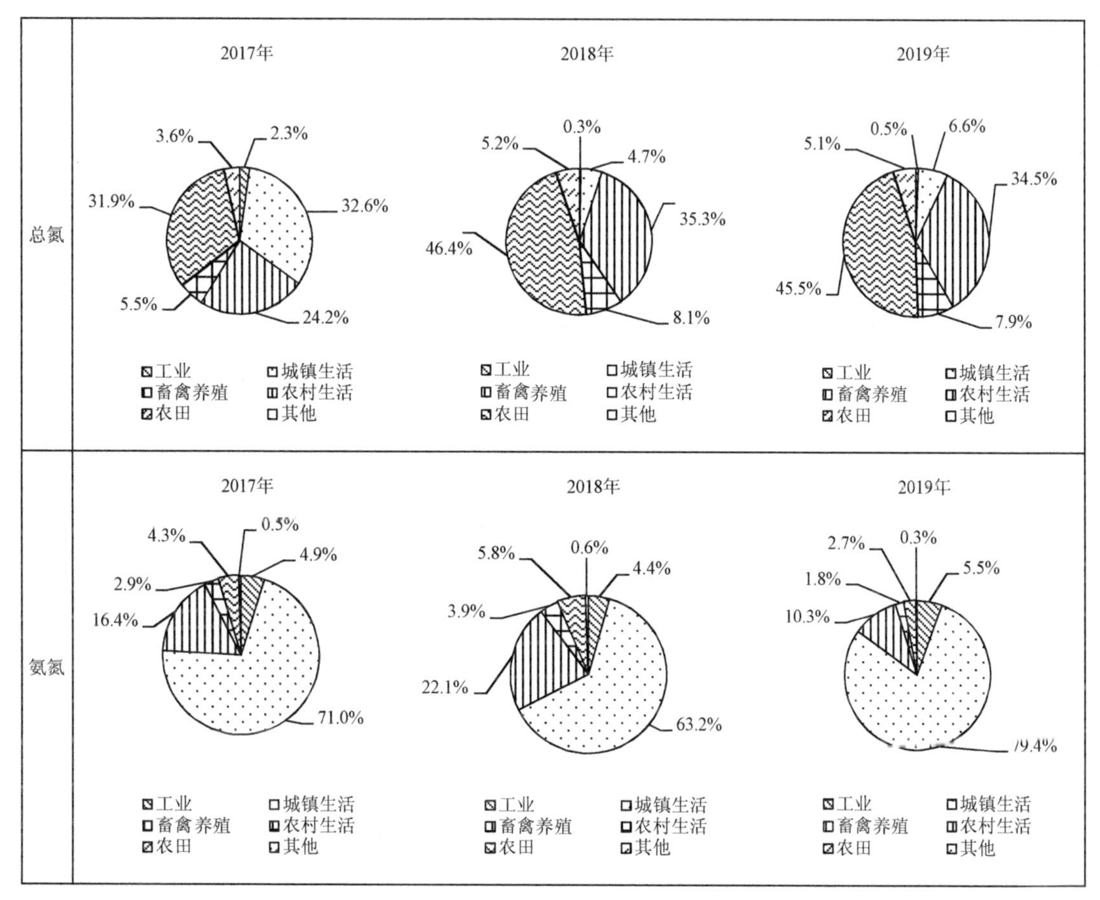

图 9-3 单元 3 水质指标总量及各污染源贡献占比

9.2 干流中游污染源解析

单元 4 水质指标总量及各污染源贡献占比见图 9-4。2018 年，总磷总量迅速减少，2019 年几乎无变化。其中，城镇生活和工业总磷贡献量逐年略有减少，变化不大。2018 年，面污染源总磷贡献量迅速减少，2019 年变化不大。

各污染源总磷贡献占比中，2017 年为城镇生活＞畜禽养殖＞农田，占比分别为 36.6%、21.1%、16.8%；2018 年和 2019 年为城镇生活＞工业＞畜禽养殖，2018 年和 2019 年占比相同，分别为 57.8%、20.5%、9.1%。2017—2018 年，城镇生活和工业的总磷贡献占比在增加，面污染源占比都有所减少。2018—2019 年，各污染源总磷贡献占比几乎无变化。

总氮总量在 2018 年减少，2019 年略有增加。其中，城镇生活贡献量在 2018 年大幅减少，2019 年略有增加。面污染源贡献量在逐年增加，2018 年增幅较大，2019 年增幅较小。

各污染源总氮贡献占比中，2017 年为农田＞城镇生活＞畜禽养殖，占比分别为 30.4%、

26.4%、24.7%；2018年和2019年为农田＞畜禽养殖＞城镇生活，占比分别为39.1%、31.9%、12.7%。农田和畜禽养殖 2018 年占比较 2017 年有所增加，分别增加了 10 个百分点和 7 个百分点，城镇生活和工业占比有所减少，分别减少了 14 个百分点和 5 个百分点，2019 年和 2018 年相差不大。

从氨氮总量来看，工业和城镇生活贡献量在 2018 年分别减少了一半多，在 2019 年略有增加，面源污染贡献量一直在增加。

各污染源氨氮贡献占比中，2017 年为畜禽养殖＞城镇生活＞农田，占比分别为 51.9%、18.5%、12.6%；2018 年为畜禽养殖＞农田＞农村生活，占比分别为 61.3%、14.9%、10.6%；2019 年为畜禽养殖＞农田＞农村=城镇生活，占比分别为 59.5%、14.4%、10.3%。2017—2019 年，畜禽养殖贡献量占氨氮总量的 60%左右，畜禽养殖是氨氮的第一来源；2017 年，城镇生活和农田贡献量分别占 19%和 13%左右，二者分别是第二来源、第三来源；2018 年和 2019 年城镇生活和农村生活贡献量占比相近，为 10%左右。

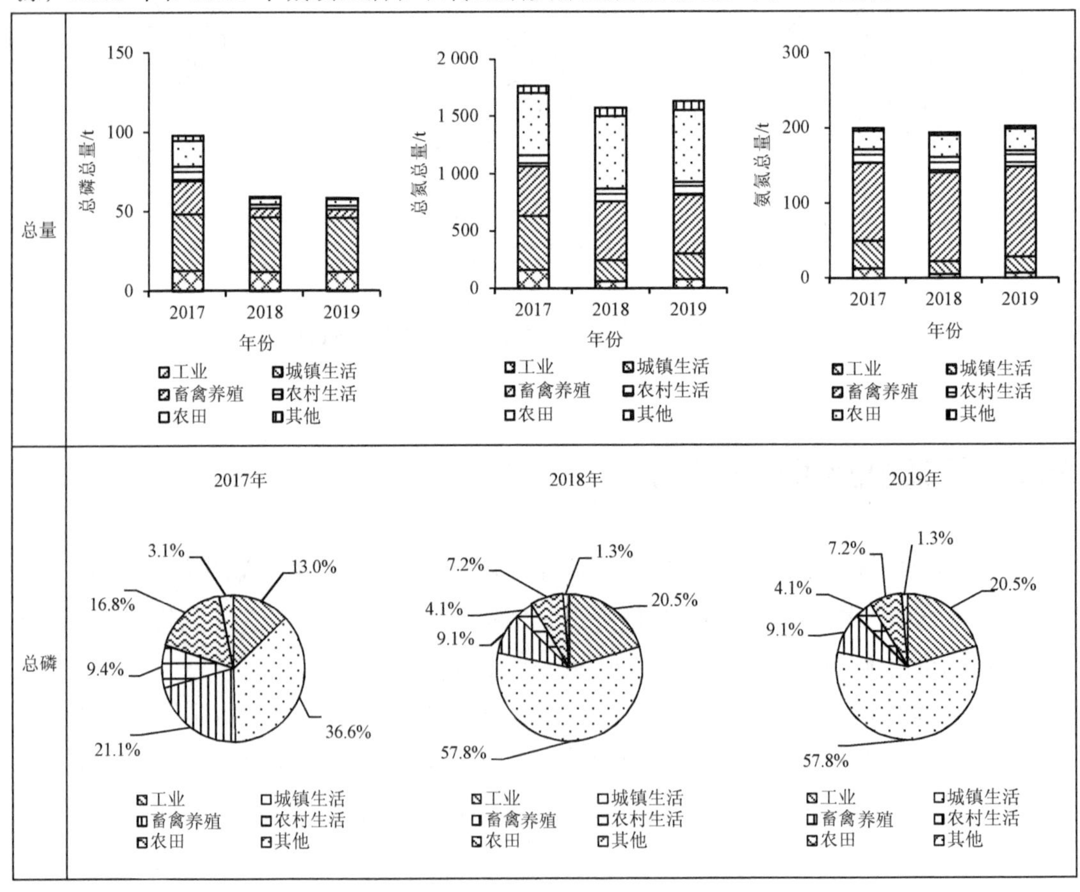

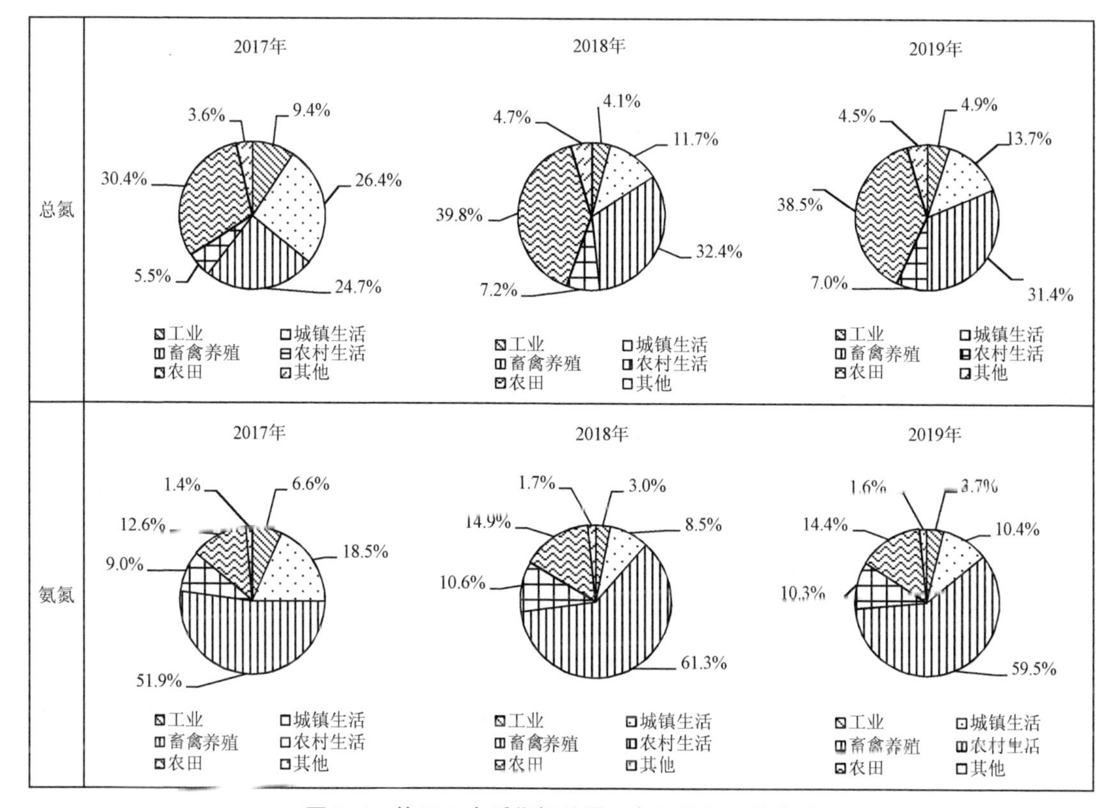

图 9-4　单元 4 水质指标总量及各污染源贡献占比

9.3　干流下游污染源解析

单元 8-1 水质指标总量及各污染源贡献占比见图 9-5。单元 8-1、单元 8-2、单元 8-3 总磷总量在 2018 年迅速减少，在 2019 年略有增加，变化不大。城镇生活和工业总磷贡献量变化不大。面污染源总磷贡献量在 2018 年迅速减少，在 2019 年略有增加。

单元 8-1 各污染源总磷贡献占比中，2017 年为畜禽养殖＞城镇生活＞农田，占比分别为 41.7%、21.1%、20.8%；2018 年为城镇生活＞工业＞畜禽养殖，占比分别为 65.7%、12.3%、12.2%；2019 年为城镇生活＞畜禽养殖＞工业，占比分别为 62.0%、14.6%、11.6%。2018 年，城镇生活和工业总磷贡献占比增加，面污染源占比减少。

单元 8-1、单元 8-2、单元 8-3 总氮总量逐年略有减少。其中，城镇生活和工业贡献量在 2018 年大幅减少，2019 年略有增加。面污染源贡献量在 2018 年增加，2019 年减少。

单元 8-1 各污染源总氮贡献占比中，2017 年为畜禽养殖＞农田＞城镇生活，占比分别为 34.7%、31.3%、22.8%；2018 年为畜禽养殖＞农田＞城镇生活，占比分别为 42.8%、38.7%、8.3%；2019 年与 2018 年占比相差不大。2018 年和 2019 年较 2017 年，农田和畜禽养殖占比有所增加，两者占比之和分别达 82%和 80%，成为总氮污染的主要来源，城镇生活占比减少。

2017—2019 年，单元 8-1 氨氮总量相差不大，工业和城镇生活贡献量在 2018 年大幅减少，在 2019 年略有增加，面污染源贡献量一直在增加。

单元 8-1 各污染源氨氮贡献占比中，2017 年为畜禽养殖＞城镇生活＞农田，2018 年为畜禽养殖＞农田＞农村生活，2019 年为畜禽养殖＞农田＞城镇生活。2017—2018 年，畜禽养殖占比变化不大，达 70%左右，城镇生活占比在 2018 年减少 50%以上，2018 年和 2019 年变化不大。

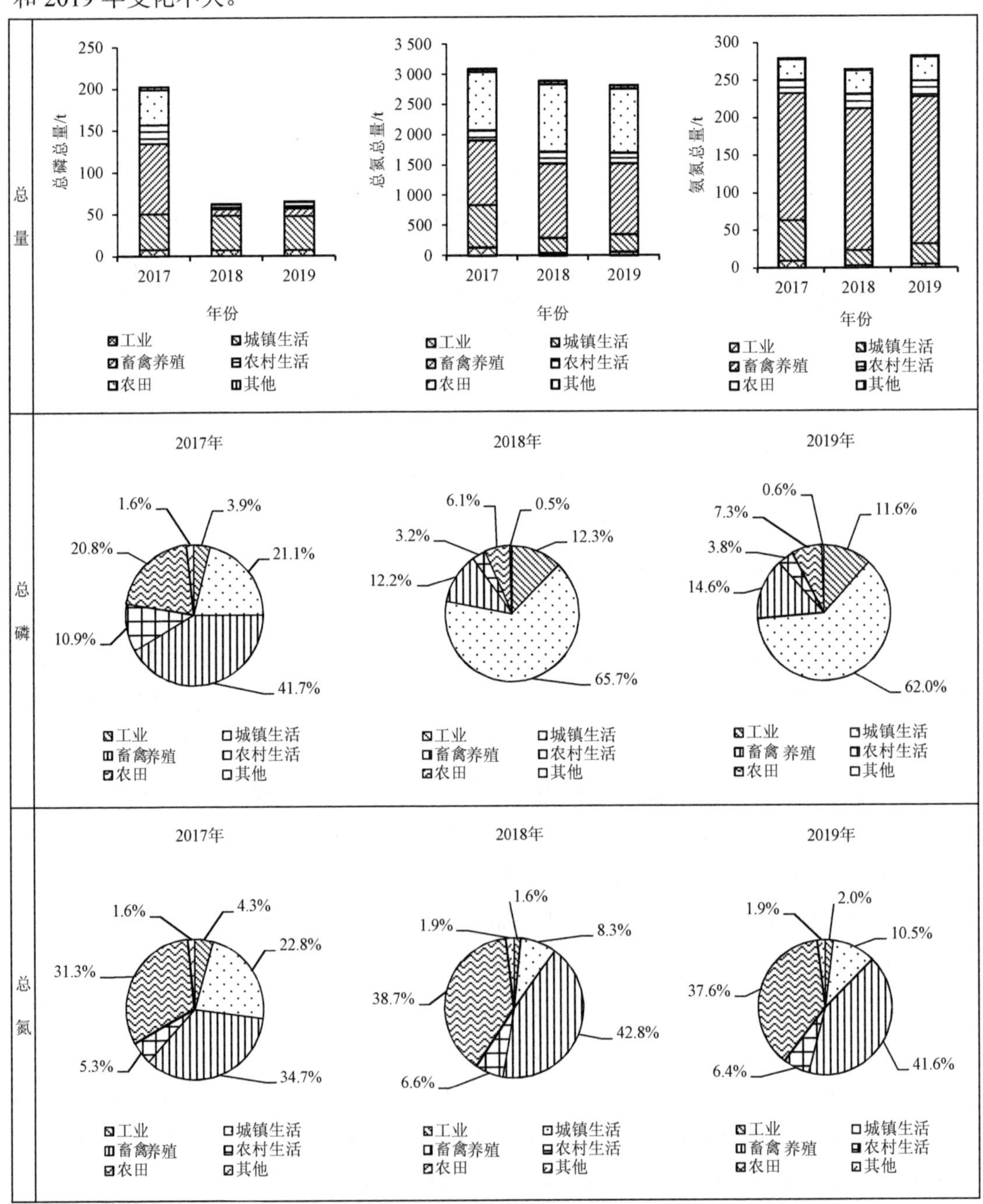

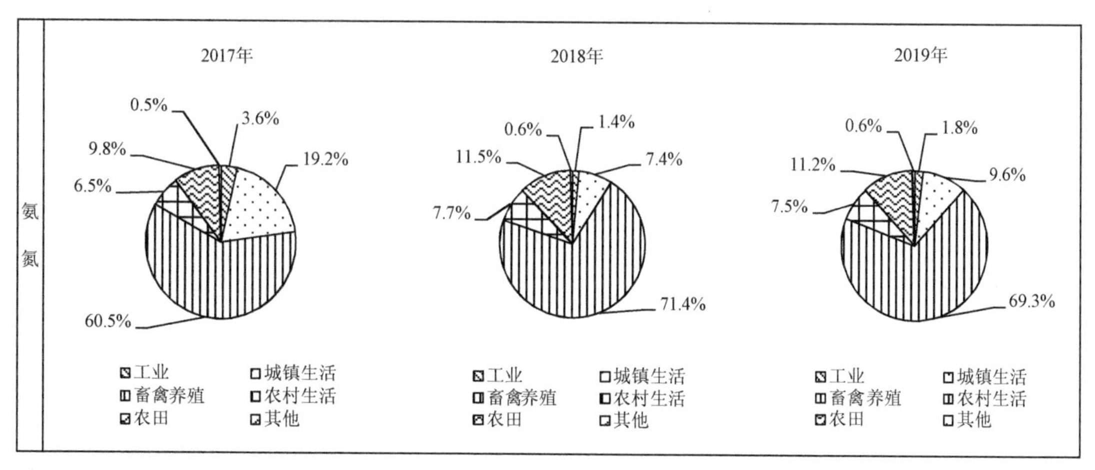

图 9-5　单元 8-1 水质指标总量及各污染源贡献占比

单元 8-2 水质指标总量及各污染源贡献占比见图 9-6。单元 8-2 总磷总量在 2018 年迅速减少，在 2019 年略有增加，变化不大。城镇生活和工业总磷贡献量变化不大。面污染源总磷贡献量在 2018 年迅速减少，在 2019 年略有增加。各污染源总磷贡献占比中，2017 年为畜禽养殖＞城镇生活＞农田，占比分别为 38.8%、28.3%、19.4%；2018 年和 2019 年为城镇生活＞畜禽养殖＞农田，占比分别为 65%左右、17%左右、8%左右。2018 年和 2019 年较 2017 年，城镇生活总磷贡献占比增加，为 60%左右，面污染源占比减少。

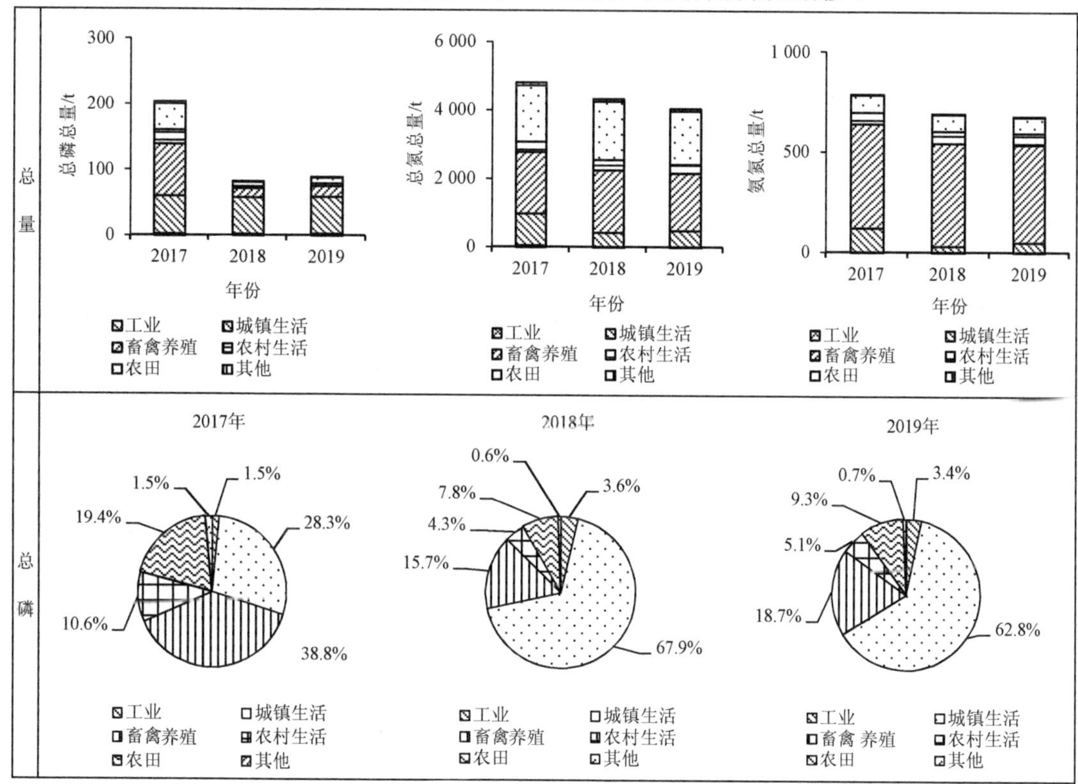

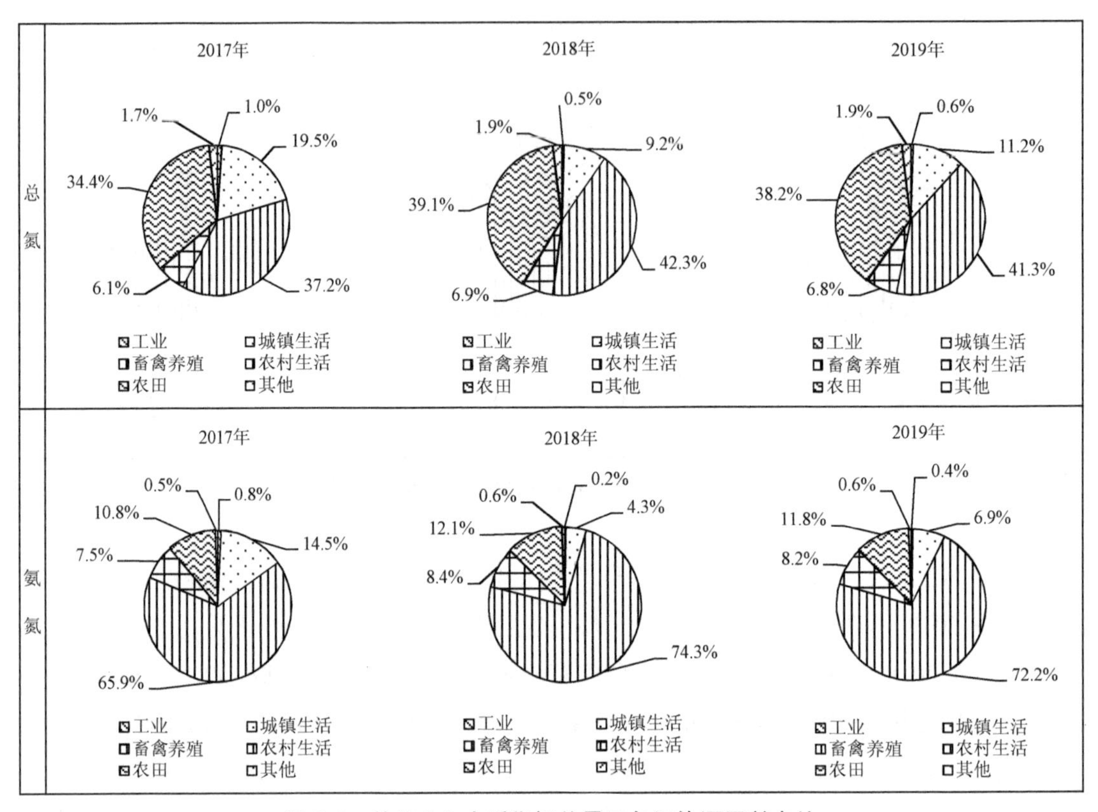

图 9-6 单元 8-2 水质指标总量及各污染源贡献占比

单元 8-2 总氮总量逐年略有减少。其中，城镇生活和工业贡献量在 2018 年大幅减少，2019 年略有增加。面污染源贡献量在 2018 年增加，2019 年减少。各污染源总氮贡献占比中，2017—2019 年均为畜禽养殖＞农田＞城镇生活，占比分别为 37.2%、34.4%、19.5%，42.3%、39.1%、9.2%和 41.3%、38.2%、11.2%。2018 年和 2019 年相差不大。三年中，畜禽养殖和农田贡献占比之和达 70%以上，畜禽养殖和农田成为总氮贡献的主要来源。

单元 8-2 氨氮总量一直在减少，在 2018 年减幅稍大。其中，城镇生活贡献量在 2018 年大幅减少，减少近 1/4，在 2019 年略有增加。面污染源贡献量三年来变化不大。各污染源氨氮贡献占比中，2017 年为畜禽养殖＞城镇生活＞农田，2018 年和 2019 年均为畜禽养殖＞农田＞农村生活。2017—2019 年，畜禽养殖贡献量占 70%左右，畜禽养殖成为单元 8-2 氨氮的主要来源。畜禽养殖、农田和农村生活贡献占比之和达 80%以上，故面污染源在单元 8-2 占主导地位。

单元 8-3 水质指标总量及各污染源贡献占比见图 9-7。单元 8-3 总磷总量在 2018 年迅速减少，在 2019 年略有增加，变化不大。城镇生活和工业总磷贡献量变化不大。面污染源总磷贡献量在 2018 年迅速减少，在 2019 年略有增加。各污染源总磷贡献占比中，2017 年为畜禽养殖＞农田＞城镇生活，占比分别为 34.5%、22.2%、19.0%；2018 年和 2019 年均为城镇生活＞工业＞畜禽养殖，占比分别为42%左右、17%左右、10%左右。2018年和2019年较2017年，城镇生活和工业总磷贡献占比增加，面污染源占比减少。由变化趋势可以看出，单元8-3总磷污染由属于面源污染的农田、畜禽养殖、农村生活污染，向属于点源污染的工业和城镇生活污染转变。

单元8-3总氮总量逐年略有减少。其中，城镇生活和工业贡献量在2018年大幅减少，2019年略有增加。面污染源贡献量在2018年增加，2019年减少。各污染源总氮贡献占比中，2017年为农田＞畜禽养殖＞城镇生活，占比分别为40.7%、30.8%、12.0%；2018年为农田＞畜禽养殖＞农村生活，占比分别为45.7%、34.6%、7.3%；2019年为农田＞畜禽养殖＞城镇生活，占比分别为44.2%、33.4%、7.6%。三年中，农田和畜禽养殖贡献占比之和达70%以上，农田和畜禽养殖成为总氮贡献的主要来源。

2017—2019年，单元8-3氨氮总量逐年减少。城镇生活和工业贡献量在2018年大幅减少，面污染源贡献量变化不大。2019年，工业和城镇生活贡献量有所增加，但增幅不大，面污染源贡献量减少。各污染源氨氮贡献占比中，2017—2019年均为畜禽养殖＞农田＞农村生活，分别占70%左右、15%左右、10%左右，畜禽养殖成为单元8-3氨氮的主要来源。畜禽养殖、农田和农村生活贡献占比之和在90%左右，故面污染源在单元8-3占主导地位。

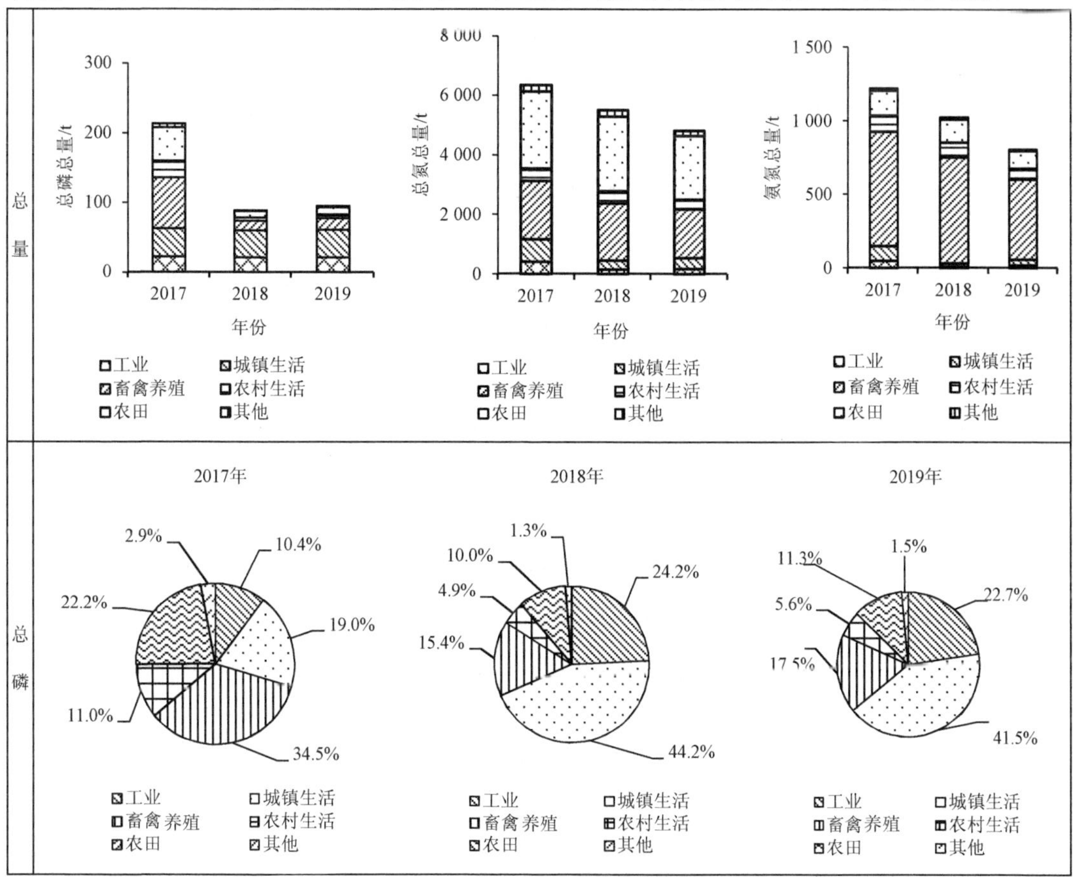

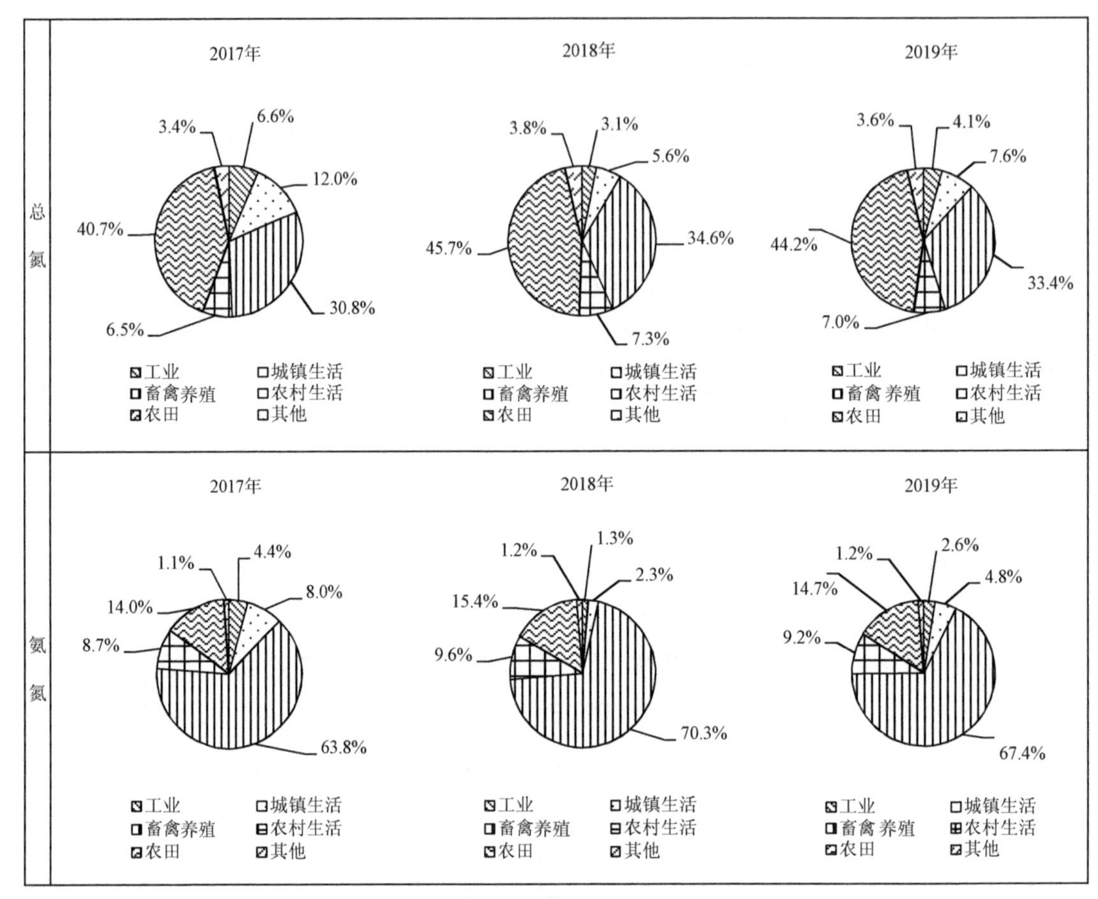

图 9-7　单元 8-3 水质指标总量及各污染源贡献占比

单元 9-1、单元 9-2 水质指标总量及各污染源贡献占比分别见图 9-8 和图 9-9。单元 9-1 和单元 9-2 的总磷总量变化趋势与单元 8-1、单元 8-2 和单元 8-3 相同，在 2018 年迅速减少，但减少幅度较单元 8-1、单元 8-2 和单元 8-3 小，2019 年略有增加。城镇生活和工业总磷贡献量在 2018 年略有增加，在 2019 年略有减少，变化不大。面污染源总磷贡献量在 2018 年迅速减少，在 2019 年略有增加。

单元 9-1 各污染源总磷贡献占比中，2017 年为城镇生活＞畜禽养殖＞农田，占比分别为 34.7%、21.6%、21.4%；2018 年为城镇生活＞工业＞畜禽养殖=农田，占比分别为 66.4%、9.5%、8.6%、8.6%；2019 年为城镇生活＞畜禽养殖＞农田，占比分别为 52.9%、14.2%、14.1%。2018 年，城镇生活和工业贡献占比增加，面污染源占比有所减少。2019 年，城镇生活和工业占比回落，面污染源占比有所回升。

单元 9-2 各污染源总磷贡献占比中，2017 年为城镇生活＞畜禽养殖＞农田，占比分别为 41.5%、19.4%、18.5%；2018 年为城镇生活＞工业＞畜禽养殖，占比分别为 71.2%、9.8%、7%；2019 年为城镇生活＞畜禽养殖＞农田，占比分别为 58.0%、12.5%、11.9%。

单元9-2各污染源贡献占比的变化趋势与单元9-1类似。

单元9-1和单元9-2总氮总量及各污染源贡献占比变化趋势相同，仅在各污染源贡献占比具体值上有稍微差别。单元9-1和单元9-2总氮总量逐年减少，各污染源贡献量也都逐年减少。各污染源总氮贡献占比中，2017—2019年，单元9-1变化不大，均为农田>畜禽养殖>城镇生活，占比分别为43%左右、27%左右、14%左右；面污染源占主导地位。单元9-2为农田、畜禽养殖和城镇生活，占比分别为43%左右、27%左右、15%左右。

单元9-1和单元9-2氨氮总量逐年减少。2017—2018年，各点污染源氨氮总量大幅减少，各面污染源氨氮总量变化不大。2019年，各面污染源氨氮总量减少，各点污染源氨氮总量略有增加。各污染源氨氮贡献占比中，单元9-1三年均为畜禽养殖>农田>农村生活，占比分别为55.2%、16.8%、12.5%，60.4%、18.4%、13.7%和57.9%、17.6%、13.1%。畜禽养殖成为单元9-1氨氮的主要来源。畜禽养殖、农田和农村生活贡献占比之和达80%以上，故面污染源在单元9-1占主导地位。单元9-2在2017年为畜禽养殖>农田>城镇生活，占比分别为54.5%、16.1%、13.3%；2018—2019年均为畜禽养殖>农田>农村生活，占比分别为56%左右、17%左右、13%左右。畜禽养殖、农田和农村生活贡献占比之和达80%以上，故面污染源在单元9-2占主导地位。

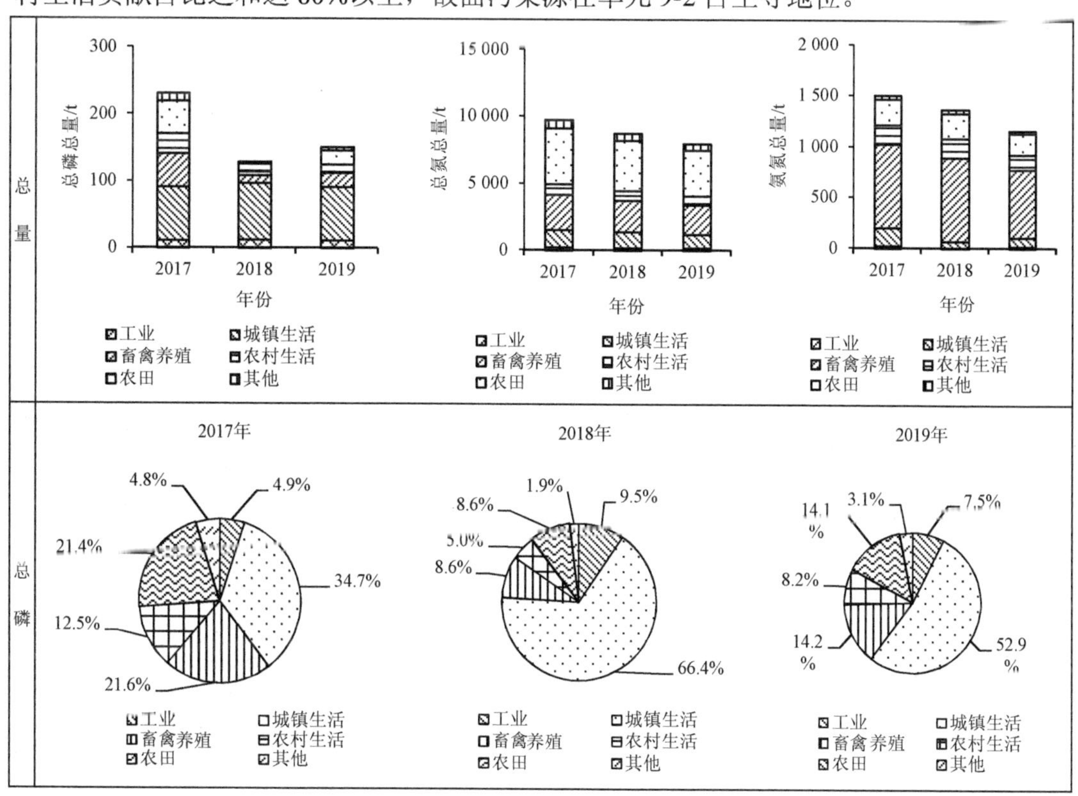

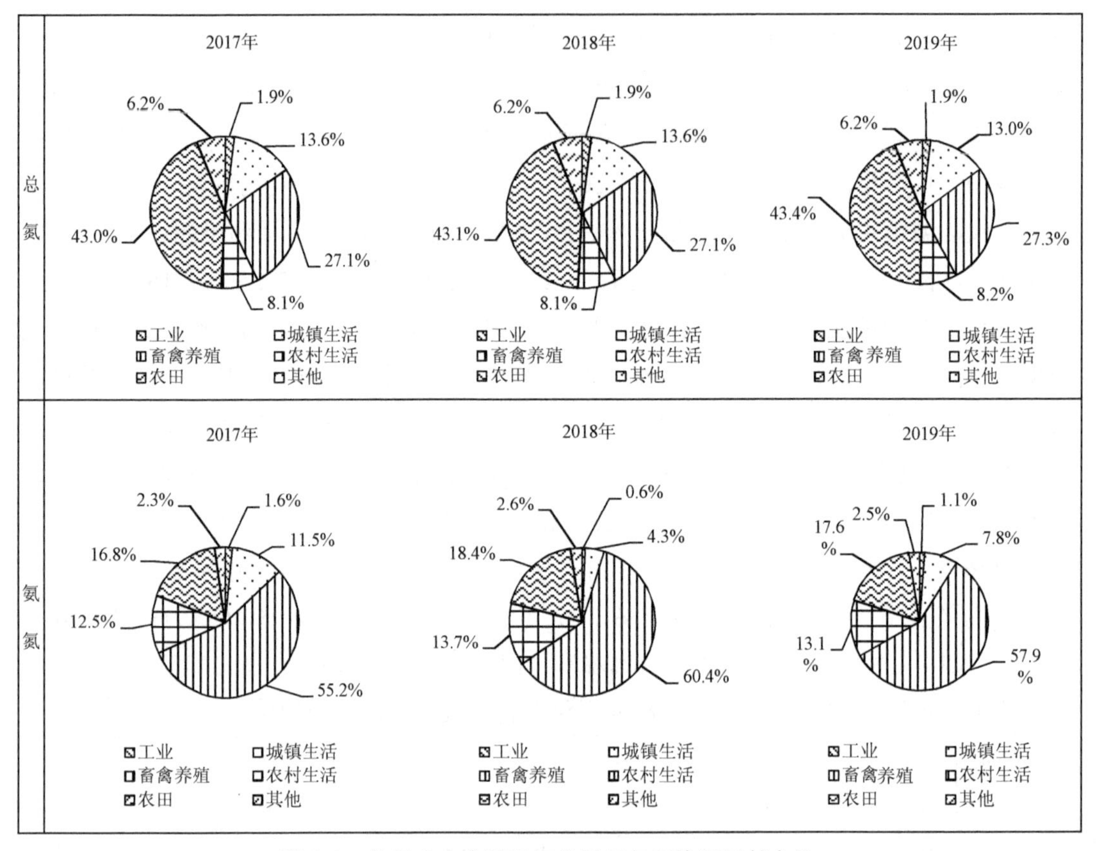

图 9-8 单元 9-1 水质指标总量及各污染源贡献占比

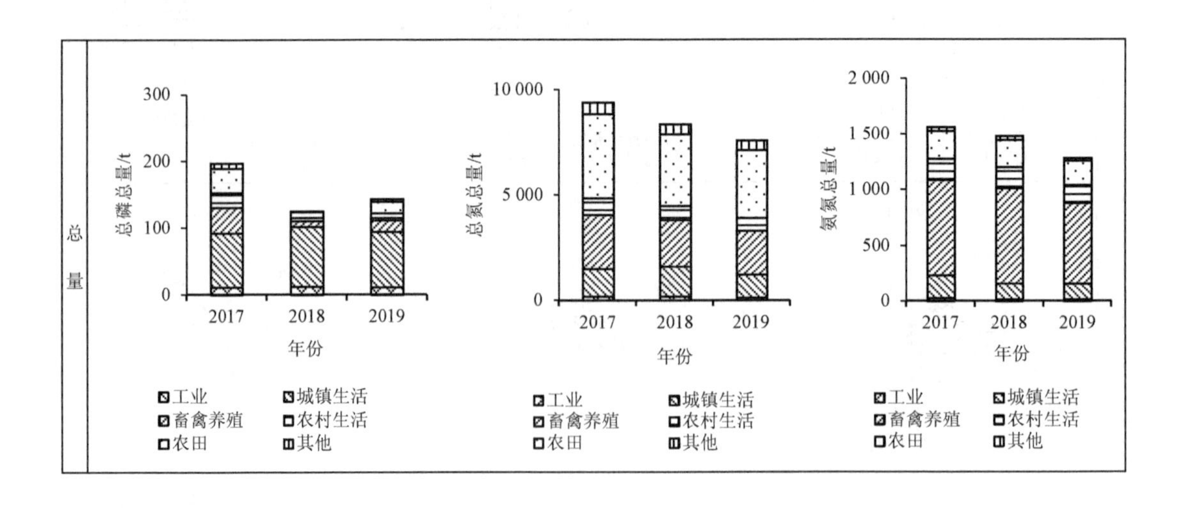

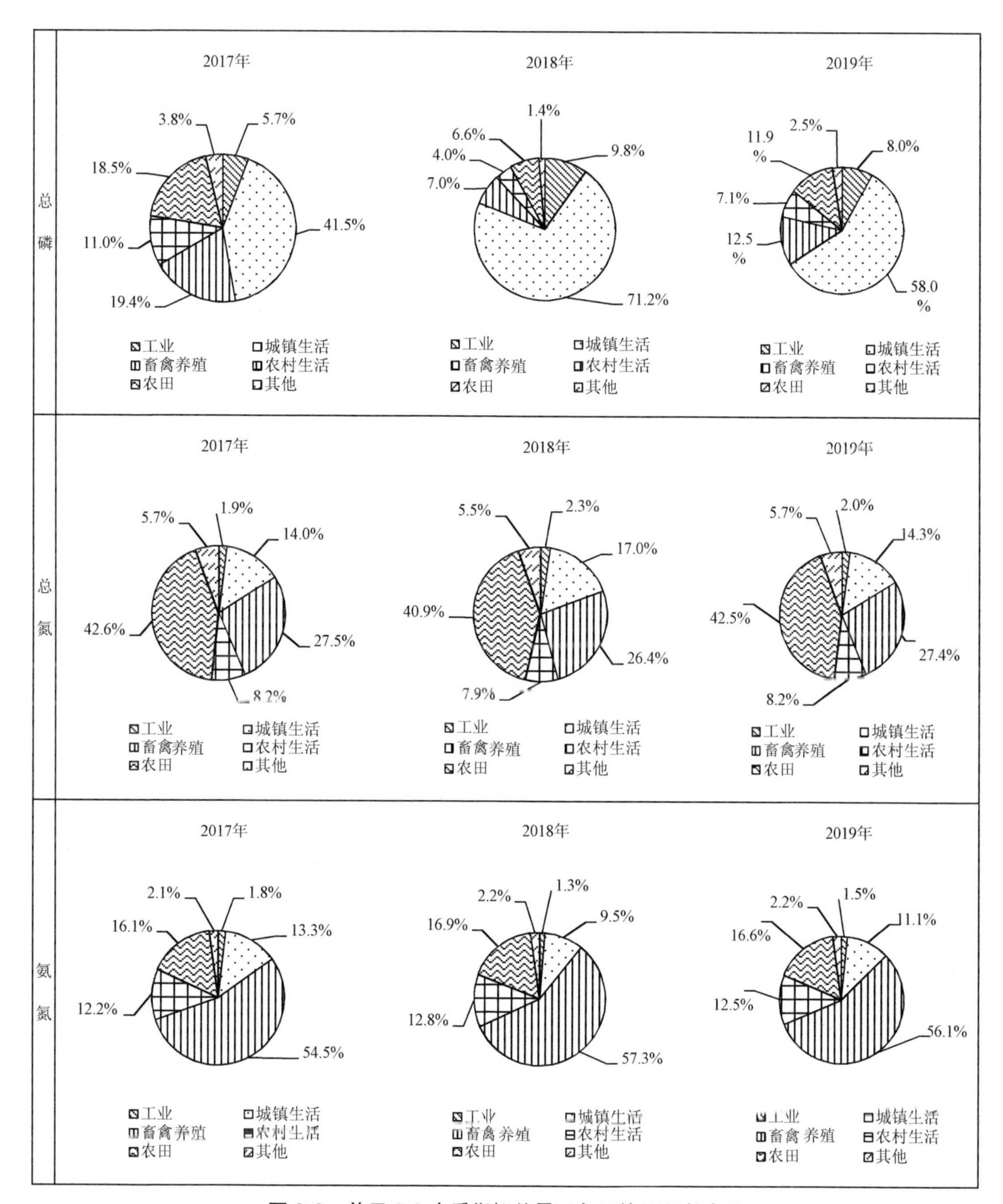

图 9-9 单元 9-2 水质指标总量及各污染源贡献占比

单元 10 水质指标总量及各污染源贡献占比见图 9-10。总磷总量变化趋势同单元 9-1 和单元 9-2。各污染源总磷贡献占比中，2017 年和 2019 年为城镇生活＞畜禽养殖＞农田，占比分别为 54.5%、18.7%、13.4%和 68.7%、12.1%、8.6%；2018 年为城镇生活＞畜禽养殖＞工业，占比分别为 82.5%、5.5%、4.9%。单元 10 各污染源总磷贡献占比的变化趋势与单元 9-1 类似。城镇生活和工业贡献量变化不大，面源贡献量先减后略增，总磷主要来源于城镇生活，占到了 50%以上。

总氮总量逐年减少。其中，城镇生活和工业贡献量在 2018 年略有增加，2019 年减少。面污染源贡献量在 2018 年减少，2019 年略有增加。

各污染源总氮贡献占比中，2017—2019 年都是农田＞畜禽养殖＞城镇生活，2017 年与 2019 年这 3 个污染源贡献占比相差不大，分别约占 40%、31%、16%。2018 年较 2017 年，城镇生活占比增加，农田和畜禽养殖占比有所减少。

各污染源氨氮贡献占比中，2017—2019 年为畜禽养殖＞城镇生活＞农田，占比分别约为 56%、18%、13%。较单元 8-1 至单元 9-2，城镇生活占比有所增加，但畜禽养殖、农田和农村生活占比之和分别达 81%左右、80%左右和 80%左右，故仍是面污染源在单元 10 占主导地位。

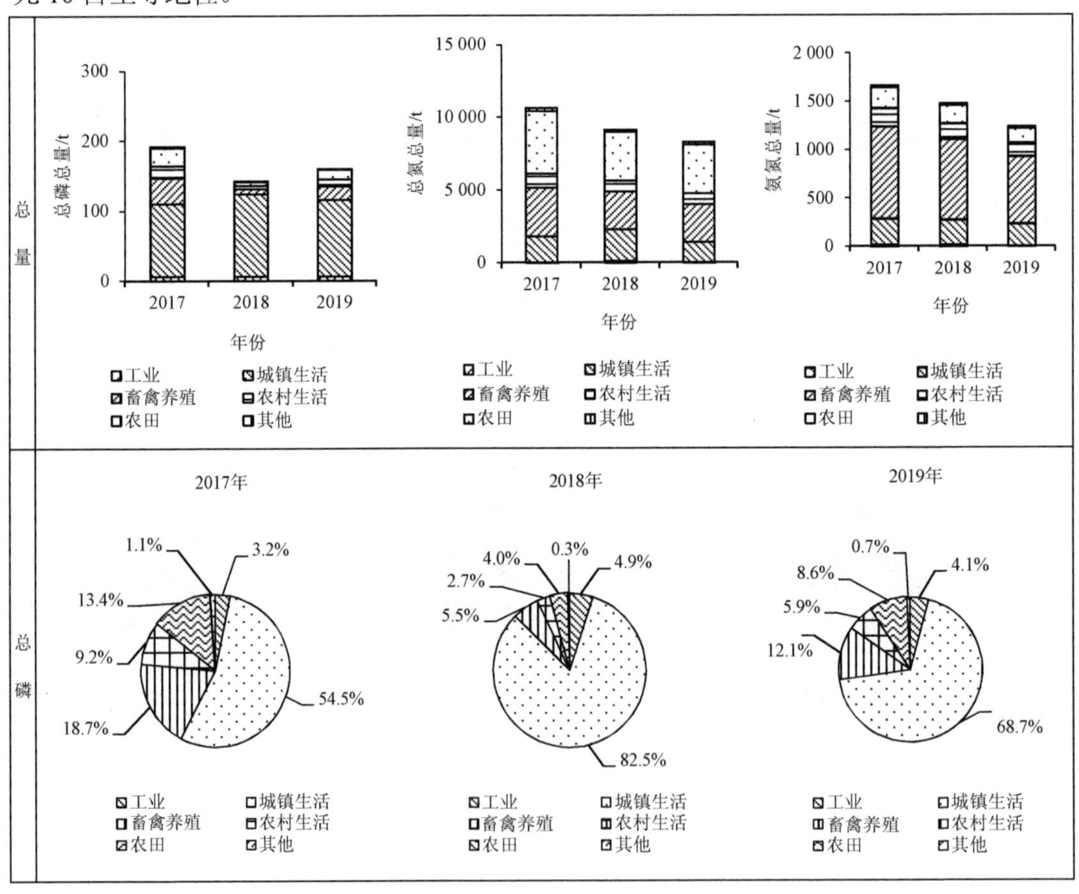

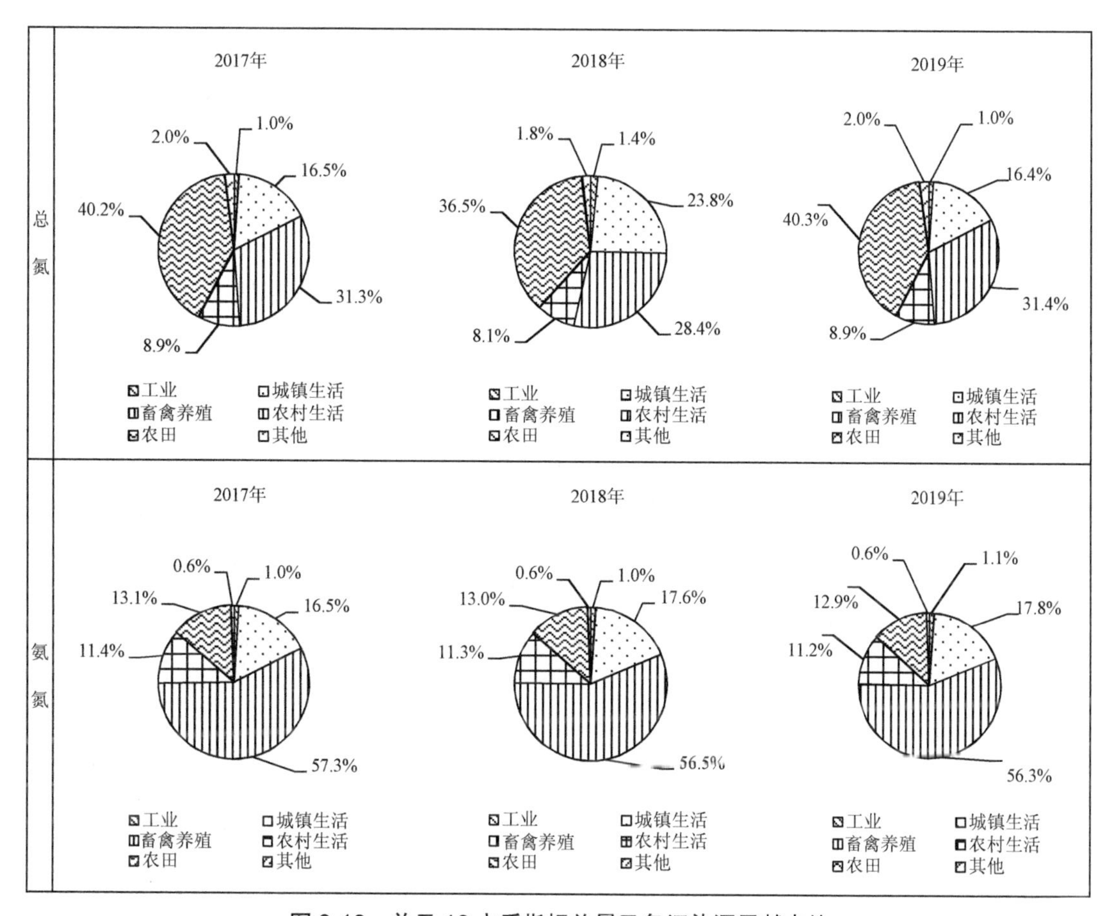

图 9-10 单元 10 水质指标总量及各污染源贡献占比

9.4 支流污染源解析

单元 2 水质指标总量及各污染源贡献占比见图 9-11。总磷污染源中没有工业源，总磷污染主要来源于城镇生活、畜禽养殖和农田。2018 年，总磷总量迅速增加，较 2017 年增加了近一倍，2019 年迅速减少，只剩 2017 年的 1/3 左右。其中，城镇生活和工业贡献量逐年略有减少，几乎无变化。面污染源贡献量同总磷总量变化趋势相同。总氮总量在 2018 年增加，2019 年略有减少。其中，城镇生活贡献量逐年增加，在 2018 年增幅较小，2019 年增幅较大。面污染源贡献量在 2018 年增加，2019 年略有减少。氨氮总量在 2018 年略有增加，在 2019 年减少。城镇生活贡献的氨氮量逐年略有增加。畜禽养殖贡献的氨氮量在 2018 年略有增加，在 2019 年减少。农村生活和农田贡献的氨氮量在三年间变化不大。

各污染源总磷贡献占比中，2017—2019 年为城镇生活＞畜禽养殖＞农田，2017 年占比分别为 37.6%、26.8%、21.6%，2018 年占比分别为 15.8%、36.2%、29.2%，2019 年占比分别为 55.4%、19.1%、15.4%。城镇生活贡献量占比在 2018 年减少，2019 年又增加，且当年占比已经达到 50%以上。畜禽养殖、农田污染与城镇生活污染相反。各污染源总氮贡献占比中，2017—2018 年为农田＞畜禽养殖＞农村生活，2019 年为农田＞畜禽养殖＞农村生活＞城镇生活，三年间，农田所占比例达 55%左右，畜禽养殖占 29%左右，其余污染源贡献占比都小于 10%。2019 年，城镇生活占比较前两年有所增加。各污染源氨氮贡献占比中，2017—2019 年为城镇生活＞畜禽养殖＞农田，占比分别为 60%左右、30%左右和 8%左右。各污染源氨氮贡献占比在三年间变化不大。

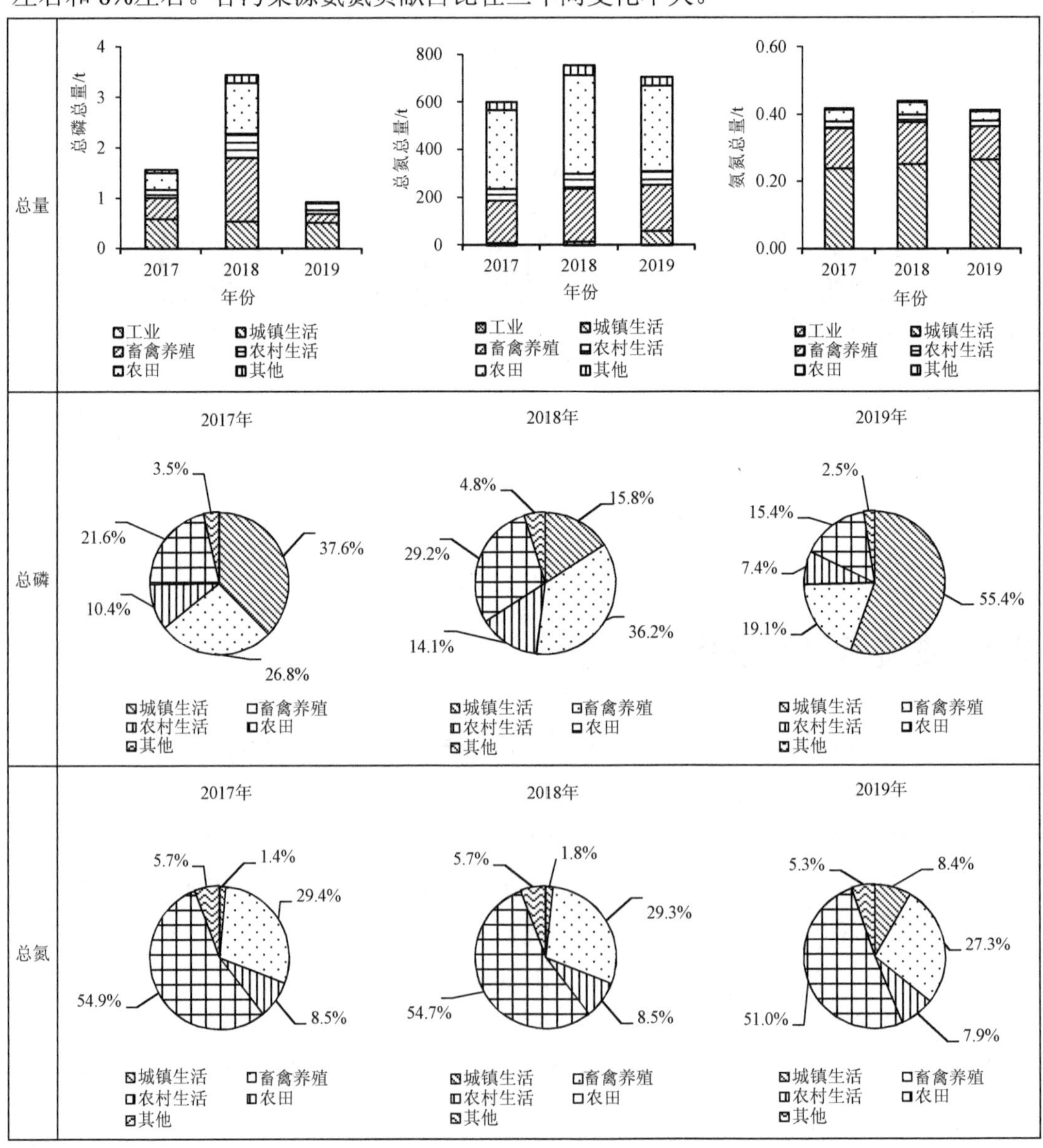

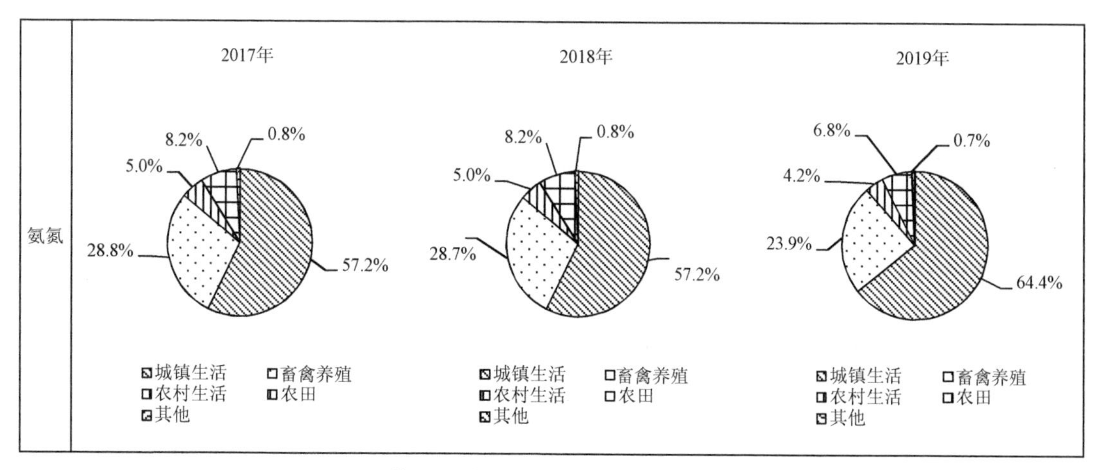

图 9-11 单元 2 水质指标总量及各污染源贡献占比

单元 5 水质指标总量及各污染源贡献占比见图 9-12。总磷总量在 2018 年迅速减少，2019 年略有增加，变化不大。2018 年，城镇生活和工业贡献量变化不大。面污染源贡献量与总磷总量变化趋势相同。

各污染源总磷贡献占比中，2017 年为城镇生活＞畜禽养殖＞农田，占比分别为 61.1%、21.5%、10.4%；2018 年和 2019 年，城镇生活贡献占比都达 90%，城镇生活在总磷污染来源中占主导地位。

在单元 5 有某污水净化有限公司污水排放口，收集污水量达到 7 300 万 t/a，使得单元 5 的城镇生活污水占到了很大比例。

总氮总量在 2018 年减少，2019 年增加。其中，城镇生活贡献量在 2018 年大幅减少，2019 年略有增加。面污染源贡献量在逐年增加，2018 年增幅较大，2019 年增幅较小。

各污染源总氮贡献占比中，2017 年为城镇生活＞畜禽养殖＞农田，占比分别为 43.8%、27.0%、23.6%；2018 年和 2019 年为畜禽养殖＞农田＞城镇生活，2018 年分别占 40.5%、35.5%、16.3%，2019 年分别占 40.1%、35.2%、17.0%。与 2017 年相比，农田、畜禽养殖和农村生活占比增加，城镇生活占比减少了 28 个百分点，工业占比略有减少，总体上是面源占比在增加、点源占比在减少。2019 年与 2018 年相比变化不大。

氨氮总量在 2018 年减小，在 2019 年略有增加。点源贡献量与氨氮总量的变化趋势相同，面源贡献量在 2018 年增加，在 2019 年减小。

各污染源氨氮贡献占比中，2017—2019 年为城镇生活＞畜禽养殖＞农田，城镇生活污水对单元 5 的氨氮贡献最大，占 70%～80%，可能是因为某污水净化有限公司污水量大；居于第二位的是畜禽养殖，占 20%左右。其余污染源所占比例小于 5%。

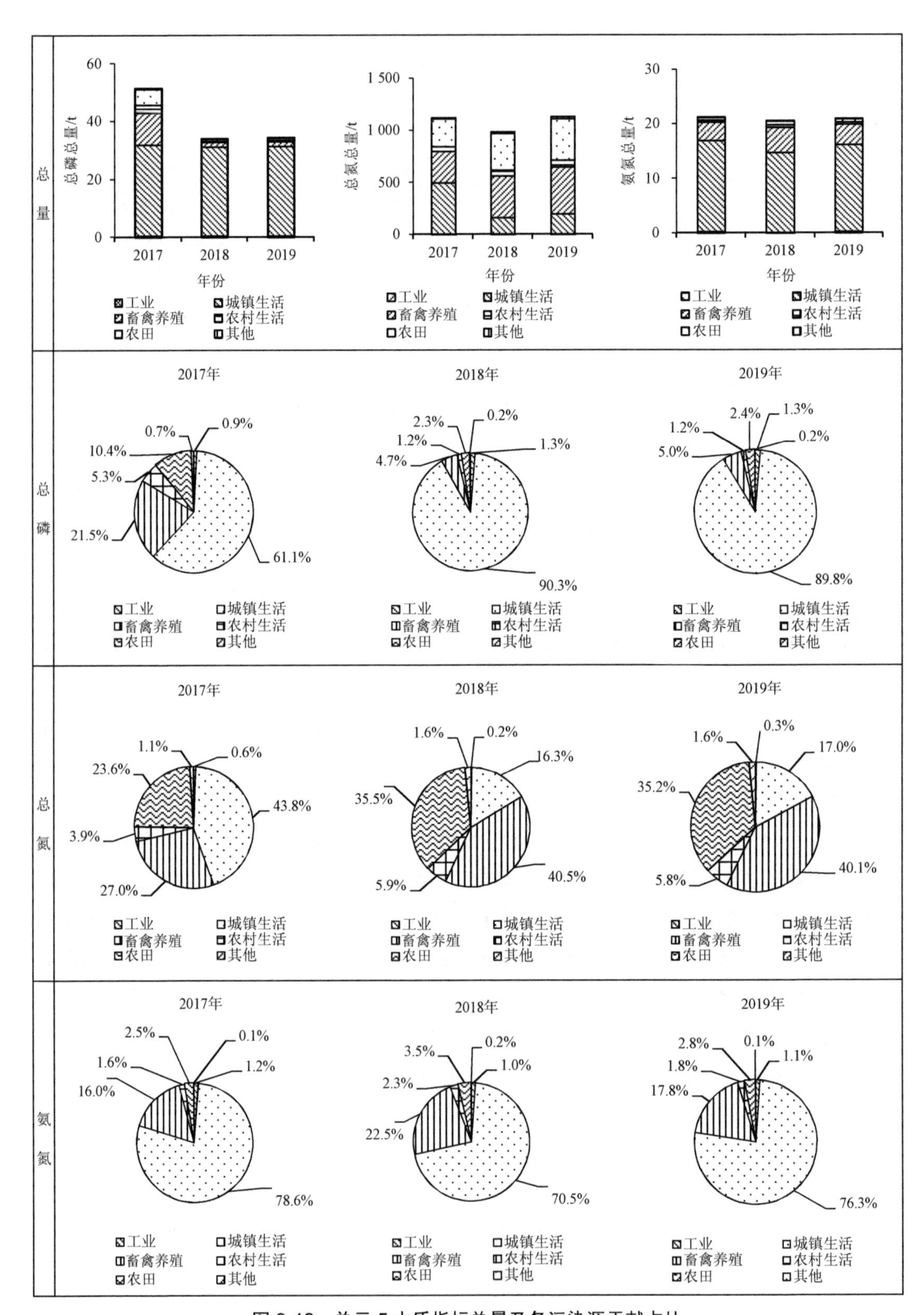

图 9-12 单元 5 水质指标总量及各污染源贡献占比

单元6-1水质指标总量及各污染源贡献占比见图9-13。单元6-1没有工业和城镇生活污染源，畜禽养殖、农田、农村生活等面源成为总磷污染的主要来源。与2017年相比，2018年总磷总量迅速减少，只剩不到1/6，2019年总磷总量略有减少。面污染源总磷贡献量变化趋势与总磷总量相同。各污染源总磷贡献占比中，2017—2019年均为畜禽养殖＞农田＞农村生活，占比分别为43.0%、34.7%、16.6%。

单元6-1没有点源，总氮主要来源于以农田、畜禽养殖和农村生活为主的面源污染。总氮总量逐年减少。面污染源贡献量变化趋势与总氮总量相同。

单元6-1无点源，氨氮来源以畜禽养殖、农田、农村生活等面源为主。氨氮总量在2018年略有增加，在2019年减少。各污染源氨氮贡献占比中，2017—2019年均为畜禽养殖＞农田＞农村生活；其中，畜禽养殖占比最大，为67.1%，其余占比分别为19.3%和11.7%。

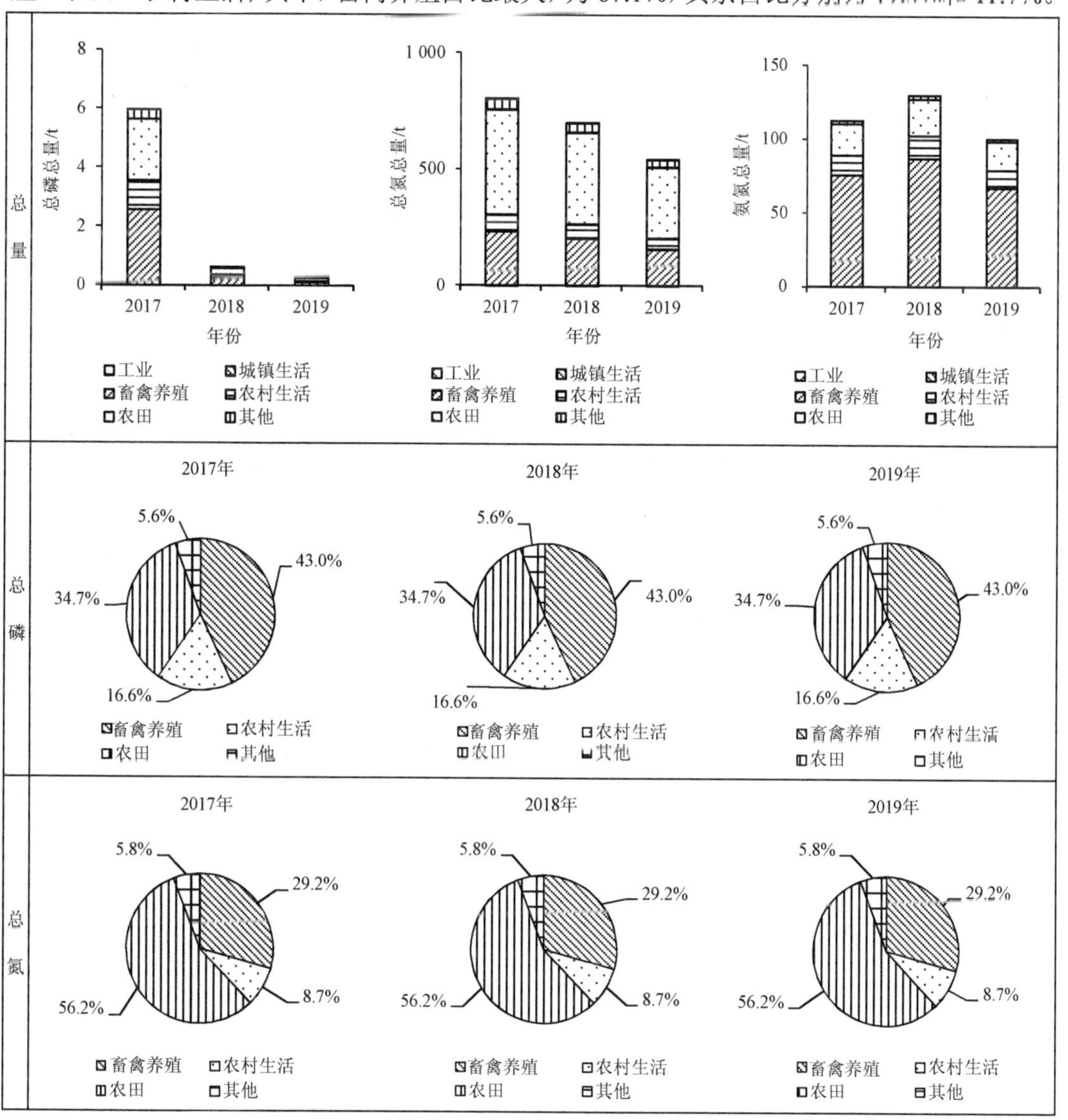

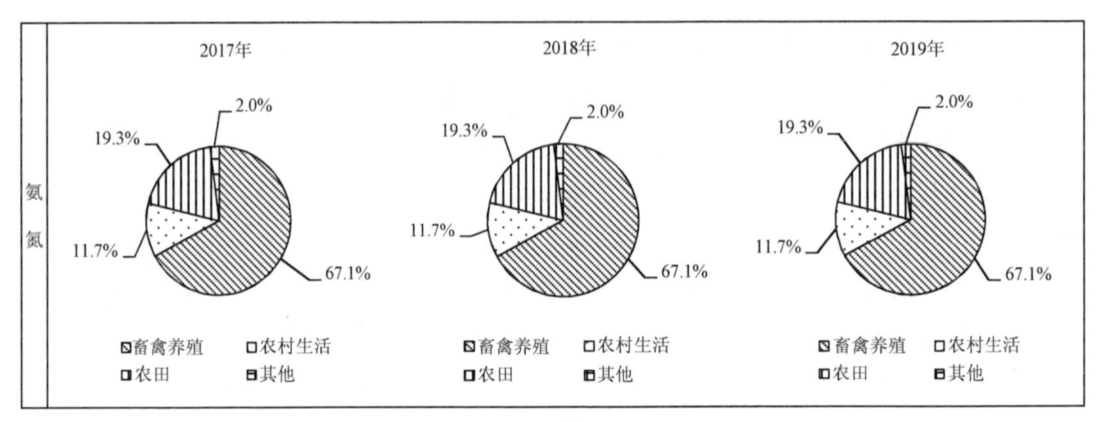

图 9-13 单元 6-1 水质指标总量及各污染源贡献占比

单元 6-2 水质指标总量及各污染源贡献占比见图 9-14。总磷总量在 2018 年减少，在 2019 年增加至 2017 年的水平。2017—2019 年，城镇生活和工业总磷贡献量逐年增加，面污染源贡献量变化趋势与总磷总量相同。

各污染源总磷贡献占比中，2017 年为畜禽养殖＞农田＞农村生活，占比分别为 32.6%、26.3%、17.1%；2018 年为城镇生活＞畜禽养殖＞农田，占比分别为 36.1%、21.0%、17.0%；2019 年为畜禽养殖＞城镇生活＞农田污染，占比分别为 27.7%、25.2%、22.4%。面污染源贡献占比都是在 2018 年减少后，在 2019 年增加，城镇生活和工业贡献占比变化趋势与之相反。

总氮总量逐年略有减少，变化不大。其中，城镇生活和工业贡献量在 2018 年大幅减少，2019 年略有减少，面污染源贡献量在 2018 年增加，2019 年略有减少。

各污染源总氮贡献占比中，2017 年为农田＞畜禽养殖＞城镇生活，占比分别为 45.3%、23.5%、13.8%；2018 年和 2019 年情况相同，为农田＞畜禽养殖＞农村生活，2018 年占比分别为 51.1%、26.5%、7.9%，2019 年占比分别为 51.2%、26.6%、7.9%。2018 年较 2017 年，畜禽养殖，农田、农村生活占比略增，城镇生活和工业占比减少。

氨氮总量变化趋势与单元 6-1 相同，在 2018 年增加，在 2019 年减少。

各污染源氨氮贡献占比中，2017 年为畜禽养殖＞农田＞城镇生活；2018 年为畜禽养殖＞农田＞农村生活；2019 年同 2018 年。其中，2017—2019 年畜禽养殖对氨氮贡献最大，占 60%左右，农田居第二位，占 18%左右。2017 年城镇生活贡献占 10.7%，2018—2019 年农村生活贡献居第三位，约占 11%。

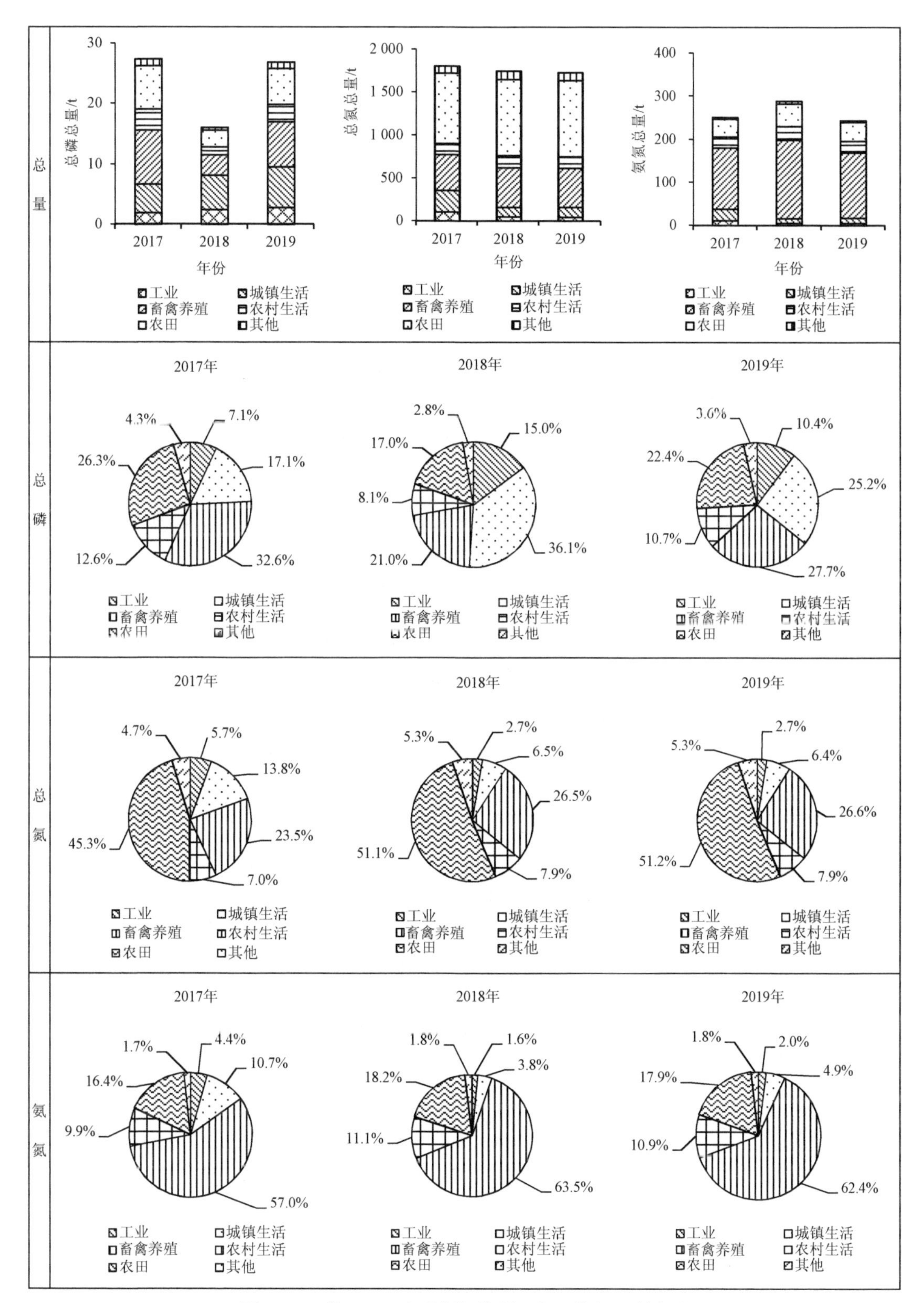

图 9-14　单元 6-2 水质指标总量及各污染源贡献占比

单元 7 水质指标总量及各污染源贡献占比见图 9-15。单元 7 无工业源，总磷总量在 2018 年迅速减少，在 2019 年略有增加，变化不大。城镇生活对总磷的贡献量逐年略有减少，变化不大，面污染源贡献量变化趋势与总磷总量相同。

各污染源总磷贡献占比中，2017 年为畜禽养殖＞农田＞农村生活，占比分别为 43.0%、31.5%、15.6%；2018 年为畜禽养殖＞城镇生活＞农田，占比分别为 33.3%、27.0%、24.2%；2019 年为畜禽养殖＞农田＞城镇生活，占比分别为 34.2%、25.1%、24.3%。2017 年，农田、畜禽养殖和农村生活是总磷污染主要来源；2018 年和 2019 年，城镇生活贡献量占比增加，城镇生活成为总磷主要污染来源之一。

总氮总量逐年减少，2018 年减幅较大，2019 年减幅较小，变化不大。其中，城镇生活贡献量变化趋势同总氮总量相同，面污染源贡献量逐年减少。

各污染源总氮贡献占比中，2017—2019 年为农田＞畜禽养殖＞农村生活，占比分别为 49%左右、32%左右、8%左右。三年间各污染源总氮贡献占比变化不大。

单元 7 无工业源，氨氮总量在 2018 年略有增加，在 2019 年减少，城镇生活贡献量在 2018 年减少，在 2019 年略有增加，面源贡献量先增后减。

各污染源氨氮贡献占比中，2017—2019 年为城镇生活＞畜禽养殖＞农田，其中城镇生活贡献量分别占 60.5%、41.8%、51.5%，畜禽养殖贡献量分别占 27.6%、40.7%、33.9%。城镇生活贡献占比在 2018 年减少了 18 个百分点，2019 年增加了 9 个百分点。畜禽养殖贡献占比在 2018 年增加了 13 个百分点，2019 年减少 7 个百分点。其余污染源占比变化不大。

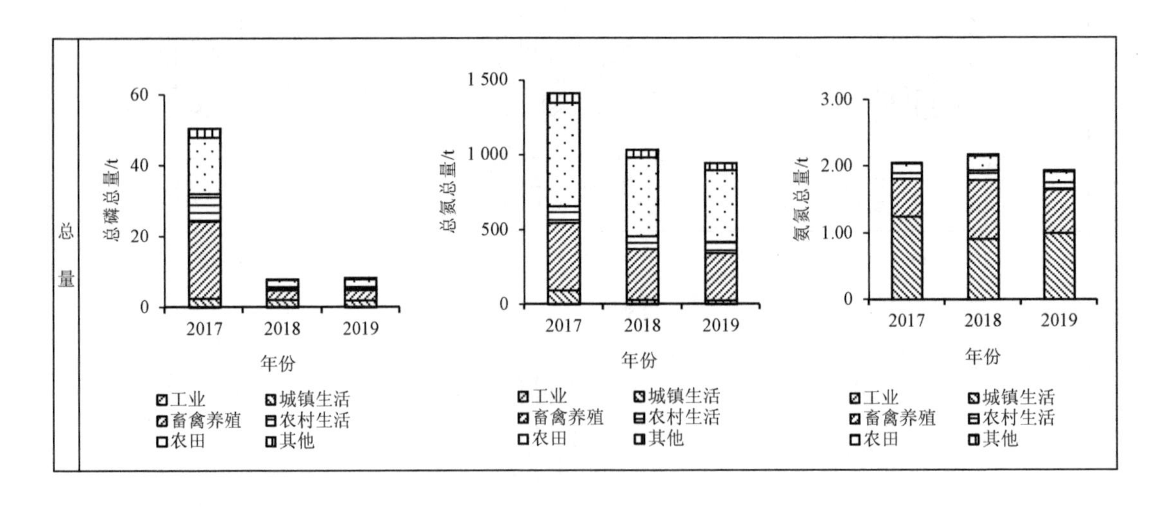

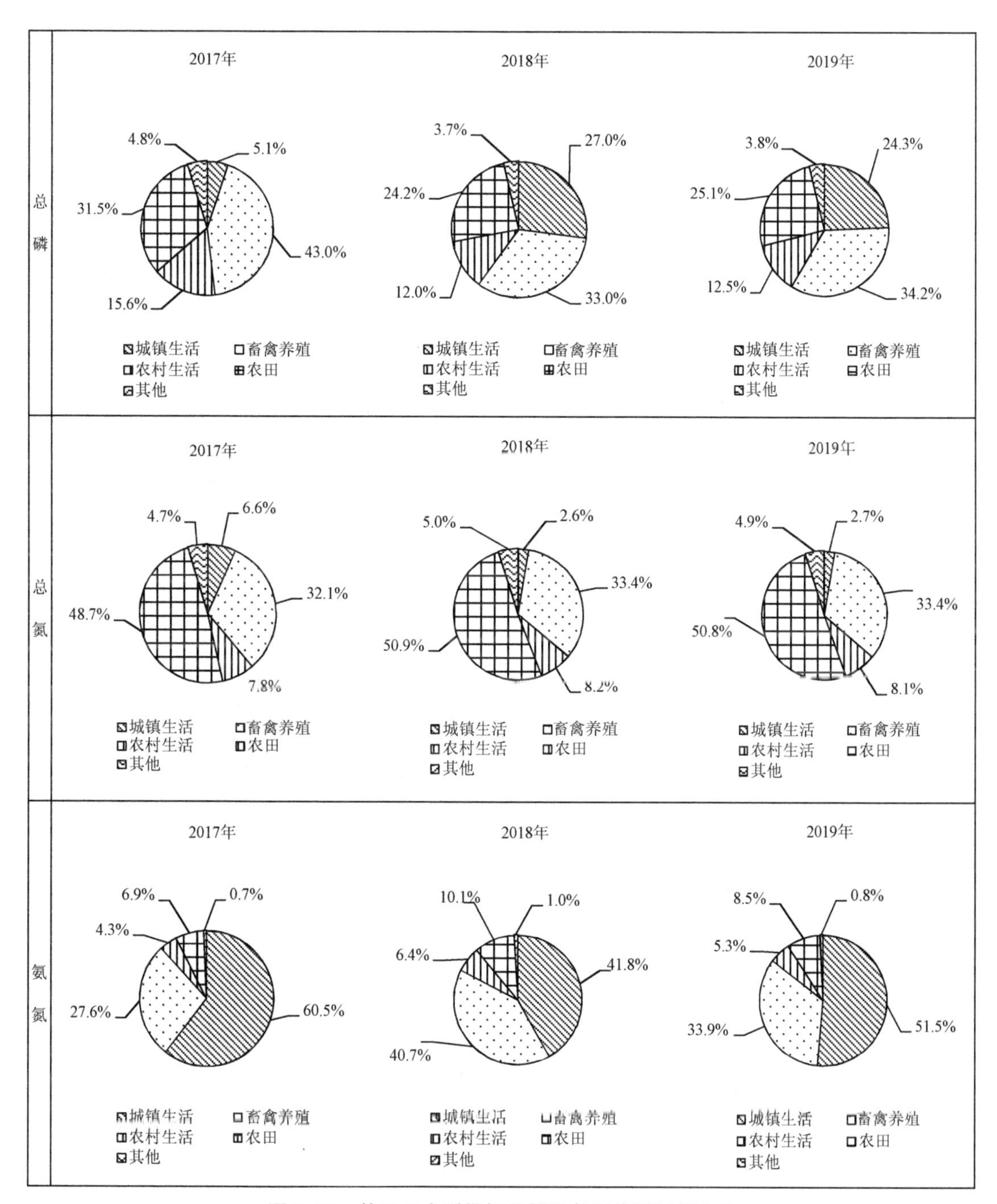

图 9-15　单元 7 水质指标总量及各污染源贡献占比

单元 11 水质指标总量及各污染源贡献占比见图 9-16。单元 11 总磷总量在 2018 年略有减少，2019 年大幅增加。城镇生活和工业总磷贡献量在 2018 年略有减少，在 2019 年增加。面污染源总磷贡献量在 2018 年略有减少，变化不大，在 2019 年增加。

各污染源总磷贡献占比中，2017—2019 年为城镇生活＞畜禽养殖＞农田，占比分别为

71%左右、11%左右、9%左右。三年间各污染源贡献占比变化不大。在 2017 年、2018 年、2019 年，城镇生活始终在总磷污染来源中占主导地位，占比达 70%左右。

总氮总量在 2018 年减少，在 2019 年略有增加。其中，城镇生活和工业贡献量在 2018 年增加，2019 年减少，减幅较增幅稍大一些。面污染源贡献量在 2018 年减少，2019 年增加，减幅大于增幅。

各污染源总氮贡献占比中，2017 年和 2019 年都是农田＞畜禽养殖＞城镇生活，占比分别为 40%左右、30%左右、20%左右。2018 年较 2017 年，城镇生活占比增加，占 50%以上，农田和畜禽养殖占比有所减少。

氨氮总量在 2018 年减少，在 2019 年略有增加。各点污染源总量变化不大，各面污染源总量变化趋势与氨氮总量相同。

各污染源氨氮贡献占比中，2017—2019 年为城镇生活＞畜禽养殖＞农田，占比分别为 80%左右、15%左右、4%左右。城镇生活氨氮贡献最大。

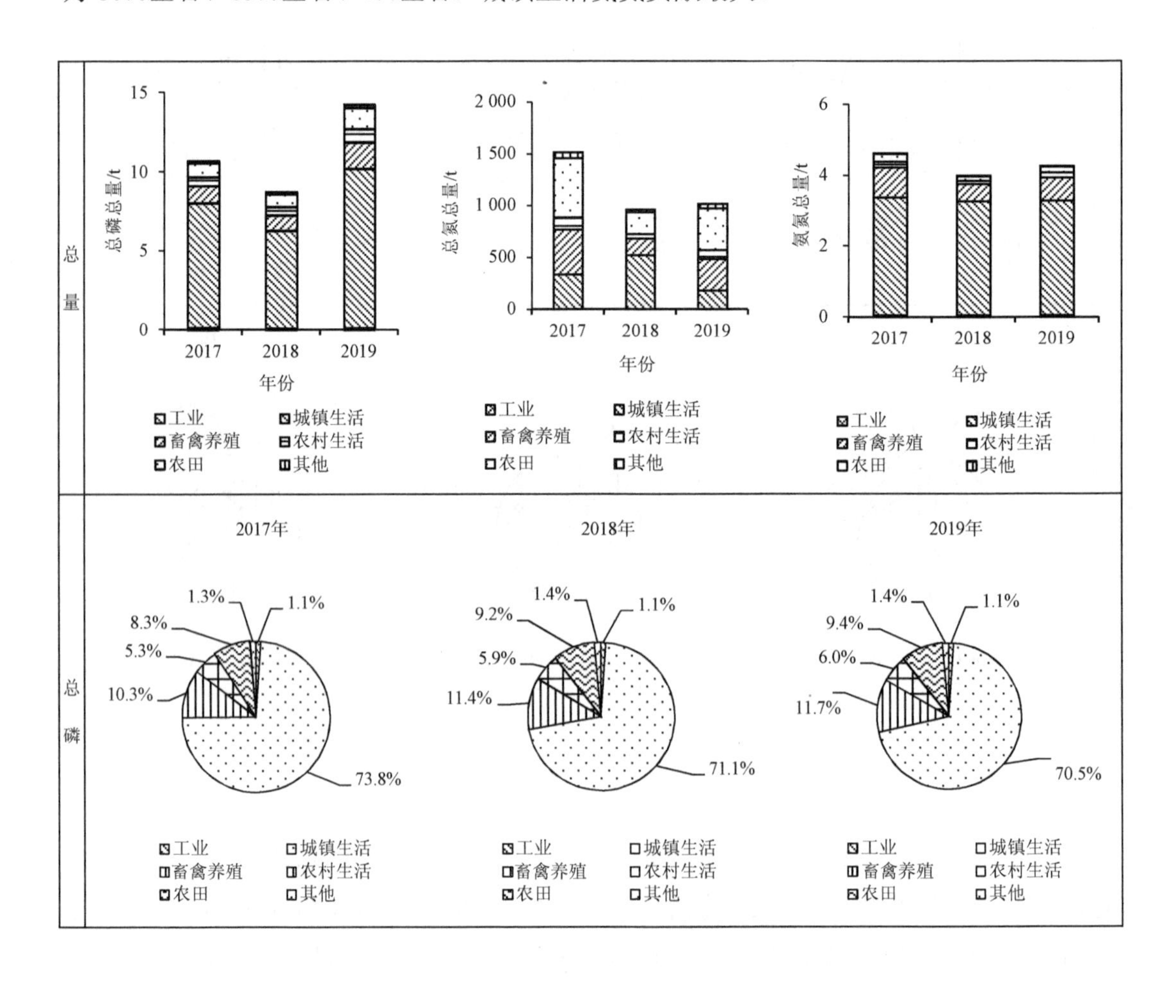

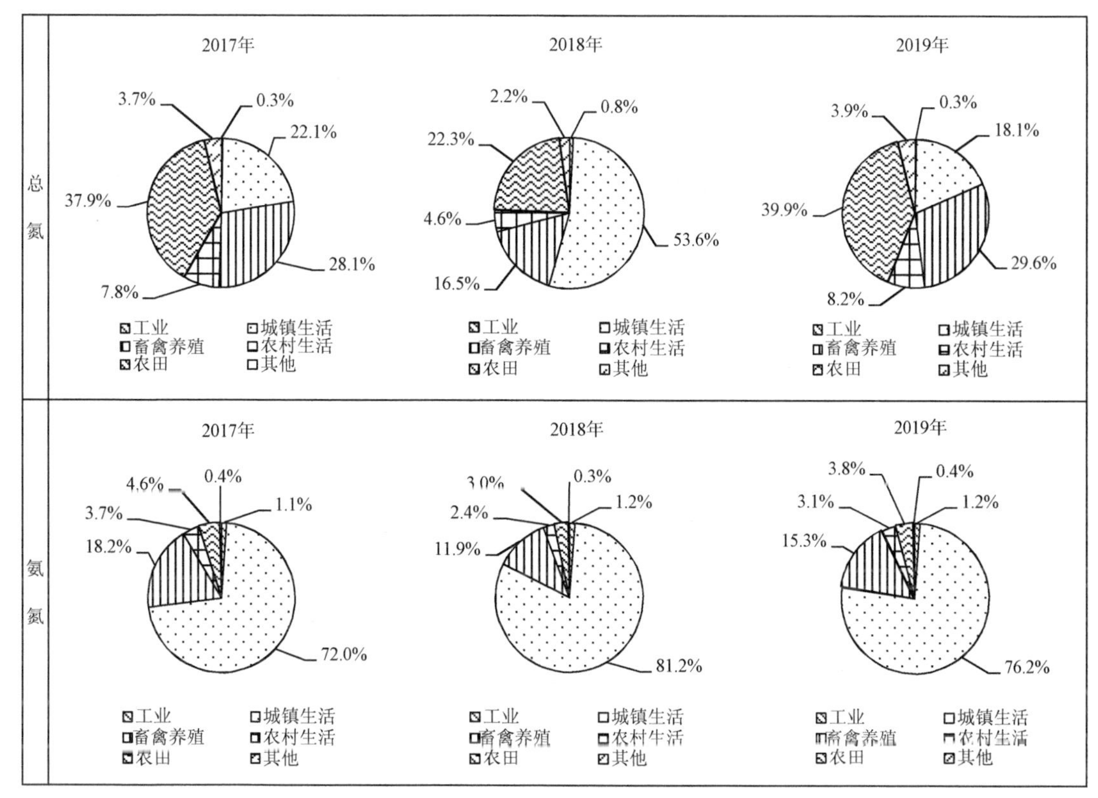

图 9-16 单元 11 水质指标总量及各污染源贡献占比

9.5 小结

总磷在单元 8 及其上游（王庄桥南断面以上）主要来源于农田、畜禽养殖和城镇生活污染，且三年间城镇生活贡献占比在提高，单元 3 城镇生活贡献占比从 2017 年的 22.1%升至 2019 年的 71.5%，提升了 49.4 个百分点；其下游城镇生活贡献占到很高比例，基本在 50%以上，单元 11 城镇生活贡献占比在 2017 年可达 73.8%。总氮在单元 8-3 及其上游其他控制单元主要来源于农田、畜禽养殖，但在单元 8-3 下游，除农田、畜禽养殖之外，城镇生活也是主要来源之一。氨氮在单元 2、单元 3、单元 5 和单元 11 主要来源于城镇生活，贡献占 60%以上，单元 11 在 2018 年达到 81.2%；在其余控制单元主要来源于畜禽养殖，贡献占 50%以上，单元 8-2 在 2018 年达到 74.3%。

第 10 章 控制单元污染负荷及剩余容量计算

汾河流域干流在经过太原段后水质变得较差，之后水质基本为V类、劣V类，大部分支流（如岚河、潇河、文峪河以及浍河）水质也较差。水量在经过太原后有较大变化，可能与水利截水关系较大；部分支流枯水期水量太小，不能保障基本生态需求；下游河段虽然水量基本较为稳定，但是水质较差。

因此，开展动态容量评估的必要性极大。将 SWAT 模型和差分演化（DE）算法耦合，根据 2020 年汾河主要考核断面的水质目标，计算汾河流域各河段 2017—2019 年的理想水环境容量、实际水环境容量和剩余水环境容量。实际水环境容量为一定的水质标准下该河段理想水环境容量与上游输入污染负荷的差值；剩余水环境容量为实际水环境容量与该河段输入污染负荷的差值。在控制单元污染负荷超过单元水环境容量时必须通过控源或者增加生态补水来保障水质目标。

10.1 干流上游污染负荷及剩余容量

单元 1 在 2018 年容量、剩余容量均较大，可能因为单元 1 为汾河水库出口，水源地保护行动使得污染负荷较小，同时由于 2018 年水量加大，使水质指标氨氮、总磷、化学需氧量等的剩余容量也较大，仅在 2018 年 11 月总磷剩余容量出现负值。总氮按照水质目标考核，除 2018 年 11 月和 2019 年 6 月为正值外，其他容量均出现负值。由于汾河流域水量对引黄依赖较大，总氮浓度较高成为全流域的总体问题。单元 1 水环境容量及剩余容量分析结果见图 10-1。

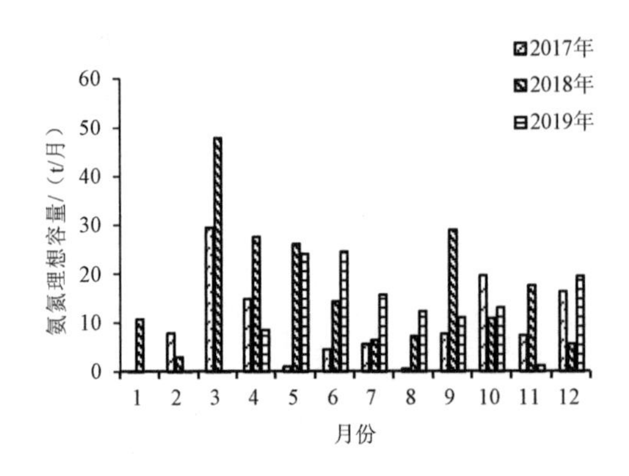

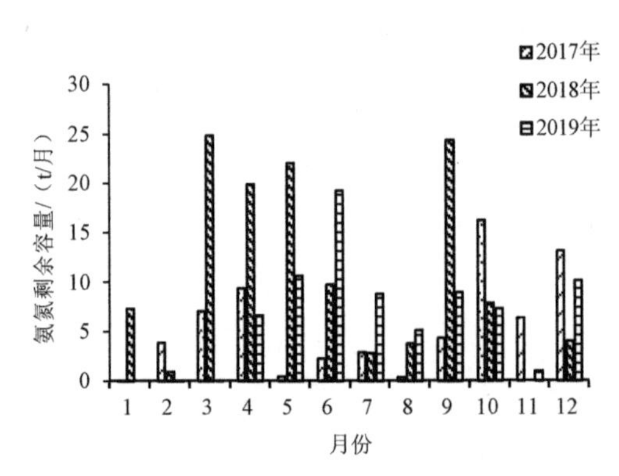

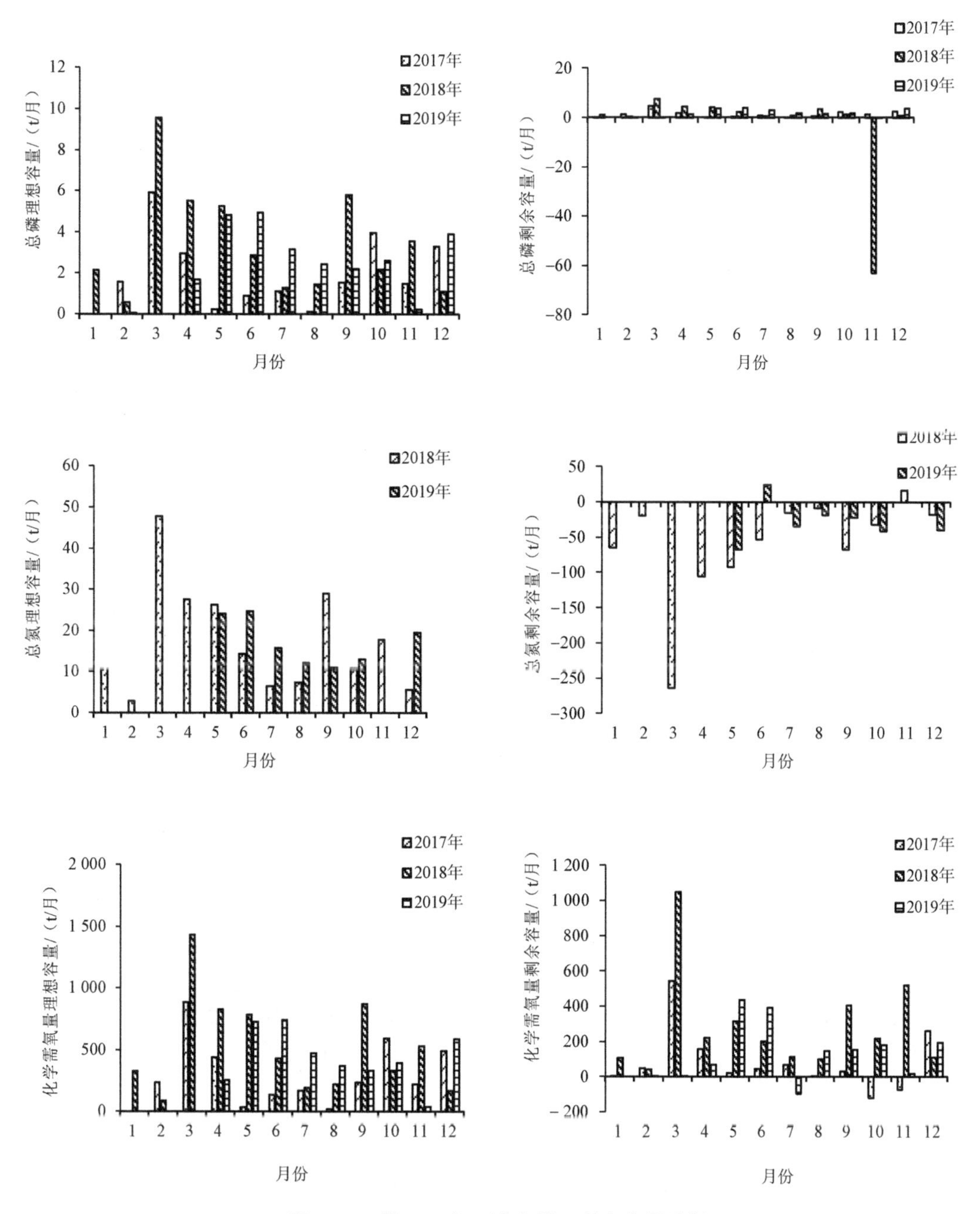

图 10-1 单元 1 水环境容量及剩余容量分析

单元 3 氨氮和总磷剩余容量除 2018 年 11 月外，其他时间均为正值。除 2019 年 10 月外，化学需氧量剩余容量均为正值。总氮是全流域共通问题，除个别月份外其剩余容量基本为负值。单元 3 水环境容量及剩余容量分析结果见图 10-2。

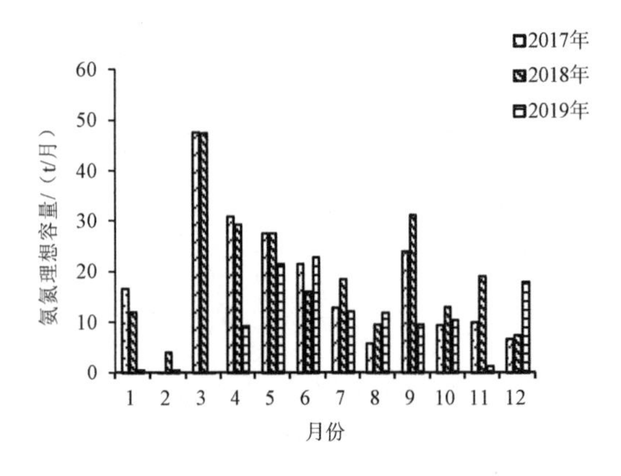
2017年
2018年
2019年
氨氮理想容量/（t/月）
60
50
40
30
20
10
0
1 2 3 4 5 6 7 8 9 10 11 12
月份

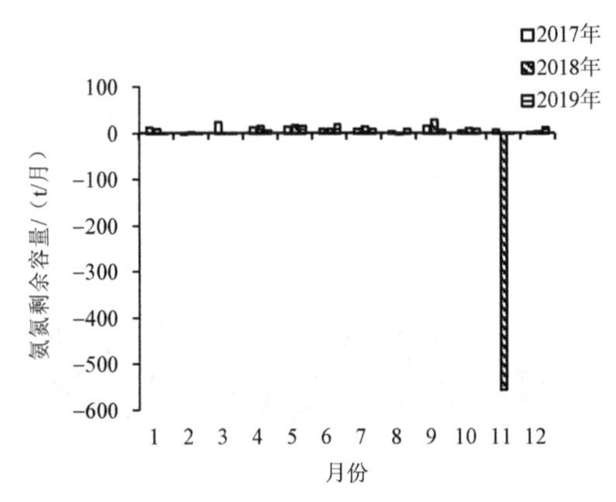
2017年
2018年
2019年
氨氮剩余容量/（t/月）
100
0
−100
−200
−300
−400
−500
−600
1 2 3 4 5 6 7 8 9 10 11 12
月份

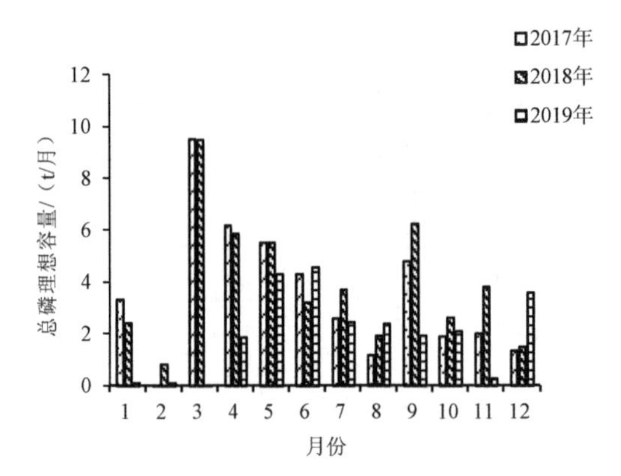
2017年
2018年
2019年
总磷理想容量/（t/月）
12
10
8
6
4
2
0
1 2 3 4 5 6 7 8 9 10 11 12
月份

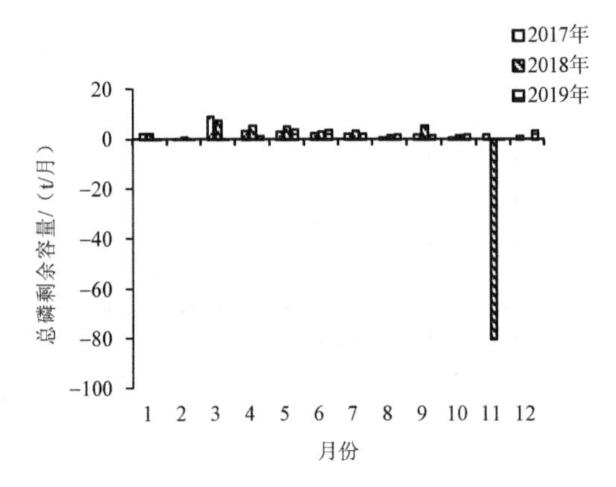
2017年
2018年
2019年
总磷剩余容量/（t/月）
20
0
−20
−40
−60
−80
−100
1 2 3 4 5 6 7 8 9 10 11 12
月份

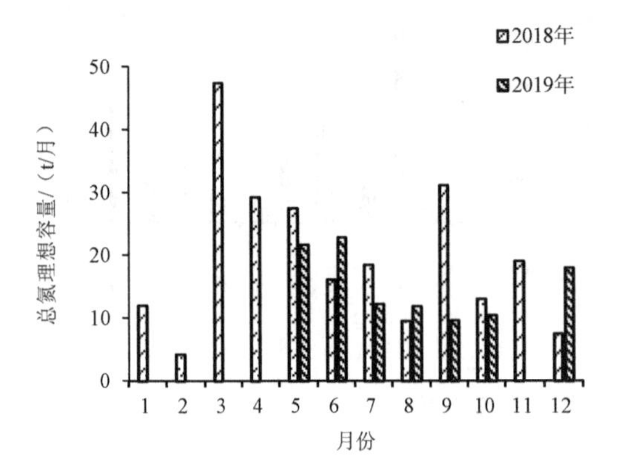
2018年
2019年
总氮理想容量/（t/月）
50
40
30
20
10
0
1 2 3 4 5 6 7 8 9 10 11 12
月份

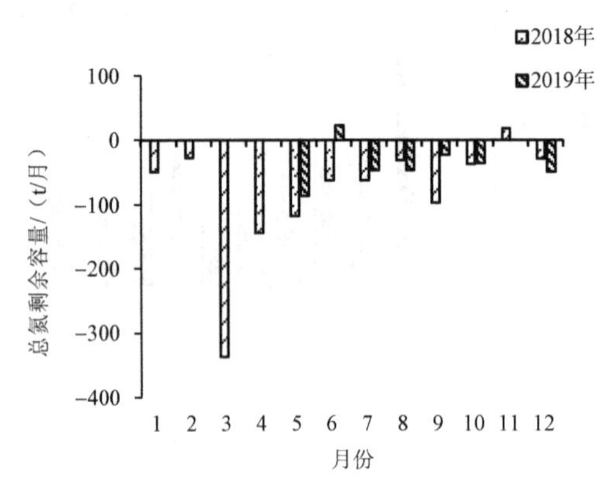
2018年
2019年
总氮剩余容量/（t/月）
100
0
−100
−200
−300
−400
1 2 3 4 5 6 7 8 9 10 11 12
月份

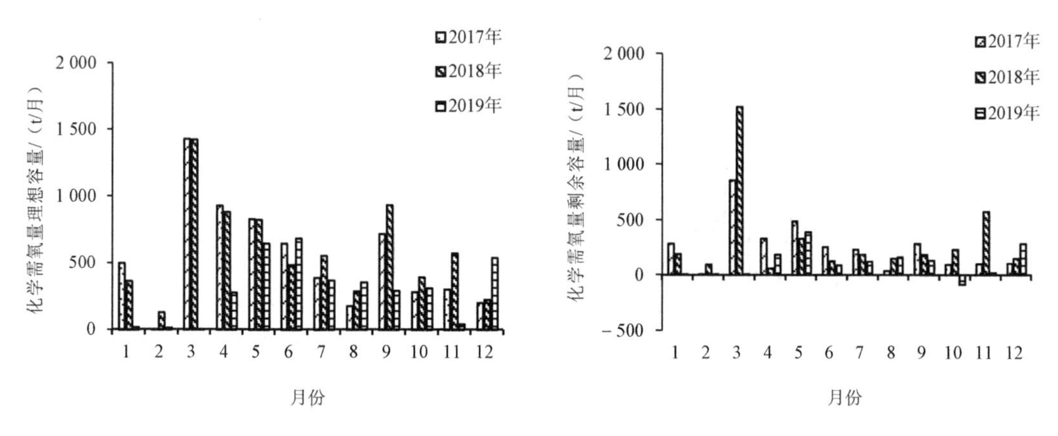

图 10-2 单元 3 水环境容量及剩余容量分析

10.2 干流中游污染负荷及剩余容量

单元 4 氨氮、总氮剩余容量绝大多数月份为负值。总磷在 2017—2019 年逐渐好转，剩余容量为负值的月份占比由 75%降至 50%再到 25%。化学需氧量剩余容量仅在 2017 年有将近一半的时间为负值，2018 年和 2019 年均为正。单元 4 水环境容量及剩余容量分析结果见图 10-3。

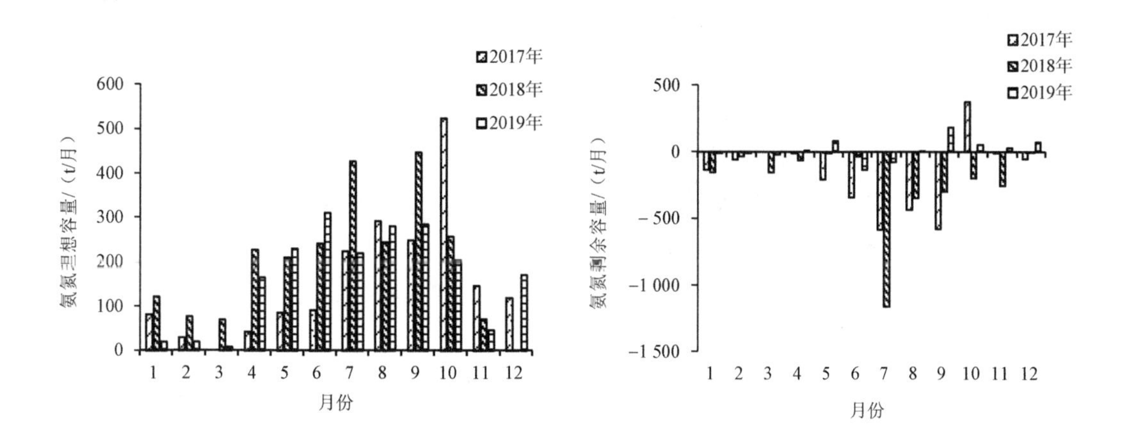

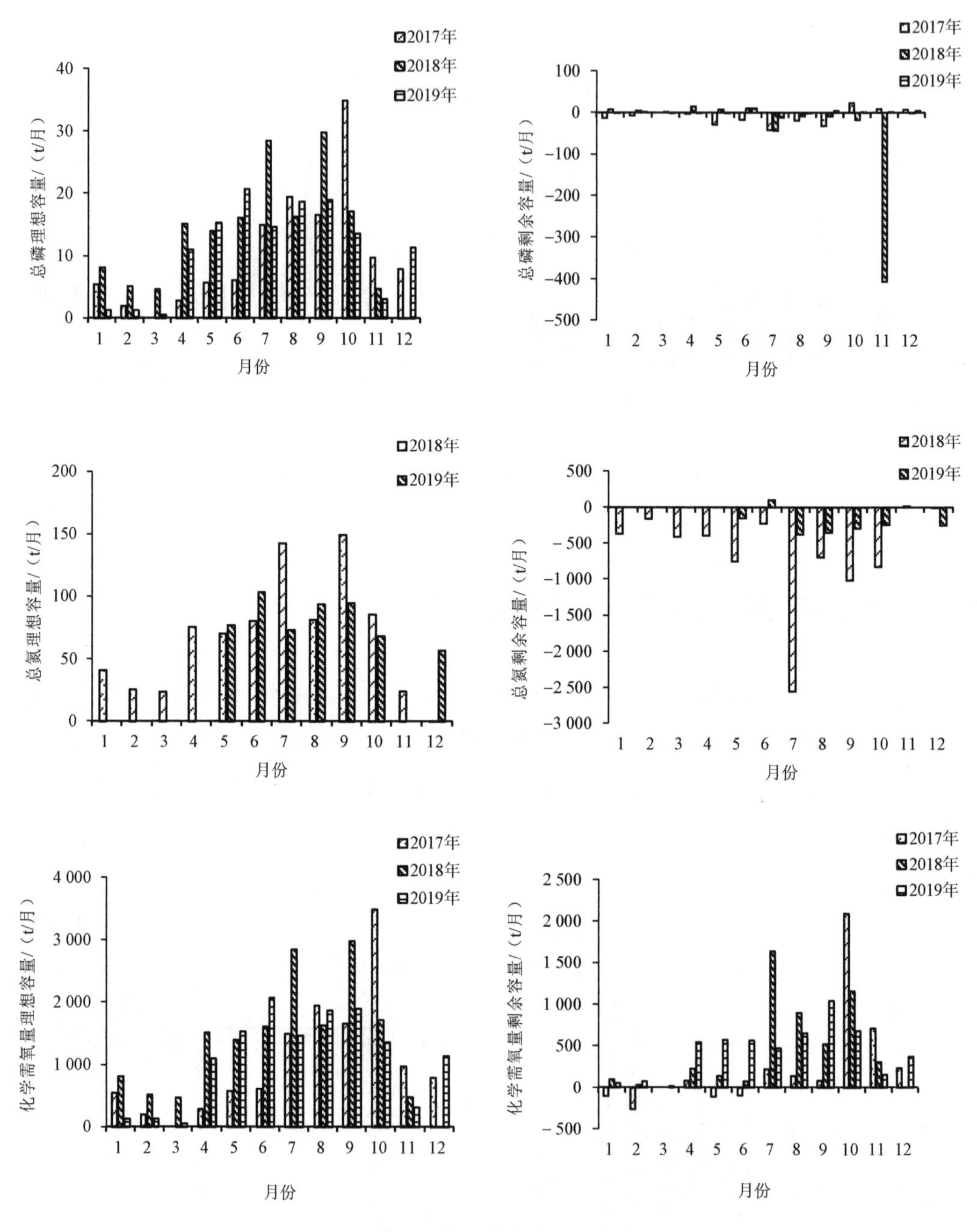

图 10-3 单元 4 水环境容量及剩余容量分析

10.3 干流下游污染负荷及剩余容量

单元 8 氨氮在三年间逐年好转，2019 年基本未出现超负荷排放问题。总磷和化学需氧量在三年间有较大好转，但2019年还是出现了剩余容量为负值的情况，说明近年来点源控制效果显著，但面源仍未得到有效控制。总氮的情况与其他单元类似，处于长期超负荷排放状态。单元8水环境容量及剩余容量分析结果见图10-4。

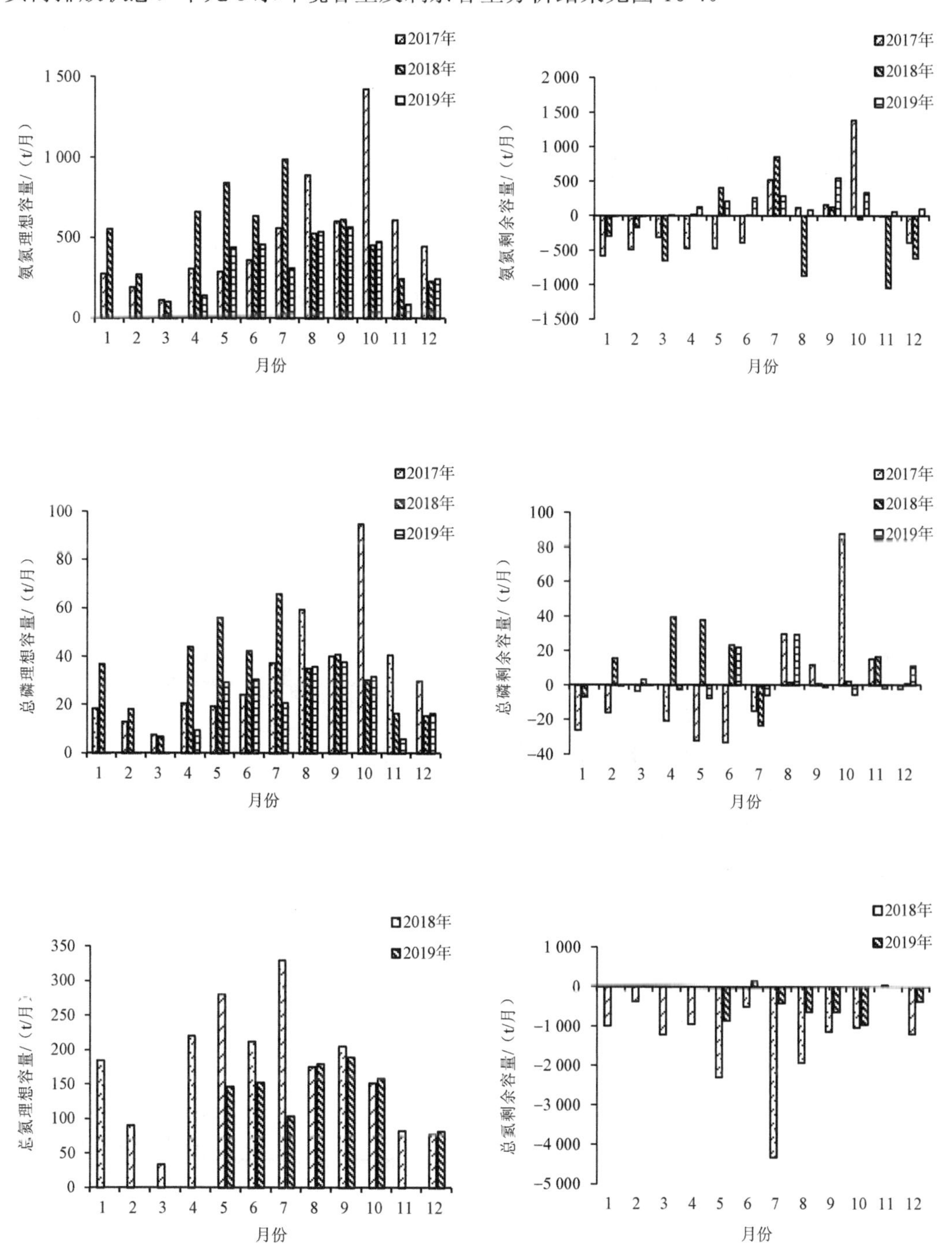

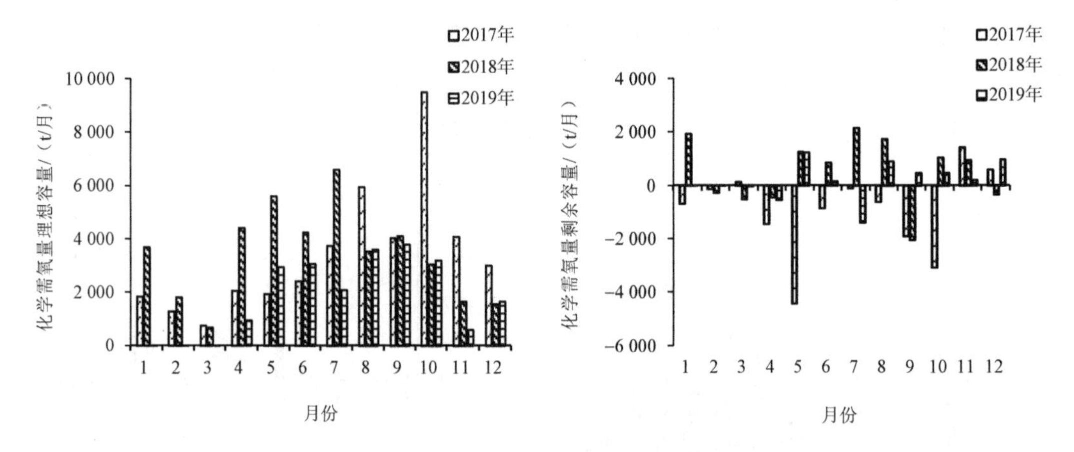

图 10-4 单元 8 水环境容量及剩余容量分析

单元 9 氨氮近年来好转趋势较为明显，但在枯水期仍有剩余容量为负值的情况，说明点源的排放影响较大。化学需氧量剩余容量在丰水期出现负值，说明非点源的排放影响较大。总磷基本满足考核要求。总氮剩余容量除个别月份外基本为负值，且严重超标。单元 9 水环境容量及剩余容量分析结果见图 10-5。

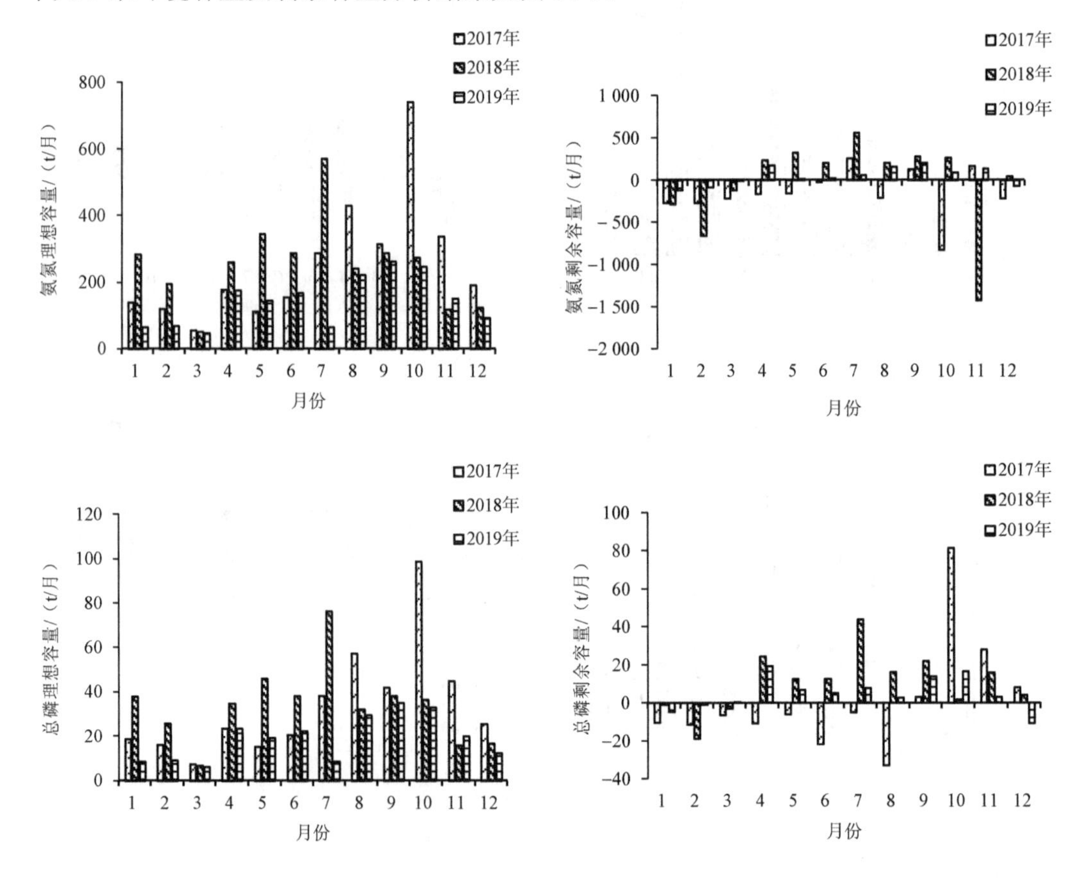

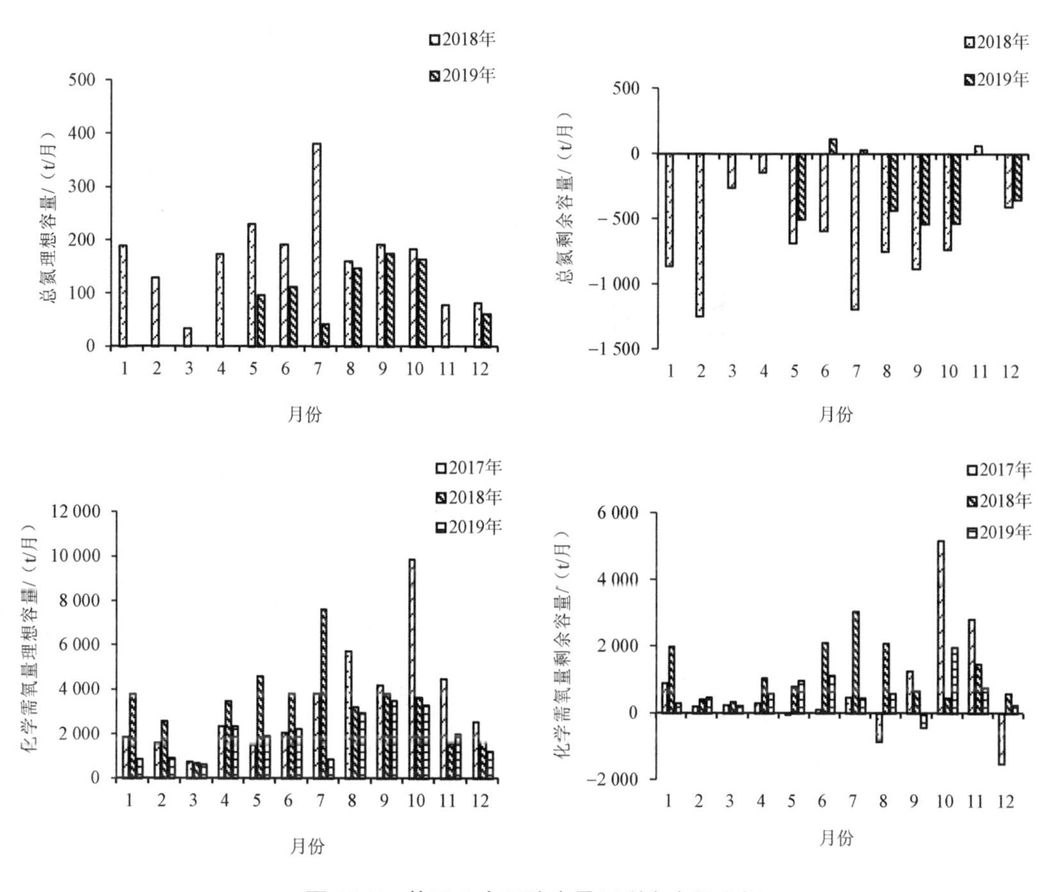

图 10-5 单元 9 水环境容量及剩余容量分析

单元 10 为汾河出口断面。除总氮外，其他几项指标基本满足排放要求。单元 10 水环境容量及剩余容量分析结果见图 10-6。

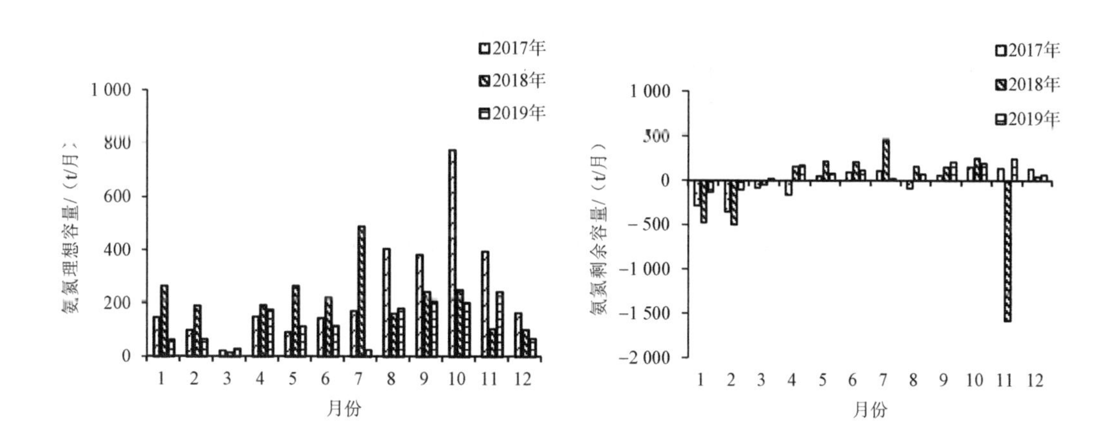

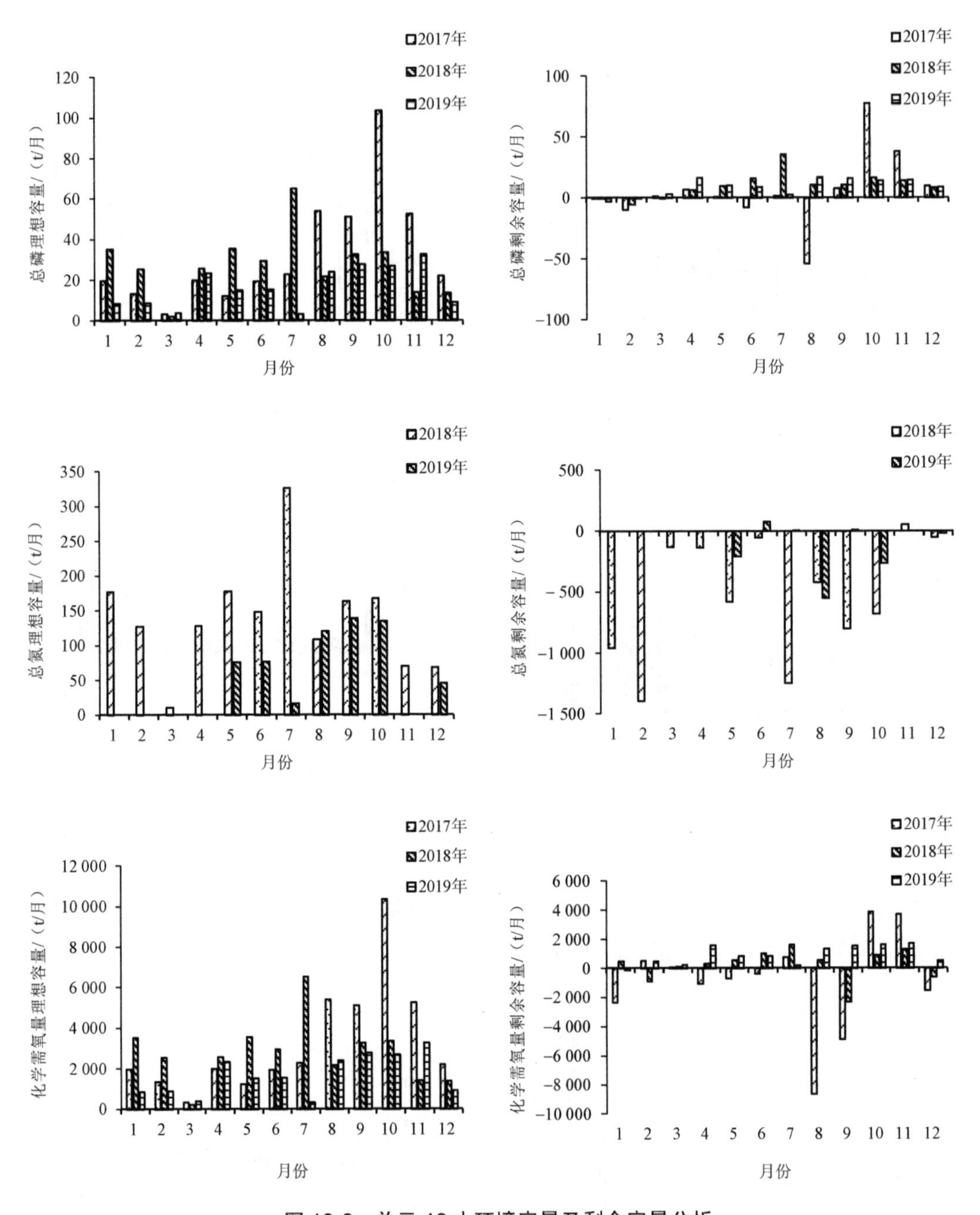

图 10-6　单元 10 水环境容量及剩余容量分析

10.4　支流污染负荷及剩余容量

单元 2 氨氮剩余容量在 1—5 月均为负值，前半年大多数时间处于超标排放状态；总氮剩余容量基本为负值，两年间仅出现 2 个月的正值，全年基本处于超标排放状态。总磷剩余容量在 2018 年 11 月出现较大负值，其他时间基本在零附近。化学需氧量基本处于达标状态，三年间仅出现 4 个月的负值，其他时间均为正值。单元 2 水环境容量及剩余容量分析结果见图 10-7。

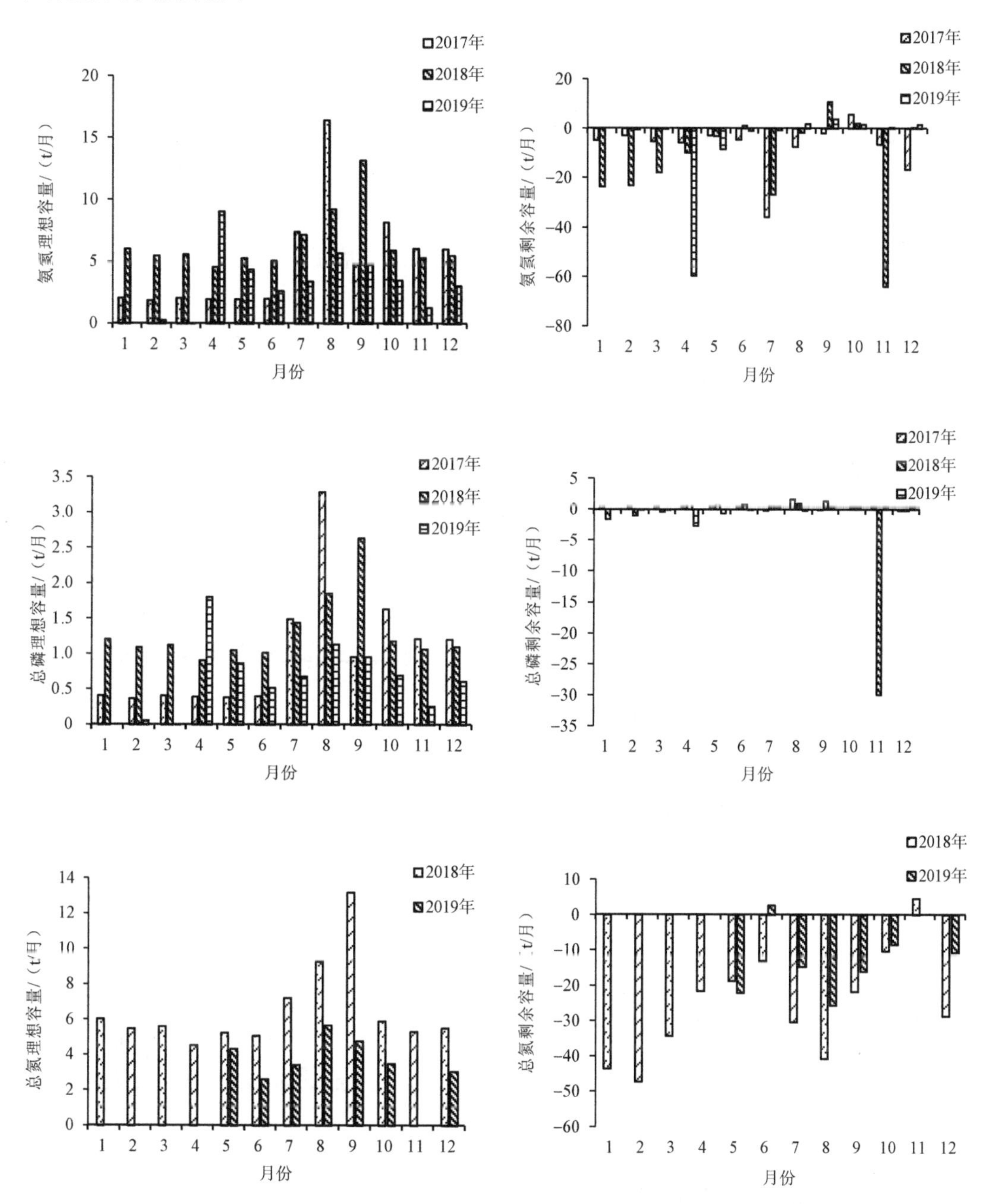

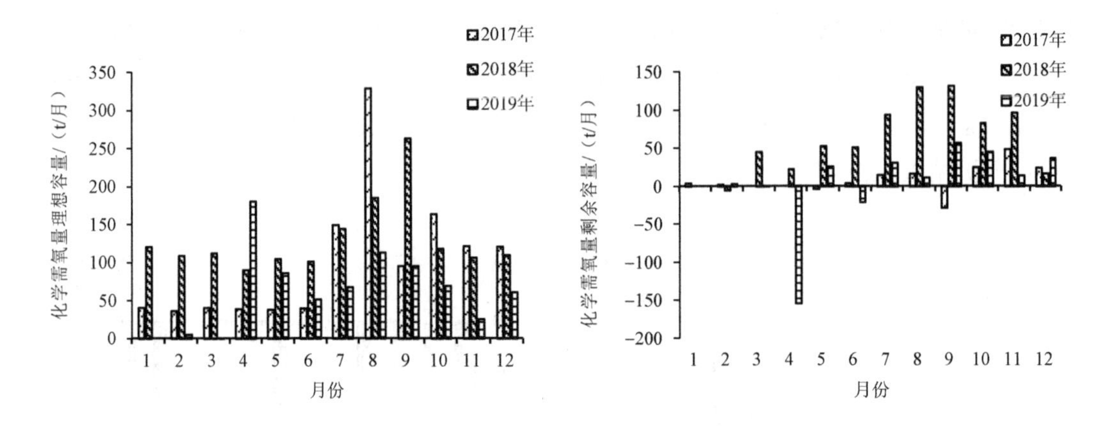

图 10-7 单元 2 水环境容量及剩余容量分析

单元 5 氨氮剩余容量在 2017 年、2018 年 1—3 月均为负值，说明枯水期潇河水质较差。总磷剩余容量出现负值的情况，除在 2019 年 7 月超出较多外，2017—2018 年 2 月以及 2017 年 3 月、2018 年 9 月负值超出较少，其余时间为正值。总氮剩余容量基本为负值。化学需氧量超负荷现象较多，且超标较多。单元 5 水环境容量及剩余容量分析结果见图 10-8。

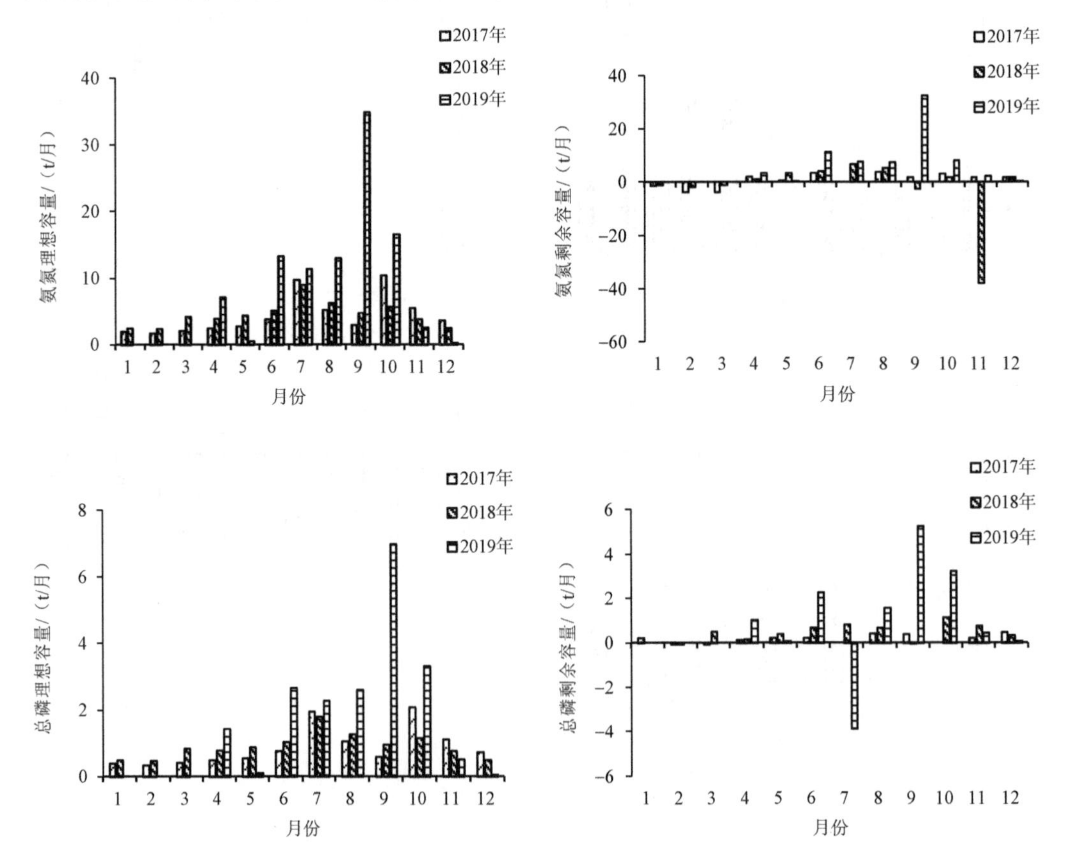

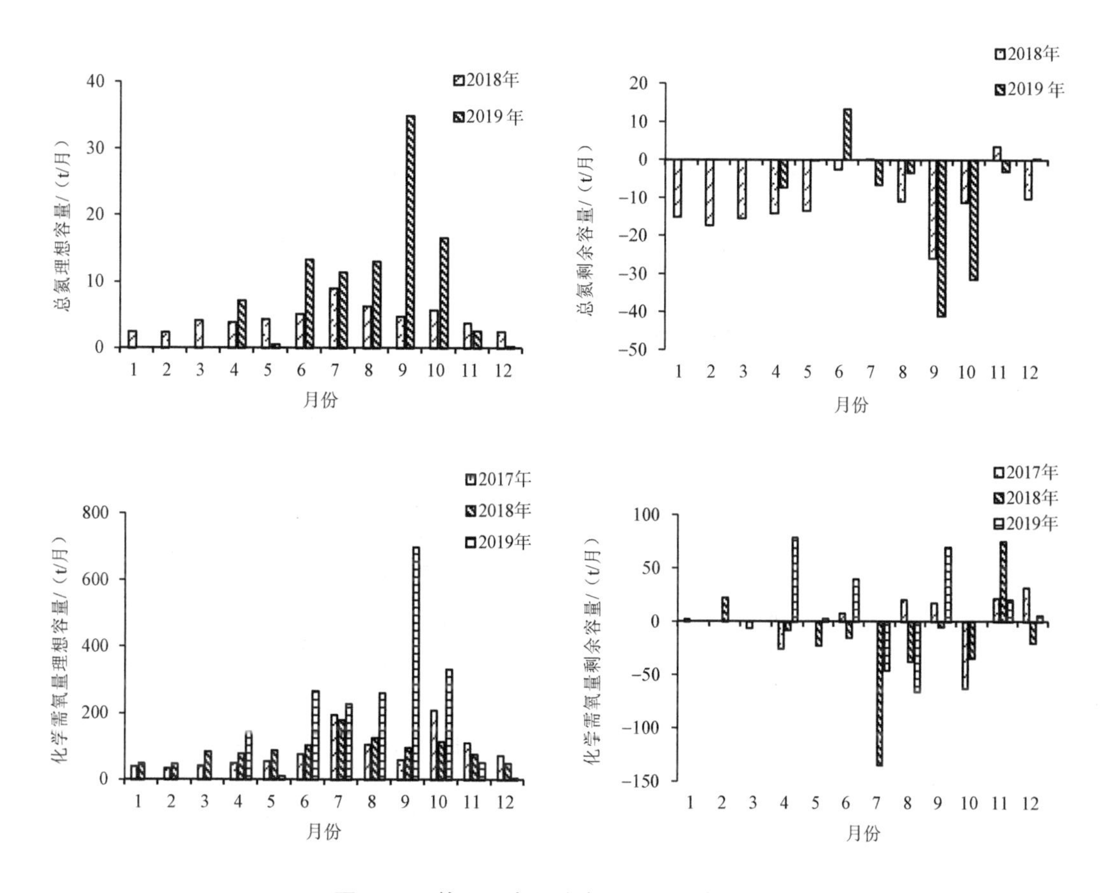

图 10-8 单元 5 水环境容量及剩余容量分析

单位 6 氨氮剩余容量在 2017—2019 年 7—9 月为正值，即丰水期水质状况较好，其他时间为负值，状况较差。总磷在 2018 年超负荷排放现象较为严重，上半年剩余容量均为负值，下半年有所好转，2019 年基本满足达标排放要求，剩余容量在零附近徘徊。总氮一直处于较高的负容量状态。化学需氧量负容量情况在 2017 年和 2018 年枯水期较为严重，到 2019 年有极大改善。单元 6 水环境容量及剩余容量分析结果见图 10-9。

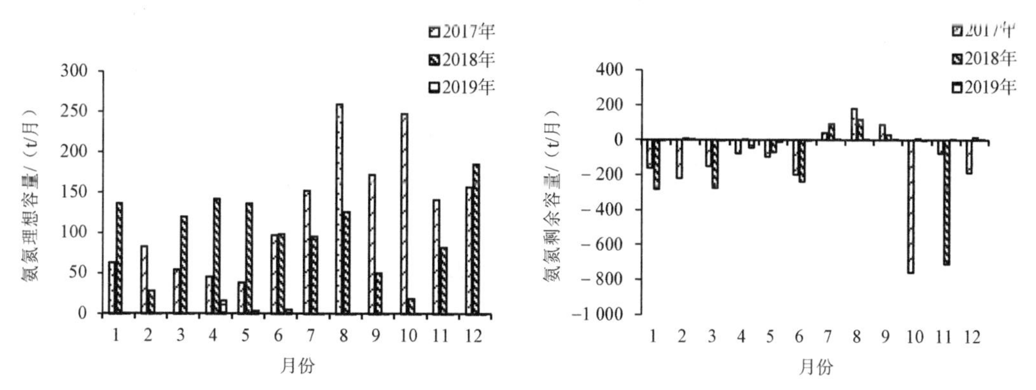

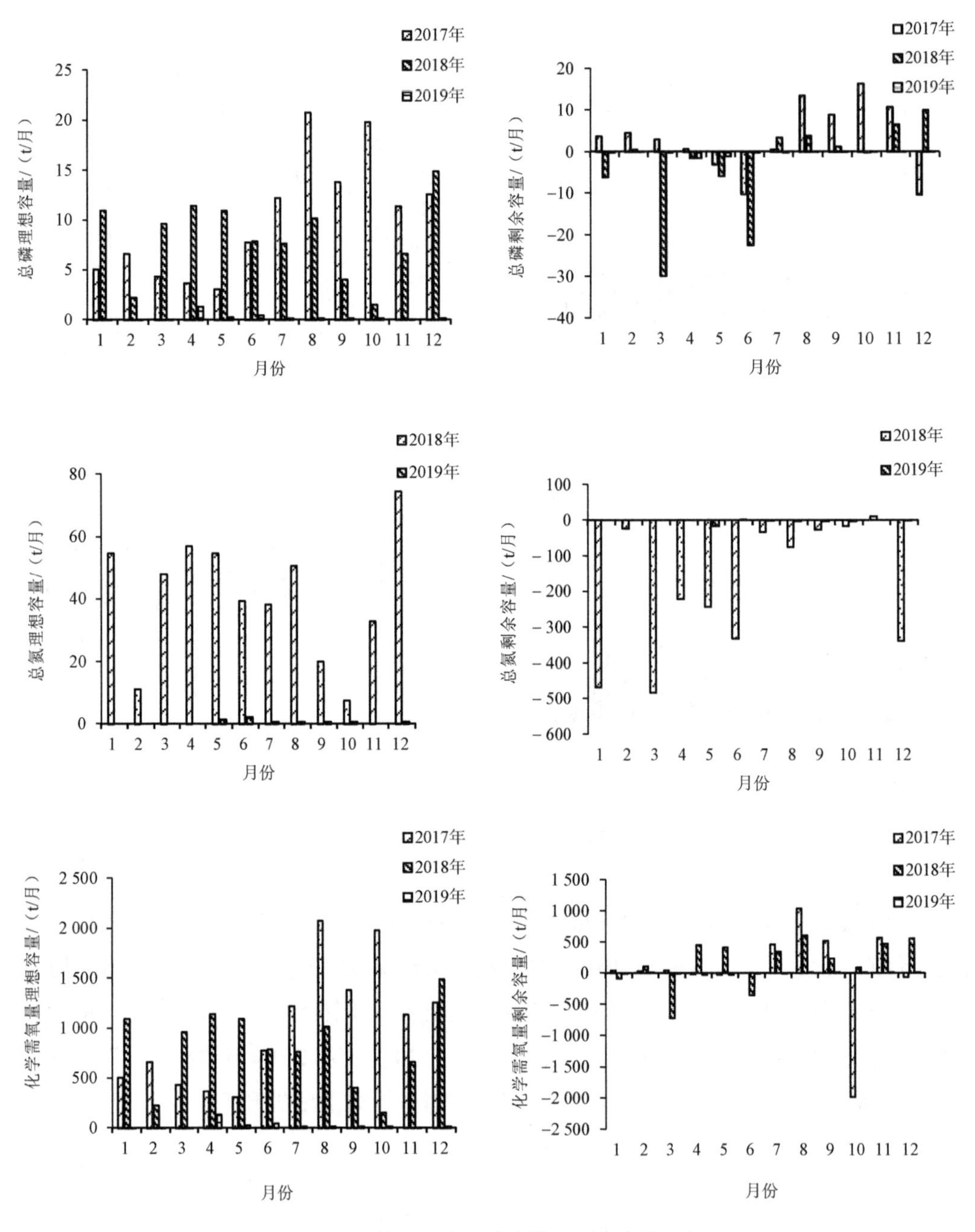

图 10-9 单元 6 水环境容量及剩余容量分析

单元 7 氨氮超标情况在 2017 年和 2018 年较为严重，且丰水期和枯水期均存在此情况。总磷和化学需氧量问题较为相似，在丰水期超标现象更为严重，可能是因为在丰水期面源污染物入河量增加的影响大于水量入河的稀释作用的影响。总氮常年处于超标排放状态。单元 7 水环境容量及剩余容量分析结果见图 10-10。

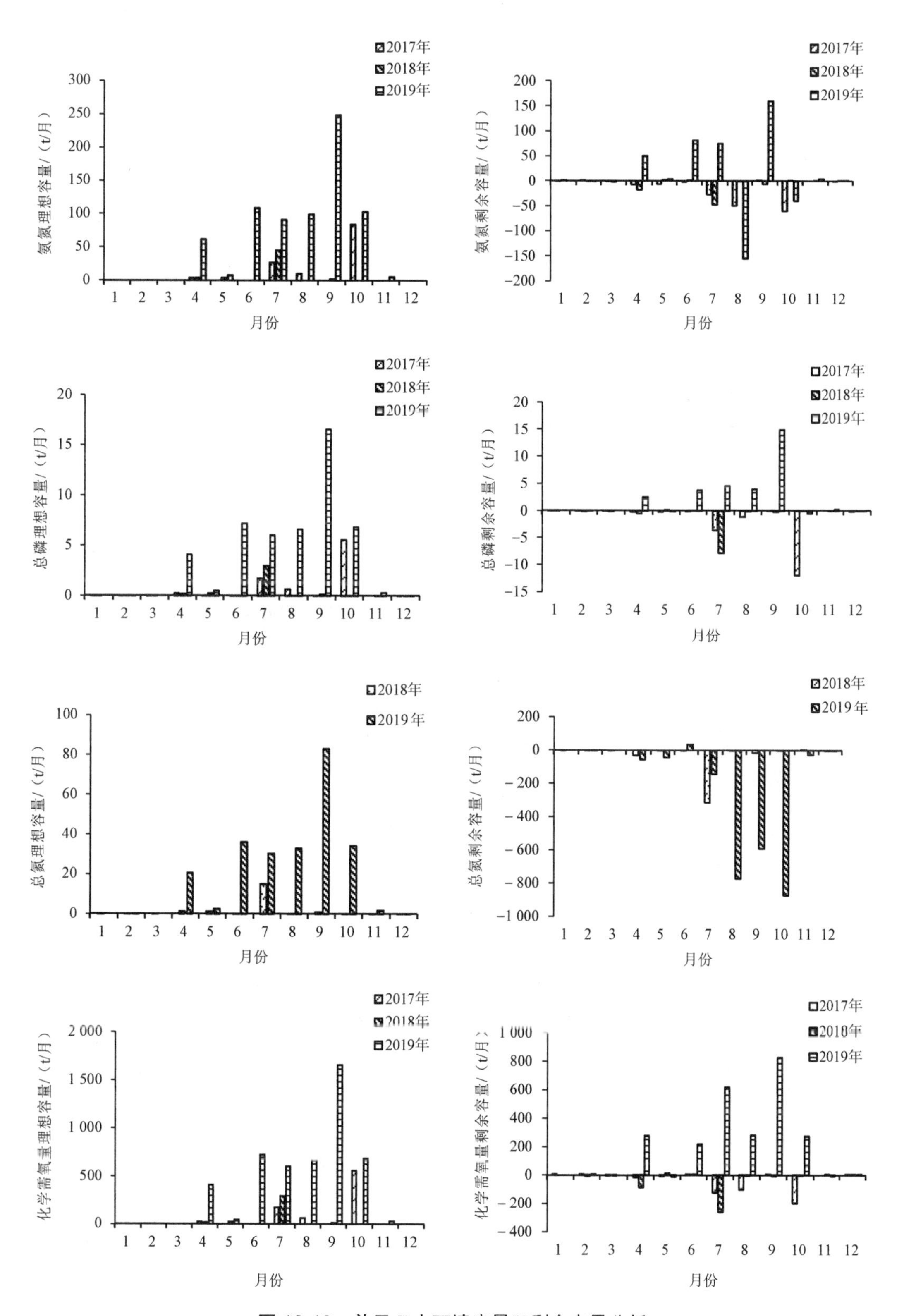

图 10-10 单元 7 水环境容量及剩余容量分析

单元 11 化学需氧量剩余容量在枯水期出现负值，氨氮、总磷、总氮剩余容量则在全年大部分时间为负值，说明浍河污染负荷较大，且点源及面源均存在较大问题。单元 11 水环境容量及剩余容量分析结果见图 10-11。

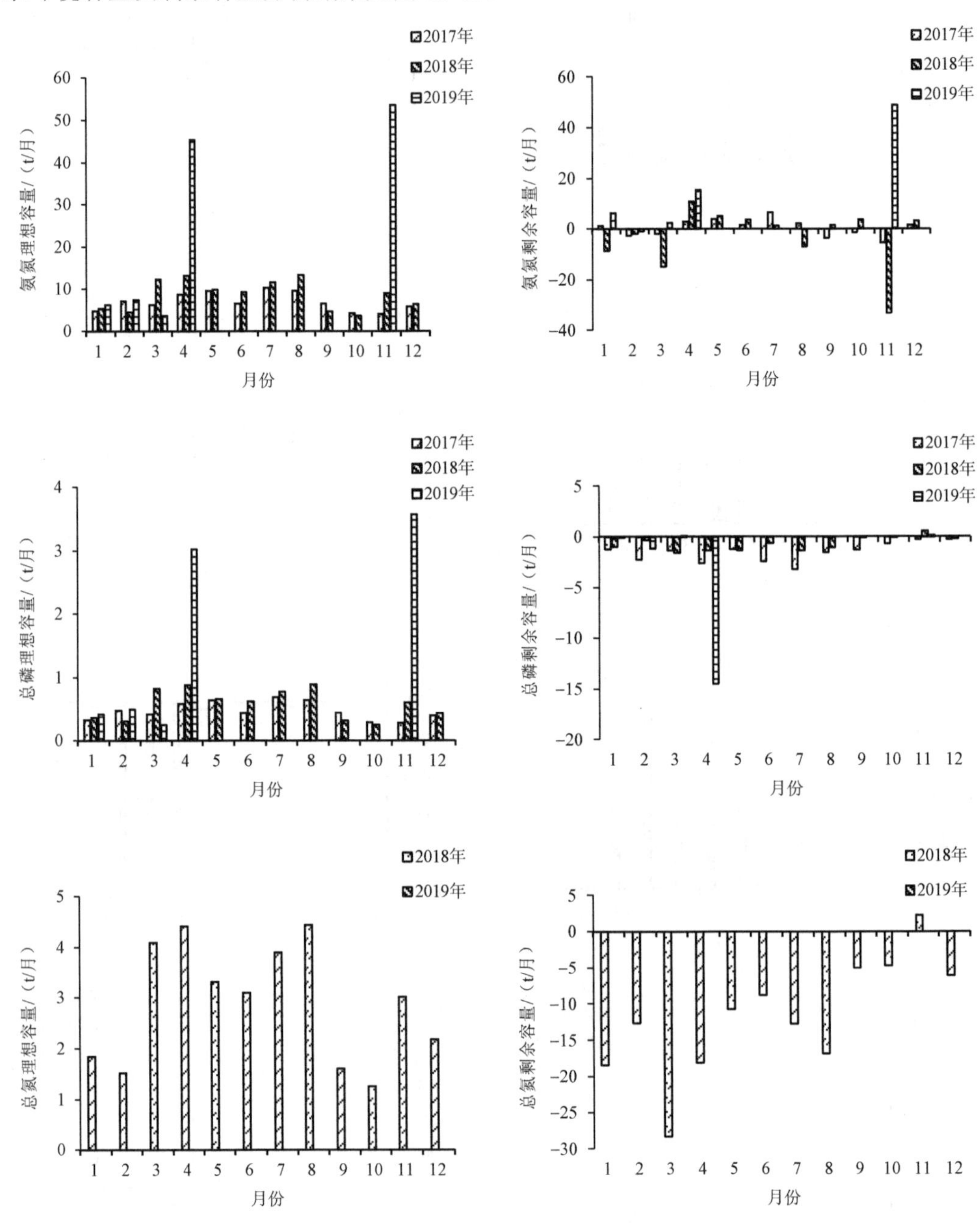

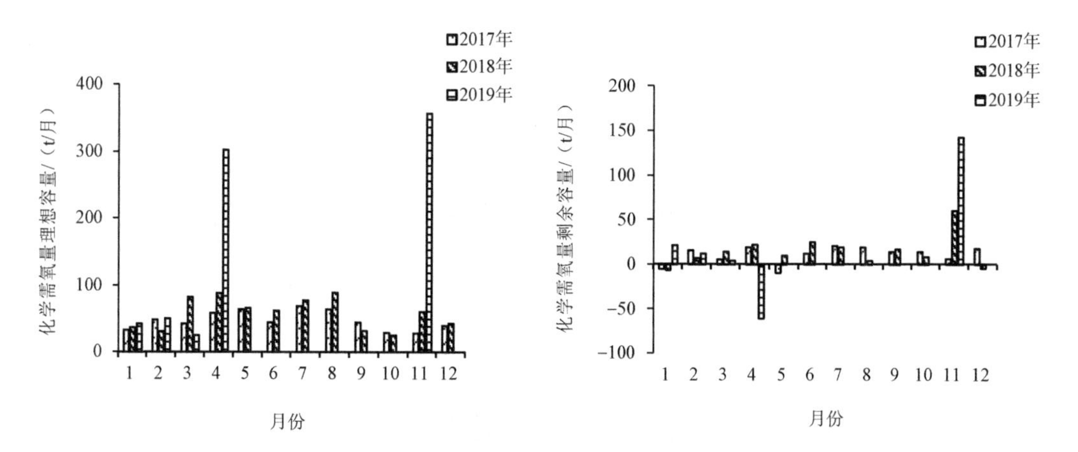

图 10-11　单元 11 水环境容量及剩余容量分析

第 11 章　汾河流域水质和水量问题分析

11.1　汾河流域上游区域水质和水量问题分析

单元 1 水质指标中除总氮浓度较高外，其他基本满足Ⅱ类水要求。总氮主要来源于农田和畜禽养殖，二者贡献分别占 51.6%～58.7%和 24.0%～27.3%；总磷总量逐年大幅减少，治理效果较好；氨氮比较稳定。氨氮、总磷等的剩余容量也较大，总磷剩余容量仅个别月份出现负值。总氮按照水质目标考核，剩余容量均出现负值。由于汾河流域水量对引黄依赖较大，引黄水质对流域水质存在一定的影响。

单元 3 除总氮外，其他指标基本满足水质考核目标。总氮总量变化不大，城镇生活贡献量在 2018 年大幅减少，总氮主要来源于农田和畜禽养殖等面源，二者贡献分别占 46%左右和 35%左右。2019 年几乎无变化。城镇生活一直是氨氮的主要来源。城镇生活和工业总磷贡献量在三年间变化不大。但面源污染贡献量逐年大幅减少，使得城镇生活污染贡献占比一直增加，并在 2019 年达到 71%。氨氮和总磷剩余容量除 2018 年 11 月外，其他时间均为正值，总氮剩余容量除个别月份外基本为负值，为全流域共通问题。

11.2　汾河流域中游区域水质和水量问题分析

单元 4 氨氮、总氮浓度都远高于水质考核标准，总磷在 2018 年之后有较大改善，但也仅能达到Ⅴ类水。氨氮总量变化不大，工业和城镇生活氨氮贡献量在 2018 年分别减少一半多，在 2019 年略有增加。面源氨氮贡献量一直在增加，主要是畜禽养殖和农田，分别占 60%左右和 14%左右。总氮总量变化不大，城镇生活贡献量在 2018 年大幅减少。总氮主要来源于农田和畜禽养殖等面源，二者贡献分别占 40%和 32%。2019 年几乎无变化。城镇生活和工业总磷贡献量逐年略有减少，变化不大。但 2018 年，面污染源总磷贡献量迅速减少，使得总磷总量迅速减少，城镇生活和工业贡献量变化不大，但占比增加，分别达到 58%和 21%。2019 年变化不大。氨氮、总氮剩余容量基本为负值，总磷在 2017—2019 年逐渐有所好转。

11.3 汾河流域下游区域水质和水量问题分析

单元8-1氨氮浓度长期处于高位值，2019年有所好转，基本低于6 mg/L；总氮、总磷在2018年有较大好转，但总氮还是远高于V类水标准，总磷除个别月份外基本可满足V类水要求。2017—2019年，氨氮总量相差不大，城镇生活贡献量在2018年大幅减少，在2019年略有增加，面源污染一直在增加。氨氮主要来源于畜禽养殖，贡献占比为60%～70%。总氮总量逐年略有减少。其中，城镇生活贡献量在2018年大幅减少，占比也减少，使畜禽养殖和农田成为总氮的主要来源，贡献占比分别达到43%左右和39%左右，2019年占比变化不大。城镇生活总磷贡献量在三年间变化不大，但面污染源总磷贡献量在2018年迅速减少，使得城镇生活贡献占比大幅增加，城镇生活成为总磷最大来源，占66%，2019年各占比变化不大。

单元8-2，2017—2019年，氨氮总量逐年减少。城镇生活贡献量在2018年大幅减少，各面污染源贡献量变化不大，其中畜禽养殖贡献占比为70%左右，成为单元8-2氨氮的主要来源。畜禽养殖、农田和农村生活贡献占比之和分别达到84%、94%和92%，故面污染源在单元8-2占主导地位。总氮总量逐年略有减少。其中，城镇生活贡献量在2018年大幅减少，占比也减少，畜禽养殖和农田成为总氮的主要来源，贡献占比分别为43%左右和39%左右，2019年占比变化不大。城镇生活和工业总磷贡献量变化不大，面污染源总磷贡献量先迅速减少、后略有增加，使城镇生活总磷贡献量占比增加，达到60%左右，畜禽养殖贡献占比减少，为17%，2019年占比变化不大。

单元8-3，2017—2019年，氨氮总量逐年减少。城镇生活贡献量在2018年大幅减少，各面污染源总量变化不大。2019年，工业和城镇生活贡献量有所增加，但增幅不大，面污染源减少。其中，畜禽养殖贡献占比达到70%，成为单元8-3氨氮的主要来源。畜禽养殖、农田和农村生活贡献占比之和分别达到87%、96%和91%，故面污染源在单元8-3占主导地位。单元8-3总氮总量变化同单元8-2，2017—2019年，农田和畜禽养殖贡献量有所增加，农田占40%～50%，畜禽养殖占30%～40%，成为总氮污染的主要来源。总磷总量先迅速减少、后略增；城镇生活和工业总磷贡献量变化不大；面污染源总磷贡献量在2018年迅速减少，在2019年略有增加。2018年和2019年较2017年，城镇生活和工业总磷贡献占比增加，分别为42%左右和17%左右，畜禽养殖贡献占比减少，为10%。由变化趋势可以看出，单元8-3污染由属于面源污染的农田、畜禽养殖、农村生活污染向属于点源污染的工业和城镇生活污染转变。

整个单元8的氨氮在三年间逐年好转，2019年基本未出现超负荷排放问题，总磷在三年间有较大好转，但2019年还是出现剩余容量为负值的情况；总氮长期处于超负荷状态。

单元 9 的氨氮在 2019 年 4 月后除 12 月超过考核目标值，其他月份均满足考核目标。总氮长期处于高位值，总磷自 2018 年开始有较大改善，除个别月份外基本可满足Ⅴ类水要求。单元 9-1 和单元 9-2 总氮各污染源贡献量都逐年减少，总氮污染主要来源于农田、畜禽养殖和城镇生活，贡献占比分别为 43%左右、27%左右、14%左右。氨氮总量在逐年减少，氨氮主要来源于畜禽养殖、农田，贡献占比分别为 55%～60%、17%～18%、13%～14%。城镇生活和工业总磷贡献量在三年间变化不大，面污染源总磷贡献量在 2018 年迅速减少，总磷总量减少，使城镇生活贡献占比增加，达到 70%左右，畜禽养殖和农田均占 10%左右。2019 年面污染源贡献量略有增加，城镇生活占比回落，为 50%～60%，畜禽养殖和农田均占 13%左右。整个单元 9 氨氮剩余容量近年来增加趋势较为明显，但在枯水期仍有剩余容量为负值的情况；总磷基本满足考核要求；总氮剩余容量除个别月份外基本为负值，超标严重，可能与上游来水近年总磷剩余容量增加有关，且本单元有外来调水，水量增加，河流自净能力增强，对污染物也有一定的稀释作用。本单元各污染源氨氮、总氮、总磷排放量在逐年减少，也有一定的作用。

单元 10 的入黄断面在 2018 年后水质有较大改善，氨氮在 2018 年 11 月以及 2019 年 1 月、2 月未达到考核要求，其他时间均合格。总氮长期处于高位，总磷在 2018 年开始有较大改善，除个别枯水期月份外，其他时间基本可满足要求。2017—2019 年，总氮负荷逐年减少，各污染源占比变化不大，总氮主要来源于农田、畜禽养殖和城镇生活，贡献占比分别为 40%左右、30%左右、20%左右。氨氮负荷也逐年减少，主要来源于畜禽养殖、城镇生活，贡献占比分别为 56%左右、18%左右，城镇生活占比有所增加。城镇生活和工业源总磷负荷变化不大，面源先减后又略增，主要来源于城镇生活，占一半以上。单元 10 为汾河出口断面，除总氮外，其他几项指标的剩余容量基本为正值，可能与上游来水总氮剩余容量已为负值以及其他指标逐年改善有关。且可能与本单元污染源氨氮、总氮和总磷排放总量减少有关。同时，单元 10 水量大，对污染物有稀释作用，其他指标剩余容量情况较好。

11.4 主要支流水质和水量问题分析

单元 2 的氨氮、总氮长期处于劣Ⅴ类，总磷大部分时间为Ⅴ类。氨氮主要来源于城镇生活和畜禽养殖，贡献占比分别为 60%、30%。城镇生活总氮贡献量虽一直在增加，但占比不大；总氮主要来源于农田和畜禽养殖，贡献占比分别为 55%左右、29%左右。城镇生活总磷贡献量逐年略有减少，几乎无变化。但 2018 年总磷总量迅速增加，主要是由于畜禽养殖和农田，贡献占比分别为 36%和 29%，使得城镇生活占比减少。2019 年，面源贡献量迅速减少，使得总磷总量迅速减少，城镇生活贡献量变化不大，但占比增加，达到 55%。氨氮和总氮剩余容量基本处于负值，仅个别月份出现正值，氨氮全年基本处于超标排放状态；总磷剩余容量仅在 2018 年 11 月出现负值，其他时间均达标。

单元 5 的氨氮在 2018 年年底和 2019 年年初较高，为Ⅴ类、劣Ⅴ类，2019 年 4 月开始满足Ⅲ类水要求；总氮在 2019 年也有明显下降，基本可满足Ⅴ类水要求；总磷基本较低，绝大多数可达到Ⅲ类水要求。在单元 5 有某污水净化有限公司污水排放口，收集污水量达到 7 300 万 t/a，使得单元 5 城镇生活污水占很大比例。氨氮总量在三年间变化不大，城镇生活污水对氨氮贡献最大，占比达到 70%～80%，畜禽养殖占 20%左右，居于第二位。总氮总量在三年间变化不大，城镇生活贡献量在 2018 年大幅减少，面污染源贡献量逐年增加，主要是畜禽养殖和农田，贡献占比分别为 41%和 35%，2019 年变化不大。城镇生活总磷贡献量在三年间变化不大。但 2018 年，面污染源总磷贡献量迅速减少，使得总磷总量迅速减少，城镇生活贡献量变化虽不大，但占比增加，达到 90%，2019 年变化不大。在枯水期水质较差，氨氮剩余容量在丰水期偶尔会出现负值。总磷剩余容量仅在个别月份出现负值，但超出较少。总氮剩余容量基本为负值。

单元 6 的总氮、总磷均长期处于劣Ⅴ类，氨氮也长期处于高位，不达标。单元 6-1 无点源，污染源以面源为主。单元 6-1 氨氮总量在三年间，先略有增加，后减少。其中，畜禽养殖占比最大，为 67%，农田和农村生活贡献占比分别为 19%和 12%。总氮总量逐年减少，主要来源于农田、畜禽养殖，贡献占比分别为 56%、29%。2018 年总磷总量迅速减少，只剩不到 1/6，主要来源于畜禽养殖、农田、农村生活，贡献占比分别为 43%、35%、17%。2019 年总磷总量略有减少。单元 6-2 氨氮总量变化趋势与单元 6-1 一样，为先增后减。2018 年，城镇生活和工业氨氮贡献量减少，面污染源贡献量增加，主要是畜禽养殖和农田，贡献占比分别为 60%和 18%。2019 年占比变化不大。总氮总量逐年略有减少，变化不大。其中，城镇生活和工业贡献量在 2018 年大幅减少，占比也减少；面污染源贡献量增加，主要是农田和畜禽养殖，贡献占比分别为 51%和 27%，2019 年占比变化不大，可能是因为单元 6-2 耕地占本单元的 52%，人们多以种地为生，氮肥的施用对本单元总氮贡献很大。总磷总量在 2018 年大幅减少，在 2019 年大幅增加至 2017 年的水平。城镇生活和工业总磷贡献量逐年小幅增加，而污染源贡献量变化趋势与总磷总量相同。2018 年，城镇生活占比增加，成为第一来源；2019 年，由于城镇生活的增幅不如畜禽养殖大，畜禽养殖成为第一来源，但两者相差不大，农田紧随其后。整个单元 6 氨氮剩余容量在三年间逐年上涨，2019 年仅在 5 月、6 月枯水期出现负值，其他时间基本达标排放。总磷在 2018 年下半年有所好转，2019 年基本满足达标排放要求。总氮一直处于较高的负容量状态。虽然单元 6 水量逐年减少，且在 2019 年减少很多，但氨氮、总磷剩余容量逐年向好，说明本单元的污染源排放逐渐得到控制。

单元 7 的氨氮、总氮长期处于高位，远高于Ⅴ类水标准，总磷在 2019 年后半年有明显下降，基本可达到Ⅴ类水标准。三年间，氨氮总量先略增后减少，城镇生活是第一来源，分别占60%、42%、51%，畜禽养殖居于第二，分别占28%、41%、34%，两者之和达80%以上。总氮总量逐年减少，2018年减幅较2019年大，总氮主要来源于农田和畜禽养殖，贡献占比分别为49%左右和32%左右，三年占比变化不大。城镇生活总磷贡献量在三年间变化不大，但2018年面源贡献量迅速减少，总磷总量随之减少，使得城镇生活占比增加，与畜禽养殖和农田一起成为总磷主要污染来源，2019年变化不大。单元7耕地占67%，人们多以种植业为生，化肥施用对氮、磷有一定贡献。氨氮超标情况在2017年和2018年丰水期、枯水期都较为严重；总磷超标现象反而在丰水期更为严重。总氮常年处于超负荷状态。这可能与磁窑河 2017 年和 2018 年流量均较小有关，流量均值仅有 0.70 m^3/s 和 0.30 m^3/s，两年均存在断流的情况，2019年水量得到改善。

单元11水质总体较差，氨氮、总氮、总磷长期处于超标状态。氨氮总量变化不大，城镇生活氨氮总量贡献最大，达到70%～80%。总氮总量先减后略增，主要来源于农田、畜禽养殖和城镇生活，2017年和2019年三者贡献占比分别为40%左右、30%左右、20%左右。2018年面源总量大幅减少，城镇生活总量增加，占54%，畜禽养殖和农田减少，分别占17%和24%。总磷总量在2019年大幅增加，主要来源于城镇生活，占70%左右。氨氮、总磷、总氮剩余容量在全年大部分时间为负值，说明浍河污染负荷较大，且点源及面源均存在较大问题。这与单元11流量总体较小也有很大关系，2017年和2018年流量均值分别仅为 0.5 m^3/s 和 0.6 m^3/s，2019年基本处于断流状态。

第 12 章　控制单元对策措施研究

汾河是黄河的一级支流，是山西的母亲河，汾河水质的好坏直接影响流域的生态环境质量和山西人民的生活质量。如何解决汾河污染问题，保障汾河生态基流，有针对性地提出保护对策措施尤为重要，同时要不断加强汾河流域生态保护和修复，真正使汾河的水质好起来、水量丰起来、风光好起来。

本章基于汾河流域划分的控制单元环境问题诊断及水质保障目标，提出了“分区、分级、分期、分类”的汾河流域水环境治理思路，从污染治理、生态修复、综合管理等多方面提出切实可行的水生态保护对策措施，实现汾河流域高质量健康持续发展。

12.1　汾河流域上游区域治理技术措施

汾河流域上游区域包括控制单元 1、单元 2 和单元 3。根据 2020 年的水质目标，将上游区域分级划分为两个管控区域：单元 1 和单元 3 为汾河干流的上游，水质目标为Ⅱ类，划定为Ⅱ类管控区；单元 2 为支流岚河，水质目标为Ⅲ类，划定为Ⅱ类管控区。

12.1.1　汾河上游Ⅱ类管控区

汾河上游干流单元 1 和单元 3 水质总体较好，主要是总氮超标，主要来源于沿线农田施肥和畜禽养殖等面源污染。

（1）大力发展环水有机旱作农业

汾河上游地处山地、丘陵区，是多种温凉作物种植组合区。耕作制度一年一熟，主要农作物有荞麦、豆类、胡麻、玉米等。多年来，农民大量施用氮肥、磷肥等化肥，长期过量施用肥料、施用方式不当、灌溉管理不协调等因素造成大量的氮素和磷素流失，继而通过地表径流、淋溶等方式进入流域水体，造成水体总氮超标。同时，汾河上游是汾河的源头区，水环境比较敏感，尤其是汾河水库上游，适合大力发展环水有机旱作农业，发挥比较优势，种植优质杂粮、药材，培育壮大特色优势产业，从抗旱品种筛选、播种、测土配肥、增施有机肥等方面研发农业技术，形成适合山西省自然环境的汾河上游环水有机旱作农业技术体系，开展以“减源—拦截—利用—修复”为联合技术、以有机旱作农业生产为基础的农业面源污染控制，从源头减少农田入河地表径流和污染物的产生。

从源头控制农田氮、磷流失。首先，要大力培育和推广优良特殊作物，以玉米、高粱、谷子、黍子、绿豆、马铃薯等特色杂粮及中药材为培育重点，筛选推广一批耐旱、耐高温、抗病虫害、增产潜力大的优良品种。采取机械化深耕和精量播种措施，以及地膜覆盖等农业技术，抑制土壤水分蒸发、增强土壤蓄水保水功能。再者，要科学精准施用化肥，大力推广测土配方施肥，围绕测土、配方、配肥、供肥、施肥指导 5 个关键环节科学施肥，测土配方施肥技术推广覆盖率达到 90%以上。开展化肥减量增效，增加施用生物农药和有机肥，充分利用养殖产生的大量粪便，将其加工为优质、高效有机肥以代替部分化肥，用于农业生产。

其次，采用"拦截"措施减少污染物向受纳水体的迁移。根据汾河上游沿线农田的地形地貌特征，选择构建生物田埂来消纳水体氮、磷。生物田埂构建技术是在农田主埂上移栽乔木、种植灌木和草本经济作物，支埂上种植灌木和草本经济作物，毛埂上种植草本经济作物，田埂的草本经济作物与农作物同步实施轮作。农田排水经过生物田埂，可以大大降低沟渠出口的总氮浓度。

同时也可以利用自然的排水沟构建生物沟渠。在农田排水渠底部铺设砾石、粗砂、细砂、沸石等作为填料层，上部种植适宜当地生长的植物，这样构建生物沟渠，农田尾水经过长距离的生物沟渠的拦截和净化作用，大大增加了总氮的去除率。在此基础上，充分利用农田周边的废弃塘、低洼地等，构建分散式"拦截—蓄滞—净化"的湿地系统，衔接上游生态沟渠来水，实现进一步拦截净化，保证氮、磷的稳定达标排放。当径流中氮、磷浓度较高时，将径流水在生态沟渠内再次循环，也可作为灌溉水重复利用。

最后，要定期在农田系统建立匹配径流的集水塘或深沟渠，进行水生生态系统的恢复和湿地的生态修复，保障环水有机旱作农业控制面源污染达到最好的效果。

（2）加强畜禽粪便资源化利用

汾河流域上游畜禽养殖以家户散养为主，没有很好地对畜禽粪便进行资源化利用，导致养殖废水排入河道、污染水体，建议大力发展规模化养殖，加强畜禽粪便资源化利用，削减畜禽养殖污染负荷并改善流域水质。

首先，要大力发展规模化养殖。结合区域特点，整合散户和小型养殖企业，发展规模化养殖。同时加强规模化畜禽养殖环境管理，强化对规模化畜禽养殖场的监管，认真落实畜禽养殖禁养区、禁建区的有关规定。

其次，要实施畜禽粪污综合利用技术，加强畜禽粪便资源化利用，促进畜禽养殖污染负荷的削减和流域水质的明显改善。重点实施"粪污全量收集还田利用""粪污专业化能源利用""粪便垫料回用""污水肥料化利用"等综合利用模式。建议采取畜禽粪污区域收集、处理和利用全过程的污染控制模式。粪污资源化技术主要是处理养殖废水的厌氧发酵技术，一般包括厌氧发酵单元、脱氮及氮回收单元、秸秆堆肥和沼液反渗透处理单元，通过氮磷回收资源化、厌氧发酵、沼液浓缩技术实现养殖粪污的资源化利用。

12.1.2　汾河上游Ⅲ类管控区

汾河上游控制单元 2 的水质目标为Ⅲ类，单元内是汾河支流岚河，单元出口水质总氮、氨氮超标。主要受沿线农田施肥和畜禽养殖等面源污染以及城镇生活污水影响。

（1）实施人工湿地深度加保温处理技术

单元 2 内岚河沿线排污口以污水处理厂排口为主，污水处理厂出水已基本达到入河水质要求，但水质不稳定，进而影响汾河水质的稳定达标。建议对沿线污水处理厂尾水采取人工潜流湿地处理的方法，充分发挥人工湿地对氮、磷等富营养物的吸收和降解作用，有针对性地配置植物，提高污水回用率，达到水资源循环利用、保护流域水生态环境的目的。

①污水处理厂尾水人工湿地深度处理技术。

人工湿地作为一种模拟自然生态系统处理废水的技术方案，通过植物根系的拦截作用和滤料表层产生的黏附作用以及生物群落吸附和絮凝的方式来加快重力沉降速度和降解、代谢吸收悬浮固体，通过植物、微生物吸收转化和填料沉降过滤等物理方法来去除可溶性有机物和不可溶性有机物。同时借助微生物的氧化分解和硝化/反硝化作用，将有机氮化合物、有机磷化合物转化为无机氮化合物、无机磷化合物，从而被植物吸收利用；通过收割生长、枯萎的植物，将固定在植物内的氮、磷有效去除。人工湿地按照填料和水的位置关系，分为人工表面流湿地和人工潜流湿地。

结合区域特点，建议在已建污水处理厂内的空地或上方建设人工潜流湿地。人工湿地植物应选择具有耐污、耐寒等特性的水生植物，宜种植芦苇、香蒲、菖蒲、水葱、千屈菜等，禁止选择凤眼莲等外来入侵物种。选择具有一定机械强度、比表面积较大、稳定性良好的填充物为人工潜流湿地填料，并兼顾当地资源，宜选择矿渣、高炉渣、石灰石或碎砖瓦等材料。本单元区域属于Ⅱ类寒冷地区，水平人工潜流湿地水力停留时间应为 1～4 d，垂直人工潜流湿地水力停留时间应为 0.8～2.5 d。

②人工湿地冬季保温处理技术。

污水处理厂尾水经人工湿地进一步处理后，会大大削减氮、磷等污染物，极大地净化水质。但是人工湿地的缺点是冬季处理效果会变差，一方面温度降低会导致微生物活性下降，另一方面植物枯萎也会降低微生物活性，使处理效果明显差于夏季。汾河流域单元 2 属于晋北地区，冬季气温较低，建议对人工湿地采取冬季保温处理措施，保障冬季人工湿地的处理效果。

建议通过建设生态大棚的方式对人工湿地进行保温。在人工湿地的基础上，设置一座薄膜生态大棚，生态大棚主要由围护墙体、后屋面和前屋面三部分组成，主体钢结构采用轻型钢结构。大棚前屋面采用薄膜覆盖，后屋面采用 1.5 m 砖混墙体+薄膜覆盖的方式，大棚挑高 4.8 m。在前屋面顶部、东西两端通风口安装手动卷膜开窗系统；薄膜外部可采用棉织物（保温被）覆盖，进行夜间保温；在通风口安装防虫网；保温设施的基础可利用人工湿地现有基础或采用独立基础。

（2）加强农田施肥和畜禽养殖面源管控措施

汾河上游单元 2 出口水质总氮超标，来源于沿线农田和畜禽养殖等面源污染，需要加大对面源污染的控制。

岚河沿线农田主要施用氮肥、磷肥等化肥，长期过量施用肥料、施用方式不当导致含高浓度氮、磷的农田灌溉排水污染岚河，建议在岚河源头区域发展环水有机旱作农业，以“减源—拦截—利用—修复”技术，在岚河开展以环水有机旱作农业生产为基础的农业面源污染控制。具体见汾河上游Ⅱ类管控区措施。

岚河沿线畜禽养殖也以家户散养为主，对畜禽粪便没有很好地进行资源化利用，建议要大力发展规模化养殖，加强畜禽粪便资源化利用，改善岚河水质。具体见汾河上游Ⅱ类管控区措施。

12.2　汾河流域中游区域治理技术措施

汾河流域中游区域包括控制单元 4～单元 7。根据 2020 年的水质目标，将中游区域分级划分为两个管控区域：单元 5 为汾河支流潇河，水质目标为Ⅲ类，划定为Ⅲ类管控区；单元 4 为汾河干流，单元 6 和单元 7 分别为汾河支流文峪河和磁窑河，水质目标为Ⅴ类，划定为Ⅴ类管控区。

12.2.1　汾河中游Ⅲ类管控区

（1）大力发展环水有机旱作农业，确保源头水水质达标

单元 5 内的潇河沿线长期向农田施用氮肥、磷肥等化肥，导致潇河总氮、氨氮、总磷超标，建议在岚河源头区域发展环水有机旱作农业，以“减源—拦截—利用—修复”技术，在潇河源头开展以有机旱作农业生产为基础的农业面源污染控制。具体措施见汾河上游Ⅱ类管控区措施。

（2）实施污水处理厂尾水湿地净化加保温处理技术

潇河沿线污水处理厂排水不能稳定达标是导致水体污染的一大因素，污水处理厂出水水质不稳定，使潇河断面出口水质超标。建议在已建污水处理厂内的空地或上方建设人工潜流湿地，人工湿地植物选择芦苇、茭白、香蒲、菖蒲等。本单元区域属于Ⅱ类寒冷地区，水平人工潜流湿地水力停留时间应为 1～4 d，垂直人工潜流湿地水力停留时间

应为 0.8～2.5 d。同时考虑到冬季寒冷，建议对人工湿地采取冬季保温处理措施，通过建设生态大棚的方式对人工湿地进行保温，保障冬季人工湿地的处理效果。具体措施见汾河上游III类管控区措施。

（3）实施河道氮、磷污染净化治理

潇河河道水体和沉积物都受到氮、磷污染。对河道水体和沉积物中的氮、磷污染物进行综合治理，可以在实现河道水体氮、磷达标的同时，实现河道沉积物中氮、磷污染的净化治理。

“强化反应沉淀+光催化”河道氮磷污染高效降解去除船是一种针对河道氮、磷污染物的新型高效处理装置。此装置采用新型河道除氮磷船（除氮磷浮岛），实现河道水体与底泥中氮、磷污染物的实时原位治理；包含泥水分离、物理吸附、化学吸附、混凝沉淀、纳米 TiO_2/UV 光催化反应、催化颗粒回收等耦合机理；采用创新的可回收型纳米 TiO_2 光催化颗粒，通过光催化颗粒的高效固定化，可以实现有机磷向无机磷的转化，以及 PO_4^{3-}、HPO_4^{2-}和 $H_2PO_4^-$的去除，最终实现总磷、总氮的长效稳定达标。

建议在潇河汇入汾河之前，在局部区域采用河道氮磷污染高效降解装置去除河道中的氮、磷污染物。此装置包括底泥提取系统、淘洗系统、CDT 高效耦合降解装置、光催化装置、排水系统 5 个系统。

运行过程如下：首先通过底泥提取系统将河道中的泥水提取入设备中；然后泥水进入淘洗系统，经淘洗系统使泥、水分离，同时在此完成总氮去除过程中的硝化反应；淘洗后的污水进入 CDT 高效耦合降解装置，向其中加入速效除磷剂，通过强化反应沉淀，去除污水中的磷和悬浮物，同时在此完成总氮去除过程中的反硝化反应；再将沉淀后的上清液加入光催化装置中，并投加可回收型纳米 TiO_2 光催化颗粒，曝气 60 min，使可回收型纳米 TiO_2 光催化颗粒与污水充分反应；最后停止曝气，使污水、可回收型纳米 TiO_2 光催化颗粒形成的混合液沉淀 20～30 min，上清液排入河道，沉淀物（含磷）经收集装置收集入指定区域，靠岸后排至岸上指定区域。河道氮磷污染高效处理工艺流程见图 12-1。

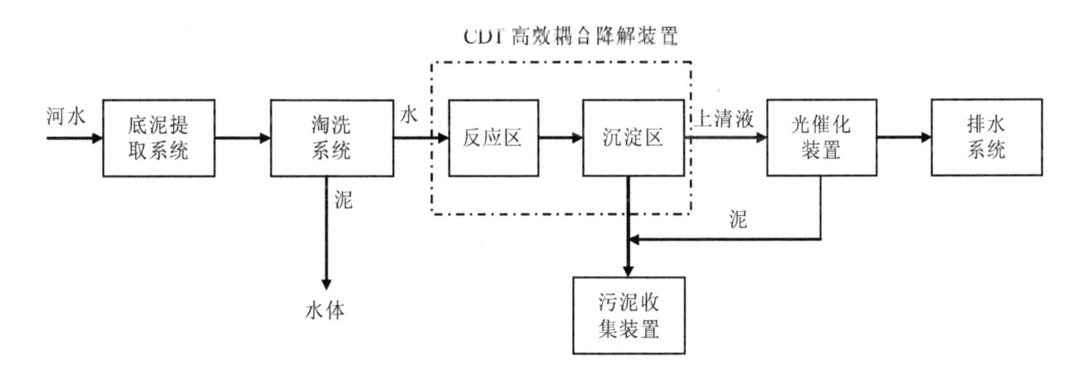

图 12-1 河道氮磷污染高效处理工艺流程

（4）加强畜禽粪便资源化利用

潇河沿线畜禽养殖也以家户散养为主，规模化养殖较少，建议加强当地畜禽养殖管理，认真落实畜禽养殖禁养区的有关规定，大力发展规模化养殖，加强畜禽粪便资源化利用，改善潇河水质。具体见汾河上游Ⅱ类管控区措施。

12.2.2 汾河中游Ⅴ类管控区

（1）大力推广中游灌区现代化节水措施

汾河中游分布有大面积的灌区，灌区微地形起伏较大，导致畦田不平整，灌区水利用系数为 0.52，田间地头渗水漏水损失达到 90%以上。目前，灌区 95%以上的土地仍沿用畦灌这种传统落后的地面灌水方式，合理的现代灌水技术在灌区的推广速度缓慢。针对此情况，建议在汾河中游灌区大力推广现代化节水措施，提高灌溉水利用系数。

首先，加强汾河灌区干支渠防渗维护。目前灌区干渠系基本已完成防渗，主要对部分支渠和斗农渠渠道采取防渗措施；同时要将末级渠道管道化，将管道埋于地下，并将末级管道延伸至田间地头，在斗口配套精准计量设施，便于农户精准取水，实现节水灌溉。

其次，针对田间节水这一最薄弱环节，要大力发展田间节水技术，可采用低压管灌、喷灌、滴灌等现代节水灌溉技术。低压管灌是通过输水管把水送到田间，水在输送过程中始终处于封闭状态，可很大程度上减少水的渗漏和蒸发。喷灌技术是通过水泵加压的方式，在压力的作用下形成有压灌溉，在进行农田灌溉时，利用水雾喷头的形式来释放水压，形成的水雾喷射到农作物上以进行灌溉。可因地制宜地选择固定式喷灌、半固定式喷灌等喷灌系统进行农田灌溉。滴灌技术是根据农作物需求，利用塑料管道将水通过直径约 10 mm 毛管上的孔口或滴头送到作物叶面或根部进行局部灌溉。滴灌具有更强的适应性，在此方式下大多数地形和作物都能得到很好的灌溉。

（2）实施污水处理厂人工湿地冬季保温处理技术

单元 4 是汾河干流，单元内的污水处理厂已建人工潜流湿地，但是人工湿地冬季处理效果会变差，处理效果明显差于夏季。本区域冬季气温较低，建议对人工湿地采取冬季保温处理措施，保障冬季人工湿地的处理效果。建议通过建设生态大棚的方式对人工湿地进行保温，保障冬季人工湿地的处理效果。具体措施见汾河上游Ⅲ类管控区措施。

（3）加强农村生活污水集中处理

汾河中游支流文峪河和磁窑河沿线大部分村庄的生活污水还未实现集中处理，造成河流水体总氮、氨氮超标，需要加强农村生活污水集中处理，提高入河水质。

①污水管网建设。

针对控制单元内市政排水管网能到达的村庄，重点进行污水收集管网建设，深化村内雨污分流工作，保证条件成熟时顺利接入城镇污水收集管网，污水进入城镇污水处理厂进行集中处理。

②集中型治理。

针对控制单元内人口达到万人以上的村庄，且已形成径流的农村生活污水，可单个村庄或多个村庄连片建设集中式农村生活污水处理站，对分散的农村污水进行集中处理，达标后排放。

常用的农村生活污水处理方法有厌氧-好氧（AO或A^2O）+MBR工艺、序批式活性污泥（SBR）工艺、移动床生物膜反应器（MBBR）、厌氧-人工湿地、土壤-植物-微生物渗滤系统以及生态塘、生态浮床等。建议采用小型一体化装置处理与集中收集处理相结合的技术模式。其中，一体化生物接触氧化工艺、改进型生物膜与活性污泥混合工艺及在A^2O工艺段后端增加缺氧沉淀段工艺、人工湿地等可较好地满足农村生活污水处理排放要求。

要结合控制单元内村庄污水水质、水量特点及出水要求，并考虑地形、排污特征和经济条件等多方面因素，制定最佳排污技术方案，满足建设运行费用低、管理操作方便等工艺需求，同时满足管控区水质目标的要求。

③分散型治理。

针对农户居住分散、地形条件复杂、施工难度较大、污水不易集中收集的村庄，采取分散型治理技术，将农户污水进行联户或独户收集后单独治理；可暂时结合村庄当地实际情况，将旱厕改为水厕，采用地埋式三格生物处理化粪池、三联式沼气池设备等对粪污进行无害化处理；处理后的粪污通过吸粪车进行定期吸粪作业，污水通过管道收集至村下游氧化塘处理，达到回用农田标准后可回灌农田，实现生活污水资源综合利用。

（4）加强农田施肥和畜禽养殖面源管控措施

汾河中游总氮、氨氮超标，来源于沿线农田和畜禽养殖等面源污染，需要加大对面源污染的控制。

沿线农田主要施用氮肥、磷肥等化肥，长期过量施用肥料、施用方式不当导致含高浓度氮、磷的农田灌溉排水污染河流，建议在文峪河、磁窑河源头区域发展坏水有机旱作农业，以“减源—拦截—利用—修复”技术，开展以有机旱作农业生产为基础的农业面源污染控制。具体见汾河上游Ⅱ类管控区措施。

沿线畜禽养殖也以家户散养为主，规模化养殖较少，建议加强当地畜禽养殖管理，认真落实畜禽养殖禁养区的有关规定，大力发展规模化养殖，加强畜禽粪便资源化利用，改善河流水质。具体见汾河上游Ⅱ类管控区措施。

（5）实施河道氮、磷污染净化治理

文峪河和磁窑河河道水体和沉积物都受到氮、磷污染，建议在河道污染严重区域采用“强化反应沉淀+光催化”河道氮磷污染高效降解装置，去除河道水体和沉积物中的氮、磷污染物，实现河道沉积物中氮、磷污染净化治理。具体技术见汾河中游Ⅲ类管控区措施。

12.3 汾河流域下游区域治理技术措施

汾河流域下游区域包括控制单元8～单元11。2020年的水质目标为V类。下游沿线点源分布较为密集，入河排污口及农田灌区较多，总氮、氨氮超标严重，总磷略有超标。本区域应从农田、畜禽养殖和城镇生活污水等多方面采取多种技术措施以改善水质。

（1）实施城镇污水处理厂保温提标改造技术

汾河下游控制单元8～单元10均为汾河干流，沿线城镇的生活污水治理是本区域的重点。沿线已建的城镇污水处理厂运行不规范、冬季运行效率差，污水处理厂不能稳定达标排放，进而直接影响汾河水质目标的实现。建议对控制单元内已建的城镇污水处理厂进行保温提标、提质改造。

下游沿线城镇污水处理厂的现有处理工艺大部分为A^2O工艺，个别采用氧化沟处理工艺。应根据污水处理厂各自的处理工艺，实施一厂一策，确保城镇污水处理达标。

对采用A^2O工艺的污水处理厂，要做好源头控制，做好雨污分流、截污纳管，避免大量低温雨水、雪水直接汇入城镇污水管网。通过直接通入热蒸汽、热风等或间接换热的方式，对进入污水处理厂的原水进行加热；在不影响污水处理厂运行、检修等的前提下，也可对污水处理建构筑物采取水体封闭等隔热措施，防止水温降低。在二沉池后增加介质过滤等深度处理设施。在污水处理设施非正常运行情况下，可投加化学脱氮、除磷药剂等作为应急保障措施。

对采用氧化沟工艺的污水处理厂，要将处理工艺改造为A^2O法改良氧化沟。进行氧化沟曝气系统改造，将表面曝气改造为底部曝气或微孔曝气等方式。在氧化沟前增加厌氧池（罐），增设混合液回流装置。同时采取前述保温、深度处理、应急措施。

（2）实施污水处理厂尾水人工湿地深度加保温处理技术

单元9内的污水处理厂未建有人工湿地。为确保水质稳定达标，建议在污水处理厂尾水处增加人工湿地深度处理和保温处理工艺。对单元8和单元10内的已建人工湿地采取冬季保温处理措施，保障冬季人工湿地的处理效果。具体措施见汾河上游Ⅲ类管控区措施。

（3）大力推广下游灌区现代化节水措施

汾河下游也分布有大面积的灌区。目前，灌区95%以上的土地仍沿用畦灌的地面灌水方式，灌溉水利用系数较低。针对此情况，建议在汾河下游灌区推广现代化节水措施，提高灌溉水利用系数。一方面要加强汾河灌区干支渠和斗农渠防渗维护，将末级渠道管道化，将管道埋于地下并延伸至田间地头；另一方面大力发展田间节水技术，采用低压管灌、喷灌、滴灌等现代节水技术，实现节水灌溉，减少农田灌溉对汾河的污染。具体见汾河中游V类管控区措施。

（4）加强农村生活污水集中处理

汾河下游支流浍河沿线大部分村庄的生活污水还未实现集中处理，需要加强农村生活污水集中处理，提高入河水质。对人口达到万人以上的村庄，建设生活污水集中处理设施，实现达标排放或者回收利用；对人口不足万人的村庄，建立管网收集、定点储存设施，集中转运至污水处理设施处理。具体技术措施见汾河中游V类管控区措施。

（5）加强农田施肥和畜禽养殖面源管控措施

汾河下游总氮、氨氮超标，主要来源于沿线农田施肥和畜禽养殖等面源污染。应从源头上节水灌溉，控制农田氮、磷流失，增加农家肥和有机肥的施用，构建生态沟渠等消纳水体氮、磷污染。对于畜禽养殖污染，要加强当地畜禽养殖管理，认真落实畜禽养殖禁养区的有关规定，大力发展规模化养殖，加强畜禽粪便资源化利用，改善河流水质。具体见汾河上游II类管控区措施。

（6）实施农村生活垃圾集中处置

汾河下游河道两岸存在垃圾乱堆现象，严重影响河流水质，因此应持续清理河堤内固体废物等，在流域内的乡镇村庄设置固体垃圾收集站，收集居民生活垃圾。同时通过广播、标语、培训、发放宣传手册等形式开展宣传活动，介绍垃圾污染的危害、环境保护的重要性以及相关环境政策，引导农户将农村生产生活垃圾治理看作是自家事，推动农村生活垃圾治理。

12.4 污染物分类管控措施

针对汾河流域沿线常规污染物、新型污染物及水生生物，可根据其特点采取相应的技术措施。

12.4.1 推动常规污染物削减治理技术

汾河流域水体主要是总氮、总磷和氨氮污染。针对此类污染，应在大力发展环水有机旱作农业、城镇生活污水深度治理、提高灌溉水利用系数、农田施肥和畜禽养殖面源控制、农村生活污水集中处理等方面采取相应的治理措施（各项治理措施具体见12.1～12.3小节内容）。通过采取多种因地制宜、切实可行的措施，削减常规污染物，使水体水质达到控制单元水质目标。

12.4.2 源头控制新型污染物

在汾河流域检测到 16 种多环芳烃（PAHs）、7 种多氯联苯（PCBs）、6 种邻苯二甲酸酯类（PAEs）、环境激素类（包括 4 种雌激素单体、2 种硫酸盐雌激素结合体、双酚 A、2 种葡糖酸苷雌激素）、25 种抗生素等新型污染物，且存在一定的生态风险，需要采取一定的风险管控措施。

（1）多环芳烃控制技术

针对中下游河流沉积物中有机污染物多环芳烃风险水平高的状况，可采用由本书作者团队研发的一种原位去除超声吸附组合设备，即原位去除河流沉积物中的多环芳烃。在含有多环芳烃的河流沉积物中放入超声吸附组合设备，利用超声波对沉积物中的 PAHs 进行吸附，在处理后的区域内放养底栖动物水蚯蚓来激活沉积物中微生物的活性，并种植沉水植物狐尾藻和（或）在浅水种植黑麦草，通过物理处理、化学处理、生物处理“三位一体”的方式，在原位、不改变河流水系自然生态环境的基础上去除河流沉积物中的 PAHs，同时提高流域中水生动物和水生植物的活性，净化水体，达到控制污染的效果。

（2）构建新型污染物风险防范制度体系

一是制定和完善有关新型污染物管理的法律法规，加强源头预防、流程控制方面的立法。二是建立和完善新型污染物管理的标准体系。三是修订和完善与新型污染物相关的管理名录。根据国家需求，基于最新研究与实践成果，更新《优先控制化学品名录》与《环境保护综合名录》，制定新型污染物管理名录。

（3）完善新型污染物风险防范体制机制建设

建立流域新型污染物风险防范协调机制。将新型污染物风险防范纳入生态环境监管机构与区域督察机构职能，并根据各自分管领域开展流域协调与监管。建立新型污染物预警机制。

（4）全面开展评估与监测

一是加强新型污染物风险评估。建立风险评估工作制度，在重点流域和行业评估新型污染物的环境与健康风险，对造成环境与健康风险的污染物及其污染源实施风险清单管理。二是将部分新型污染物纳入山西省环境监测范围之内，建立适用于新型污染物的监测方法和技术体系，并将其纳入生态环境质量监测指标体系，增设监测点位，开展全流域监测，查清各类新型污染物底数。

12.4.3 开展水生生物多样性保护

汾河流域水生态系统整体健康状态处于一般水平，需要维护流域水生态系统的完整性，提高水生生物多样性，促进汾河流域水生态系统的健康发展。

（1）完善水生态监测标准体系

结合汾河流域水生态系统特征，从流域水生生物多样性保护角度出发，由地方政府制定水生态监测技术标准，逐步建立既突出重点保护问题又兼顾地区实际情况的水生态监测标准体系。

（2）加强水生生物监测网络能力建设

在已有水生生物多样性监测与保护工作的基础上，以水生生物重要栖息地为重点监测区域，在流域尺度上进行整体规划和系统布局，优化监测网点，加快水生生物监测网络的构建。并在水生生物监测与评价技术规范的基础上，加强山西省水生生物监测能力的建设。

12.5 水质目标分期管控措施

汾河流域多年平均水资源量仅有31.0亿m^3，整体水资源利用率达到80%以上，存在地表径流减少的问题。河流的生态流量不能完全保障，尤其是在枯水期和支流岚河、潇河、浍河、磁窑河出现生态断流现象较多。需要采取生态补水等措施保障河道内生态需水的要求，进而改善汾河流域生态环境。

（1）丰水期完善生态流量监控体系建设

目前汾河流域的调水工程主要有万家寨引黄南干线工程、引沁入汾、禹门口引黄工程、引水灌溉等，通过水量调度，在丰水期基本能满足汾河河道生态流量需要。但是目前无法全面动态监控流域内控制断面生态流量的保障情况，需要进一步完善生态流量监控系统，加快建设生态流量在线监测设施，为稳定生态流量保障奠定基础。同时应当将生态用水调度纳入政府日常运行调度工作，在水利工程调蓄能力范围内建立常规生态用水调度机制，保障汾河支流生态水量。

（2）枯水期优化生态补水方式

在枯水期，汾河支流会出现断流现象，现有的调水工程不能满足支流生态流量的需要，因此要在原有补水方式的基础上，优化生态补水方式。建议针对支流河道，精准计算生态流量，摸清缺水现状，更合理地进行调水资源量的空间分配。建议利用沿线经过人工湿地深度处理后的污水处理厂尾水进行补水，通过污水再利用的方式进行生态补水。也可以增加支流水域面积，充分利用洪水资源。在确保防洪安全和维持、强化原有防洪体系的前提下，在支流河道内建闸蓄水，在两侧低洼地带修建一批具有调蓄功能的“珍珠串”状蓄水水域，实现洪水补水，保障支流生态流量。

12.6 流域生态管理

12.6.1 不断完善流域保护政策体系

为了保护汾河，山西省已全面启动了汾河流域生态保护修复工作，出台了《山西省汾河流域保护条例》，编制了《汾河流域生态修复规划（2015—2030年）》《汾河流域生态景观规划（2020—2035年）》《以汾河为重点的“七河”生态保护与修复总体方案》等，以政策制度约束管理汾河流域。除省级政府牵头出台政策外，汾河流域相关设区的市也应根据需要，在地方立法、规划编制、监督执法等方面制定相关政策，汾河流域县级以上人民政府及其有关部门应当将汾河保护有关内容纳入国土空间规划、水资源规划、防洪规划、水土保持规划、生态环境保护规划、国土空间生态修复规划、流域生态修复与保护规划、流域产业发展规划等规划，协同推动汾河流域生态保护、修复和高质量发展。

12.6.2 监督管理体制机制建设

建立流域保护工作协调机制。建立跨部门、跨行政区域涉水事务的协调与纠纷调解机制或联席会议制度，设立相应的管理机构或部门，充分发挥该机构或部门在流域层面的统筹协调作用。统筹研究和协调解决流域内的重大问题，切实维护汾河生态健康。

健全流域执法能力和信息共享制度。建立流域内河道管理保护工作联合督查制度，成立联合督查组，定期开展巡查和督查，及时发现和解决问题。应当加强汾河流域保护治理执法能力建设，建立跨区域、跨部门联合防治和联合执法机制，依法开展联合执法。通过建立相应的共享制度和信息平台，对流域内不同管辖河段的工作动态信息及主要管控的水生态、水资源、水环境现状数据进行共享。

实施生态补偿机制。应当建立生态补偿制度，设立补偿资金，对汾河干流以及重要支流源头和水源涵养地、水土流失重点防治区、岩溶泉域重点保护区、集中式饮用水水源地等重要生态功能区域予以补偿。构建汾河生态补偿机制将是一种有效的政策和措施，将有效解决工程建设中资金缺乏的问题，并制定生态效益最大化的可持续发展规划，从长远的角度保障汾河生态健康。

建设智慧管理体系。建设生态环境智能化管理平台，包括水环境、水资源、水安全和水生态四大管理平台。

建立生态需水保障机制。按照“生态优先、绿色发展”的原则，制定单元化的生态补水保障方案，着力完善从调水到用水的全流程工作保障机制。

12.6.3 监控和应急能力建设

监控能力建设。建设智能监测网络，利用新一代物联网、信息感知与视频监控等技术构建立体监测网络，实施生态环境质量监测、污染源监督性监测、应急监测，形成流域水生态环境一体化监测与管控。

应急能力建设。制订应急处置方案，设置应急机构，统筹应急处置工作。建立应急领导机构，设置应急行动组，共同参加突发水污染事件等的应急处置工作。

12.7 保障和监督

12.7.1 加强组织领导

汾河流域实行河长制。汾河流域各级河长负责汾河保护相关工作。汾河流域各级人民政府及其主要负责人对本行政区域内的汾河保护负主要责任。实行汾河流域生态环境保护和修复目标责任制以及考核评价制度。上一级人民政府应当对下一级人民政府生态环境保护和修复目标完成情况进行考核。

12.7.2 加大资金投入

应当在资金、项目和技术等方面，对汾河源头宁武雷鸣寺至娄烦汾河水库的汾河流域上游生态保护和水污染防治工作实行政策扶持，保证水质安全。鼓励社会资本参与汾河流域生态保护和修复工作。鼓励金融机构为汾河流域生态保护和修复提供金融支持。

12.7.3 严格监督考核

建立规划实施的评估和监督考核制度，开展跨界断面监测，加强源头、过程和结果全过程监督管理。以“一河一策”实施为抓手，强化措施落地见实效。实行生态环境损害责任终身追究制，严格落实领导干部生态环境损害责任追究办法。

12.7.4 加强流域保护宣传教育

汾河流域各级人民政府及有关部门应当加强汾河保护的宣传教育，普及相关法律、法规和科学知识，增强全民节约意识、环保意识、生态意识和法治意识。鼓励村民委员会、居民委员会、社会组织、环保志愿者等开展多种形式的汾河保护宣传活动，依靠社会力量，积极营造汾河流域保护的良好社会氛围，使之成为全社会的行动指南和行为自觉，形成全社会共同保护汾河流域的良好风尚。

参考文献

[1] 张景. 汾河流域下游防洪能力分析与对策研究[D]. 太原：太原理工大学，2016.

[2] 王林芳，党晋华，刘利军，等. 汾河上中游流域水环境中多环芳烃分布及分配[J]. 环境科学学报，2017，37（8）：2838-2845.

[3] Jiao L J，Liu R M，Wang L F，et al. Evaluating spatiotemporal variations in the impact of inter-basin water transfer projects in water-receiving basin[J]. Water Resources Management，2021，35（15）：5409-5429.

[4] 陆志翔，杨永刚，邹松兵，等. 汾河上游土地利用变化及其水文响应研究[J]. 冰川冻土，2014，36（1）：192-199.

[5] 李京京，吕哲敏，石小平，等. 基于地形梯度的汾河流域土地利用时空变化分析[J]. 农业工程学报，2016，（7）：7.

[6] 夏文菊，中国北方地区水环境污染治理绩效综合评价建模研究[J]. 环境科学与管理，2022，47（4）：180-184.

[7] 李成瑶，程立，王同飞，等. 白洋淀典型区域清淤前后沉积物的氮磷扩散通量研究[J]. 环境科学学报，2021，41（4）：1401-1409.

[8] 文艳，单保庆，张文强. 低温期浅水湖泊氮的分布及无机氮扩散通量：以白洋淀为例[J]. 环境科学，2021，42（6）：2839-2847.

[9] 古小治，张雷，柏祥，等. 南四湖湿地沉积物及孔隙水基本特性研究[J]. 环境科学，2010，31（4）：939-945.

[10] Yang Z，Chen J E，Li H L，et al. Sources of nitrate in Xiangshan Bay（China），as identified using nitrogen and oxygen isotopes[J]. Estuarine，Coastal and Shelf Science，2018，207：109-118.

[11] Paredes I，Ramırez F，Forero M G，et al. Stable isotopes in helophytes reflect anthropogenic nitrogen pollution in entry streams at the Doñana World Heritage Site[J]. Ecological Indicators，2019，97：130-140.

[12] Chiou C T，MacGroddy S E，Kile D E. Partition characteristics of polycyclic aromatic hydrocarbons on soils and sediments[J]. Environmental Science & Technology，1998，32：264-269.

[13] 邓红梅，陈永亨，常向阳. 多环芳烃在西江高要段水体中的分布与分配[J]. 环境科学，2009，30（11）：3276-3282.

[14] 田芹，佟玲，安子怡，等. 沉积物中多环芳烃、有机氯农药和多氯联苯成分分析标准物质研制[J]. 岩矿测试，2022，41（3）：511-520.

[15] 黄檣，陈明俊，李泽甫，等. 沱江流域上游区域水环境中多氯联苯分布、来源及风险评价[J]. 环境污染与防治，2022，44（4）：481-487.

[16] Grossman Z，del Torso S，Hadjipanayis A，et al. Antibiotic prescribing for upper respiratory infections：European primary paediatricians' knowledge，attitudes and practice[J]. Acta Paediatrica，2012，101（9）：935-940.

[17] Liang X，Chen B，Nie X，et al. The distribution and partitioning of common antibiotics in water and sediment of the Pearl River Estuary，South China[J]. Chemosphere，2013，92（11）：1410-1416.

[18] Dong D M，Zhang L W，Liu S，et al. Antibiotics in water and sediments from Liao River in Jilin Province，China：occurrence，distribution，and risk assessment[J]. Environmental Earth Sciences，2016，75，1202.

[19] Li S，Shi W，Li H，et al. Antibiotics in water and sediments of rivers and coastal area of Zhuhai City，Pearl River estuary，South China[J]. Science of the Total Environment，2018，636：1009-1019.

[20] 李玉斌，刘征涛，冯流，等. 太湖部分沉积物中多环芳烃生态风险评估[J]. 环境化学，2011，30（10）：1769-1774.

[21] 杨建丽. 长江河口局部有机污染物分布及生态风险评价[D]. 北京：北京化工大学，2009.

[22] Siedlewicz G，Bialk-Bielinska A，Borecka M，et al. Presence，concentrations and risk assessment of selected antibiotic residues in sediments and near-bottom waters collected from the Polish coastal zone in the southern Baltic Sea-Summary of 3 years of studies[J]. Marine Pollution Bulletin，2018，129（2）：787-801.

[23] Zhang Y X，Chen H Y，Jing L J，et al. Ecotoxicological risk assessment and source apportionment of antibiotics in the waters and sediments of a peri-urban river[J]. Science of the Total Environment，2020，731：139128.

[24] Ding H，Wu Y，Zhang W，et al. Occurrence，distribution，and risk assessment of antibiotics in the surface water of Poyang Lake，the largest freshwater lake in China[J]. Chemosphere，2017，184：137-147.

[25] Lin H，Chen L，Li H，et al. Pharmaceutically active compounds in the Xiangjiang River，China：Distribution pattern，source apportionment，and risk assessment[J]. Science of the Total Environment，2018，636：975-984.

[26] Ando T，Kusuhara H，Merino G，et al. Involvement of breast cancer resistance protein（ABCG2）in the biliary excretion mechanism of fluoroquinolones[J]. Drug Metabolism and Disposition，2007，35（10）：1873-1879.

[27] Ando T，Nagase H，Eguchi K，et al. A novel method using cyanobacteria for ecotoxicity test of veterinary antimicrobial agents[J]. Environmental Toxicology and Chemistry，2007，26（4）：601-606.

[28] Bialk-Bielinska A，Stolte S，Arning J，et al. Ecotoxicity evaluation of selected sulfonamides[J]. Chemosphere，2011，85（6）：928-933.

[29] Brain R A，Johnson D J，Richards S M，et al. Effects of 25 pharmaceutical compounds to *Lemna gibba* using a seven-day static-renewal test[J]. Environmental Toxicology and Chemistry，2004，23（2）：371-382.

[30] Brain R A，Wilson C J，Johnson D J，et al. Effects of a mixture of tetracyclines to *Lemna gibba* and *Myriophyllum sibiricum* evaluated in aquatic microcosms[J]. Environmental Pollution，2005，138（3）：425-442.

[31] De Liguoro M，Fioretto B，Poltronieri C，et al. The toxicity of sulfamethazine to Daphnia magna and its additivity to other veterinary sulfonamides and trimethoprim[J]. Chemosphere，2009，75（11）：1519-1524.

[32] Eguchi K，Nagase H，Ozawa M，et al. Evaluation of antimicrobial agents for veterinary use in the ecotoxicity test using microalgae[J]. Chemosphere，2004，57（11）：1733-1738.

[33] Eisentraeger A，Dott W，Klein J，et al. Comparative studies on algal toxicity testing using fluorometric microplate and Erlenmeyer flask growth-inhibition assays[J]. Ecotoxicology and Environmental Safety，2003，54（3）：346-354.

[34] Ferrari B，Mons R，Vollat B，et al. Environmental risk assessment of six human pharmaceuticals：Are the current environmental risk assessment procedures sufficient for the protection of the aquatic environment[J]. Environmental Toxicology and Chemistry，2004，23（5）：1344-1354.

[35] Gonzalez-Pleiter M，Gonzalo S，Rodea-Palomares I，et al. Toxicity of five antibiotics and their mixtures towards photosynthetic aquatic organisms：Implications for environmental risk assessment[J]. Water Research，2013，47（6）：2050-2064.

[36] Isidori M，Lavorgna M，Nardelli A，et al. Toxic and genotoxic evaluation of six antibiotics on non-target organisms[J]. Science of the Total Environment，2005，346（1-3）：87-98.

[37] Jung J，Kim Y，Kim J，et al. Environmental levels of ultraviolet light potentiate the toxicity of sulfonamide antibiotics in *Daphnia magna*[J]. Ecotoxicology，2008，17（1）：37-45.

[38] Lutzhoft H C H，Halling-Sorensen B，Jorgensen S E. Algal toxicity of antibacterial agents applied in Danish fish farming[J]. Archives of Environmental Contamination and Toxicology，1999，36（1）：1-6.

[39] Christensen A M，Ingerslev F，Baun A. Ecotoxicity of mixtures of antibiotics used in aquacultures[J]. Environmental Toxicology and Chemistry，2006，25（8）：2208-2215.

[40] Robinson A A，Belden J B，Lydy M J. Toxicity of fluoroquinolone antibiotics to aquatic organisms[J]. Environmental Toxicology and Chemistry，2005，24（2）：423-430.

[41] Sidhu H，O'Connor G，Kruse J. Plant toxicity and accumulation of biosolids-borne ciprofloxacin and

azithromycin[J]. Science of the Total Environment，2019，648：1219-1226.

[42] Song C，Zhang C，Fan L，et al. Occurrence of antibiotics and their impacts to primary productivity in fishponds around Tai Lake，China[J]. Chemosphere，2016，161：127-135.

[43] Thienpont B，Tingaud-Sequeira A，Prats E，et al. Zebrafish eleutheroembryos provide a suitable vertebrate model for screening chemicals that impair thyroid hormone synthesis[J]. Environmental Science & Technology，2011，45（17）：7525-7532.

[44] 蔡后建，陈宇伟，蔡启铭，等. 太湖梅梁湾口浮游植物初级生产力及其相关因素关系的研究[J]. 湖泊科学，1994（4）：340-347.

[45] 刘绍俊，吉正元，普发贵，等. 星云湖浮游植物群落结构及水体营养状态生物评价[J]. 安全与环境学报，2019，19（4）：1439-1447.

[46] 陈红，刘清，潘建雄，等. 灞河城市段浮游生物群落结构时空变化及其与环境因子的关系[J]. 生态学报，2019，39（1）：173-184.

[47] Nouws J F M，Grondel J L，Schutte A R，et al. Pharmacokinetics of ciprofloxacin in carp，African catfish and rainbow trout[J]. Veterinary Quarterly，1988，10（3）：211-216.

[48] 房文红，于慧娟，蔡友琼，等. 恩诺沙星及其代谢物环丙沙星在欧洲鳗鲡体内的代谢动力学[J]. 中国水产科学，2007，（4）：622-629.

[49] 杨先乐，刘至治，横山雅仁. 盐酸环丙沙星在中华绒螯蟹体内药物代谢动力学研究[J]. 水生生物学报，2003，（1）：18-22.

[50] 孙波，周洪英，吴洪丽，等. 甲氧苄啶在家蚕体内的药代动力学研究[J]. 蚕业科学，2014，40（1）：59-63.

[51] 鞠晶. 磺胺间甲氧嘧啶在罗非鱼体内的药代动力学及残留规律[D]. 上海：上海海洋大学，2014.

[52] 范丽丽，沈珍瑶，刘瑞民，等. 基于 SWAT 模型的大宁河流域非点源污染空间特性研究[J]. 水土保持通报，2008，（4）：133-137.

[53] 于峰，史正涛，李滨勇，等. SWAT 模型及其应用研究[J]. 水科学与工程技术，2008，（5）：4-9.

[54] 孟现勇，吉晓楠，刘志辉，等. SWAT 模型融雪模块的改进与应用研究[J]. 自然资源学报，2014，29（3）：528-539.

[55] 王磊，杜欢，谢建治. 基于 SWAT 模型的张家口清水河流域径流模拟[J]. 水生态学杂志，2020，41（4）：34-40.

[56] 杨国敏. SWAT 模型在赵王河流域面源污染控制中的应用[D]. 济南：山东师范大学，2013.

[57] 司家济. 基于 SWAT 模型的阜阳市沙颍河流域非点源磷输出特征研究[D]. 淮南：安徽理工大学，2019.

[58] Donmez C，Sari O，Berberoglu S，et al. Improving the applicability of the SWAT model to simulate flow and nitrate dynamics in a flat data-scarce agricultural region in the mediterranean[J]. Water，2020，12（12）：3479.

[59] 佘昭里，穆秀丽. SWAT 模型国内径流模拟研究进展[J]. 治淮，2014，(4)：21-22.

[60] Gassman P W，Reyes M R，Green C H，et al. The soil and water assessment tool：Historical development application and future research directions[J]. Transactions of the Asabe，2007，50（4）：1211-1250.

[61] 秦福来，王晓燕，张美华. 基于 GIS 的流域水文模型——SWAT（Soil and Water Assessment Tool）模型的动态研究[J]. 首都师范大学学报，2006，27（1）：81-85.

[62] Liu J F，Xue B L，Yan Y H. The assessment of climate change and land-use influences on the runoff of a typical coastal basin in Northern China[J]. Sustainability，2020，12（23）：10050.

[63] 王鑫杰. 基于 SWAT 模型的杭埠河流域农业非点源污染分析[D]. 天津：天津大学，2012.

[64] 康杰伟. SWAT 模型运行结构及文件系统研究[D]. 南京：南京师范大学，2008.

[65] Kim J G，Park Y，Yoo D，et al. Development of a SWAT patch for better estimation of sediment yield in steep sloping watersheds[J]. Journal of the American Water Resources Association，2009，45（4）：963-972.

[66] 贾静. 基于 SWAT 模型的秦皇岛地区非点源污染模拟研究[D]. 石家庄：河北师范大学，2017.

[67] 冯珍珍. SWAT 模型在达溪河流域的应用研究[D]. 杨凌：西北农林科技大学，2015.

[68] Shi W H，Huang M B. Predictions of soil and nutrient losses using a modified SWAT model in a large hilly-gully watershed of the Chinese Loess Plateau[J]. International Soil and Water Conservation Research，2021，9：291-304.

[69] 盛盈盈，赖格英，李世伟. 基于 SWAT 模型的梅江流域非点源污染时空分布特征[J]. 热带地理，2015，35（3）：306-314.

[70] Sadeghi S，Bahram S，Mohsen N. Assessment of impacts of change in land use and climatic variables on runoff in Tajan River Basin[J]. Water Supply，2020，20（7）：2779-2793.

[71] 林炳青，陈莹，陈兴伟. SWAT 模型水文过程参数区域差异研究[J]. 自然资源学报，2013，28（11）：1988-1999.

[72] 崔超. 三峡库区香溪河流域氮磷入库负荷及迁移特征研究[D]. 北京：中国农业科学院，2016.

[73] 陈肖敏，郭平，彭虹，等. 子流域划分对 SWAT 模型模拟结果的影响研究[J]. 人民长江，2016，47（23）：44-49.

[74] Bui M T，Lu J M，Nie L M，et al. Evaluation of the Climate Forecast System Reanalysis data for hydrological model in the Arctic watershed Målselv[J]. Journal of Water & Climate Change，2021，12：3481-3504.

[75] 胡连伍，王学军，罗定贵. 不同子流域划分对流域径流、泥沙、营养物模拟的影响：丰乐河流域个例研究[J]. 水科学进展，2007，(2)：235-240.

[76] 肖飞，张百平，凌峰，等. 基于 DEM 的地貌实体单元自动提取方法[J]. 地理研究，2008，27（2）：459-467.

[77] Huang Y H，Huang B B，Qin T L，et al. Assessment of hydrological changes and their influence on the aquatic ecology over the last 58 years in Ganjiang Basin China[J]. Sustainability，2019，11（18）：4882.

[78] Lazzari F，Ana C，Debora Y O，et al. Comparison of single-site，multi-site and multi-variable SWAT calibration strategies[J]. Hydrological Sciences Journal，2020，65：2376-2389.

[79] Hrachowitz M，Soulsby C，Imholt C，et al. Thermal regimes in a large upland salmon river：a simple model to identify the influence of landscape controls and climate change on maximum temperatures[J]. Hydrological Processes，2010，24：3374-3391.